Fernando Gewandsznajder

(Pronuncia-se Guevantznaider.)

Doutor em Educação pela Faculdade de Educação da Universidade Federal do Rio de Janeiro (UFRJ)

Mestre em Educação pelo Instituto de Estudos Avançados em Educação da Fundação Getúlio Vargas do Rio de Janeiro (FGV-RJ)

Mestre em Filosofia pela Pontifícia Universidade Católica do Rio de Janeiro (PUC-RJ)

Licenciado em Biologia pelo Instituto de Biologia da UFRJ

Ex-professor de Biologia e Ciências do Colégio Pedro II, Rio de Janeiro (Autarquia Federal – MEC)

Helena Pacca

Bacharela e licenciada em Ciências Biológicas pelo Instituto de Biociências da Universidade de São Paulo (USP)

Experiência com edição de livros didáticos de Ciências e Biologia

O nome **Teláris** se inspira na forma latina *telarium*, que significa "tecelão", para evocar o entrelaçamento dos saberes na construção do conhecimento.

TELÁRIS
CIÊNCIAS

7

CB026440

editora ática

editora ática

Direção Presidência: Mario Ghio Júnior
Direção de Conteúdo e Operações: Wilson Troque
Direção editorial: Luiz Tonolli e Lidiane Vivaldini Olo
Gestão de projeto editorial: Mirian Senra
Gestão de área: Isabel Rebelo Roque
Coordenação: Fabíola Bovo Mendonça
Edição: Carolina Taqueda, Marcia M. Laguna de Carvalho, Mayra Sato, Natalia A. S. Mattos (editores), Eric Kataoka e Kamille Ewen de Araújo (assist.)
Planejamento e controle de produção: Patrícia Eiras e Adjane Queiroz
Revisão: Hélia de Jesus Gonsaga (ger.), Kátia Scaff Marques (coord.), Letícia Pieroni (coord.), Rosângela Muricy (coord.), Ana Paula C. Malfa, Arali Gomes, Brenda T. M. Morais, Carlos Eduardo Sigrist, Cesar G. Sacramento, Daniela Lima, Gabriela M. Andrade, Heloísa Schiavo, Lilian M. Kumai, Luís M. Boa Nova, Luiz Gustavo Bazana, Marília Lima, Patricia Cordeiro, Vanessa P. Santos; Amanda T. Silva e Bárbara de M. Genereze (estagiárias)
Arte: Daniela Amaral (ger.), André Gomes Vitale, e Erika Tiemi Yamauchi (coord.), Filipe Dias, Karen Midori Fukunaga e Renato Neves (edição de arte)
Diagramação: Estudo Gráfico Design, Renato Akira dos Santos e Nathalia Laia
Iconografia e tratamento de imagem: Sílvio Kligin (ger.), Roberto Silva (coord.), Enio Lopes, Cristina Akisino e Douglas Cometti (pesquisa iconográfica), Cesar Wolf e Fernanda Crevin (tratamento)
Licenciamento de conteúdos de terceiros: Thiago Fontana (coord.), Flavia Zambon (licenciamento de textos), Erika Ramires, Luciana Pedrosa Bierbauer, Luciana Cardoso Sousa e Claudia Rodrigues (analistas adm.)
Ilustrações: Adilson Secco, Cláudio Chiyo, Felix Reiners, Hector Gómez, Hiroe Sasaki, Ilustranet, Ingeborg Asbach, Julio Dian, KLN Artes Gráficas, Luis Moura, Luiz Iria, Marcus Penna, Mauro Nakata e Michel Ramalho
Cartografia: Eric Fuzii (coord.), Robson Rosendo da Rocha (edit. arte)
Design: Gláucia Correa Koller (ger.), Adilson Casarotti (proj. gráfico e capa), Erik Taketa (pós-produção), Gustavo Vanini e Tatiane Porusselli (assist. arte)
Foto de capa: Justinreznick/E+/Getty Images

Dados Internacionais de Catalogação na Publicação (CIP)

```
Gewandsznajder, Fernando
   Teláris ciências 7º ano / Fernando Gewandsznajder,
Helena Pacca. - 3. ed. - São Paulo : Ática, 2019.

   Suplementado pelo manual do professor.
   Bibliografia.
   ISBN: 978-85-08-19324-0 (aluno)
   ISBN: 978-85-08-19325-7 (professor)


   1.   Ciências (Ensino fundamental). I. Pacca, Helena.
II. Título.

2019-0108                        CDD: 372.35
```

Julia do Nascimento - Bibliotecária - CRB - 8/010142

2023
Código da obra CL 742186
CAE 648349 (AL) / 648350 (PR)
3ª edição
5ª impressão
De acordo com a BNCC.

Impressão e acabamento: Bercrom Gráfica e Editora

Uma publicação

Apresentação

Caro(a) estudante,

Temos muito a descobrir nesta nova etapa dos seus estudos em Ciências. Para isso, vamos precisar de uma boa dose de imaginação e de vontade de resolver problemas e compartilhar soluções.

Na primeira unidade, vamos investigar características muito interessantes da Terra. Por meio do estudo de vulcões, terremotos e *tsunamis*, vamos descobrir como a superfície do planeta vem se transformando ao longo de sua história e entender como a composição da atmosfera sofre alterações em consequência das atividades humanas. A análise desses elementos nos dará base para compreender os desequilíbrios na atmosfera e também para propor soluções coletivas e individuais que poderão reverter esse quadro e beneficiar toda a sociedade.

No estudo da segunda unidade, você vai descobrir como os organismos se relacionam com o ambiente em que vivem, verificando as consequências das transformações provocadas pelo ser humano na natureza. Vai ver também nessa unidade que alguns grupos de organismos, como bactérias e fungos, podem causar doenças nos seres humanos. Investigando como essas doenças se espalham, vamos conhecer as soluções que já existem, como os medicamentos e as vacinas, além de pensar em formas para tornar essas soluções mais acessíveis a todos, por meio da interpretação das condições de saúde das comunidades.

Na terceira unidade, vamos aprender sobre diversos tipos de máquinas e como elas vêm transformando a sociedade e o meio ambiente. Você vai ver que, ao longo da História, o ser humano ficou mais dependente das tecnologias e dos combustíveis, necessários para que elas funcionem. Vamos então discutir as consequências dessa dependência e analisar o que é feito e também o que você pode fazer para reduzir os impactos causados por nossas ações.

Vamos lá?

Os autores

CONHEÇA SEU LIVRO

Este livro é dividido em **três unidades**, subdivididas em **capítulos**.

Abertura da unidade

Apresenta uma imagem e um breve texto de introdução dos temas abordados. Além disso, traz questões que relacionam os conteúdos abordados a competências que você vai desenvolver ao longo do estudo da unidade.

Abertura dos capítulos

Todos os capítulos se iniciam com uma imagem e um texto introdutório que vão prepará-lo para as descobertas que você fará no decorrer do seu estudo.

Para começar

Apresenta perguntas sobre os conceitos fundamentais do capítulo. Tente responder às questões no início do estudo e volte a elas ao final do capítulo. Será que as suas ideias vão se transformar?

Conexões

Não deixe de ler as seções que aparecem ao longo dos capítulos. Elas contêm informações atualizadas que contextualizam o tema abordado no capítulo e demonstram a importância, as aplicações e as interações da ciência com outras áreas do conhecimento. As seções relacionam ciência a:
- ambiente;
- História;
- saúde;
- dia a dia;
- tecnologia;
- sociedade.

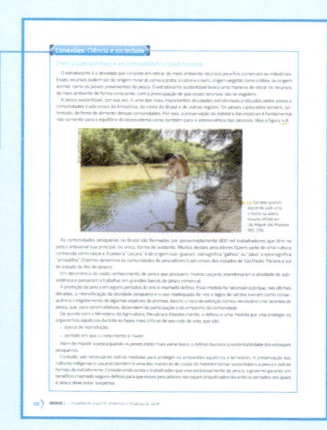

Saiba mais

Traz conteúdo complementar, aprofundando os conteúdos estudados no capítulo.

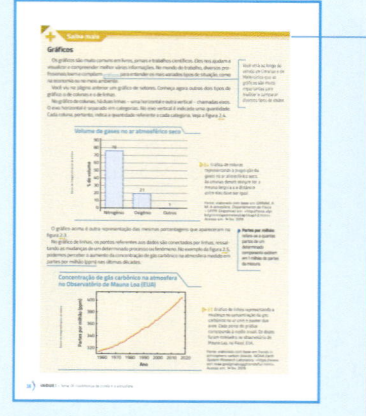

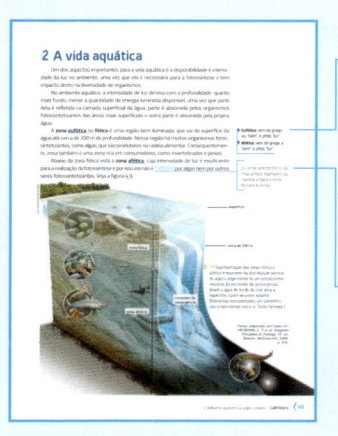

Glossário

Os termos sublinhados em azul remetem ao glossário na lateral da página. Ele apresenta o significado e a origem de muitas palavras e auxilia na leitura e na interpretação dos textos. Você também pode consultar o significado de algumas palavras no final do volume, na seção *Recordando alguns termos*.

Informações complementares

Diversas palavras ou expressões destacadas em azul estão ligadas por um fio a um pequeno texto na lateral da página. Esse texto fornece informações complementares sobre determinados assuntos e indica relações e retomadas de conceitos já estudados ou que serão vistos nos próximos capítulos ou volumes.

Atividades

Ao final de cada capítulo você vai encontrar questões para organizar e formalizar os conceitos mais importantes, trabalhos em equipe, propostas de pesquisa, textos para leitura e discussão e atividades práticas ligadas a experimentos científicos. Por fim, serão propostas algumas questões para autoavaliação.

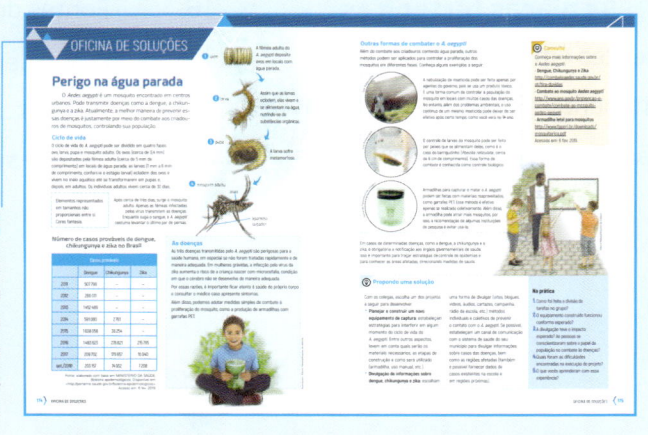

Oficina de soluções

Nesta seção você será convidado a propor soluções para situações e problemas do cotidiano por meio do desenvolvimento, da aplicação e da análise de diferentes recursos tecnológicos.

Na tela

Sugestões de vídeos, filmes e documentários relacionados aos assuntos trabalhados no capítulo.

Minha biblioteca

Indicações de livros que abordam os temas estudados no capítulo.

Mundo virtual

Dicas de *sites* interessantes para saber mais sobre o assunto tratado no capítulo.

Atenção

Recomendações e cuidados em momentos específicos do trabalho com o conteúdo do capítulo.

SUMÁRIO

Unidade 1

Terra: Os movimentos da crosta e a atmosfera

Fotos593/Shutterstock

André Dib/Pulsar Imagens

Ingo Arndt/Minden Pictures/Latinstock

Unidade 3

Máquinas, calor e novas tecnologias 176

Nature Bird Photography/Shutterstock

A ciência no cotidiano

O hábito de ler e pesquisar é muito importante para entender o mundo e contribuir com a sociedade.

Você tem o hábito de ler notícias na internet? Será que você já percebeu que muitas dessas notícias estão relacionadas a temas estudados nas aulas de Ciências?

Notícias sobre cotidiano, saúde, ambiente, tecnologia e até esportes podem ser compreendidas com alguns conceitos que você estuda em Ciências. Vamos ver um exemplo.

No dia 22 de dezembro de 2018, ondas gigantes atingiram as ilhas de Sumatra e Java, na Indonésia, matando centenas de pessoas. Ao analisar o ocorrido, cientistas concluíram que o que provocou o evento foi a erupção do vulcão Anak Krakatoa, que causou um enorme deslizamento de terra sobre o mar, formando as ondas.

Localização do vulcão Anak Krakatoa

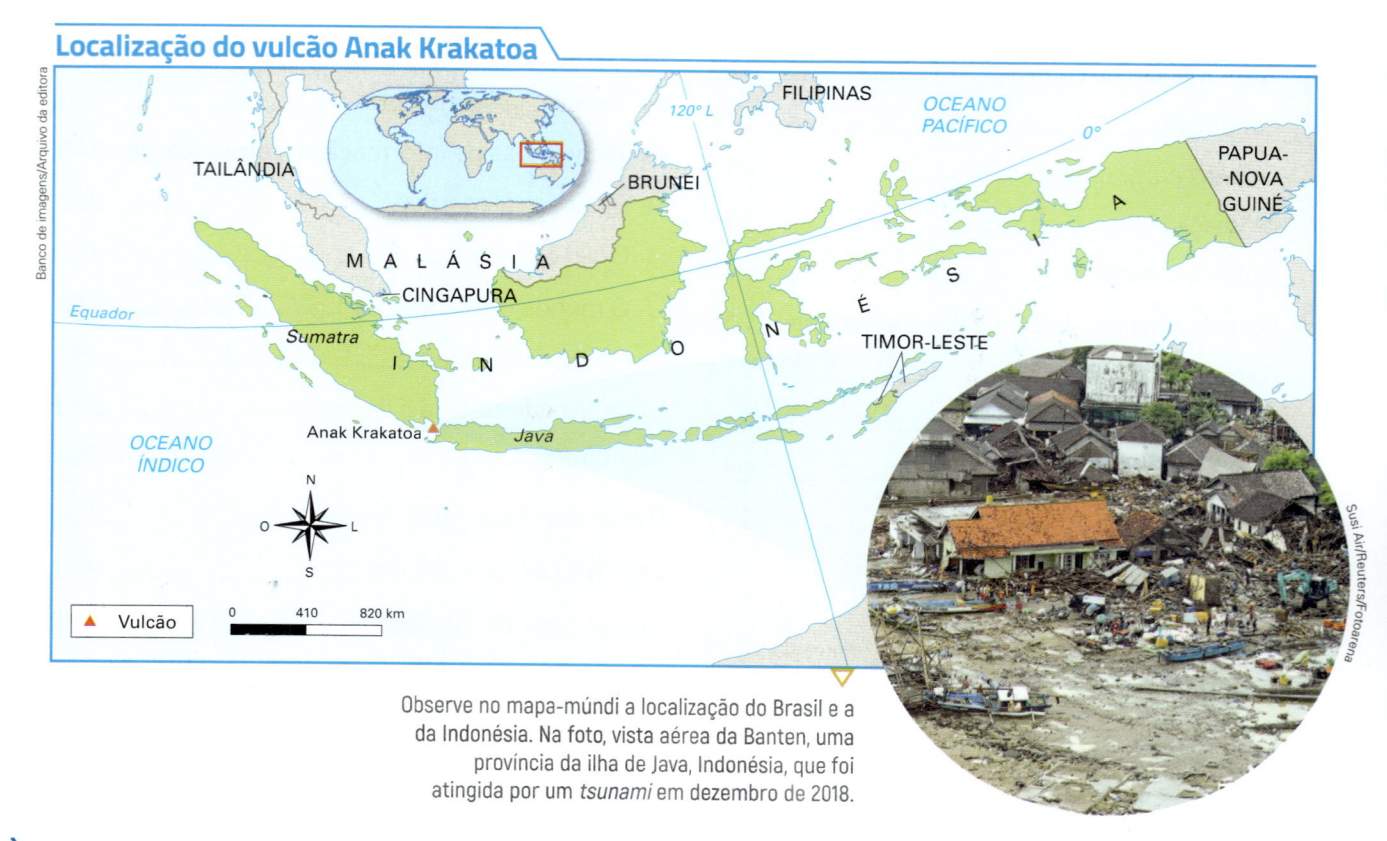

Observe no mapa-múndi a localização do Brasil e a da Indonésia. Na foto, vista aérea da Banten, uma província da ilha de Java, Indonésia, que foi atingida por um *tsunami* em dezembro de 2018.

Esse país asiático já sofreu com fenômenos semelhantes muitas vezes ao longo de sua história. Por qual motivo essas ondas gigantes acontecem com tanta frequência na Indonésia, mas não ocorrem no Brasil? Como essas ondas tão grandes se formam?

Vamos estudar neste ano as causas de catástrofes naturais como essa e entenderemos ainda de que maneira elas alteram o ambiente, trazendo consequências para os seres vivos e para a sociedade. Para isso, vamos precisar retomar alguns conceitos sobre as camadas que formam a Terra. Desse modo, você perceberá que será mais fácil não só compreender notícias com essa temática, mas também posicionar-se criticamente a respeito delas.

Veremos no capítulo 1 quais são as causas mais comuns para a formação de ondas gigantes, também conhecidas como *tsunamis*.

Vimos no 6º ano que o planeta é formado por núcleo, manto e crosta. Veremos agora de que modo o que acontece nessas camadas interfere nas características da Terra.

Impactos socioambientais

Neste ano, vamos estudar outra camada da Terra com mais detalhes: a atmosfera. Vamos ver que ela é formada por uma mistura de gases que você já conhece, como o gás oxigênio e o gás carbônico. Veremos ainda que algumas ações humanas podem alterar essa composição, o que nos mostra que é muito importante entender as características naturais do planeta para que seja possível identificar como elas são modificadas.

▷ Vista da superfície da Terra evidenciando a camada mais externa do planeta: a atmosfera.

Você já deve ter visto notícias sobre o aquecimento global, o efeito estufa e a camada de ozônio, certo? Neste ano, vamos compreender e relacionar esses fenômenos, identificando de que maneira eles são influenciados pelas ações humanas que causam a liberação de poluentes no ar, como as indústrias e os veículos.

Fábrica de papel em Telêmaco Borba (PR), em 2018, liberando compostos no ar. Grande parte dos poluentes liberados não é visível, mas causa alterações no ambiente.

Muitos dos ambientes terrestres e aquáticos estão ameaçados direta ou indiretamente por ações humanas, como a produção de materiais ou objetos em indústrias. Essa produção é feita em enormes quantidades, retirando recursos naturais do ambiente e liberando poluentes no ar, na água e no solo.

Se você já viu fotografias de localidades no Brasil diferentes de onde você mora, deve ter notado que vivemos em um país que apresenta muitos tipos diferentes de ambientes. Ao estudar os ambientes e seus organismos associados, vamos entender como os grupos de seres vivos interagem, criando paisagens únicas, como a Caatinga. Veremos também quais são as principais ações humanas que ameaçam esses ambientes.

Os minerais são exemplos de recursos extraídos da natureza, como vimos no 6º ano. Outro exemplo são os combustíveis, que estudaremos neste ano.

Vista aérea de tanques cheios de rejeitos que sobram da produção de álcool e açúcar a partir da cana. Florestópolis (PR), 2015.

Vegetação encontrada na Caatinga, na região de Canudos (BA), em 2018. Em cada ambiente podemos encontrar espécies de animais e plantas com características próprias do local.

Neste ano, veremos que, além de alterar o ambiente por meio das indústrias, o modo como as pessoas ocupam o espaço e constroem suas moradias causa impactos significativos no ambiente, afetando os demais organismos e o próprio ser humano. Dessa forma, é fundamental conhecer também as mudanças que ocorrem na sociedade.

Esse conhecimento será importante para entendermos os problemas ambientais e também para sabermos como é possível resolver problemas sociais, como a falta de água e de alimentos de qualidade para toda a população, a produção e o descarte inadequado de lixo e esgoto e a disseminação de doenças.

Ao investigarmos como as pessoas vivem, podemos diagnosticar e tratar problemas que afetam sua qualidade de vida. Uma das formas de fazer essa investigação é por meio de indicadores de saúde, que conheceremos na unidade 2.

Edifícios próximos a córrego com esgoto a céu aberto em São Lourenço (MG), 2016.

Máquinas e soluções

Para entender como as atividades humanas alteram o ambiente, e também para que possamos pensar em soluções para os problemas que decorrem dessas alterações, será necessário compreender alguns conceitos da Física. Com base nesses conceitos, vamos estudar também as máquinas e como esses equipamentos utilizam diferentes formas de energia, como o calor, para produzir movimento de maneira que nenhum ser humano ou animal conseguiria produzir.

A força de animais, como os cavalos, já foi muito usada como meio de transporte: em **A**, vemos uma carruagem sendo movida por cavalos na Califórnia (EUA), 1880. Ao longo da história os animais foram substituídos por máquinas, como os automóveis que vemos em **B**.

Você consegue imaginar quais foram as consequências da substituição do trabalho de seres humanos e de animais pelo de máquinas? A invenção e a evolução das máquinas trouxeram diversos benefícios a muitas pessoas, como o acesso a roupas e outros objetos, além de transporte e comunicação mais eficientes. Este ano, veremos que o uso das máquinas causou diversos tipos de impacto não só no ambiente, mas também na sociedade.

Então, você está preparado para propor e compartilhar soluções?

Asfalto danificado após terremoto de
7,8 pontos de magnitude em
Portoviejo, Equador, 2016. O desastre
deixou mais de 600 mortos.

UNIDADE 1

Terra: Os movimentos da crosta e a atmosfera

Fenômenos naturais observados na Terra, como vulcões, terremotos e *tsunamis*, estão relacionados à estrutura do planeta. Nesta unidade, vamos entender como ocorrem alguns desses eventos e estudar como as atividades humanas vêm modificando as condições necessárias para a manutenção da vida na Terra.

1 ▶ Em abril de 2018, tremores na Bolívia foram sentidos em algumas cidades brasileiras. Como o estudo desses fenômenos pode evitar mortes e destruição nas cidades? Pense nas formas como os fenômenos naturais influenciam no seu cotidiano.

2 ▶ A maior parte dos cientistas interpreta as alterações climáticas observadas nos últimos anos como resultado do aumento do efeito estufa. De que forma você pode alterar seus hábitos para reduzir a emissão de gases responsáveis pelo efeito estufa?

1

As placas tectônicas

Dr Morley Read/Photolibrary RM/Getty Images

▽ **1.1** O vulcão Reventador está situado na cordilheira dos Andes, no Equador. Erupção registrada em 2015.

Estudamos no 6º ano que o planeta Terra tem a forma aproximada de uma esfera e que é formado por camadas. Você se lembra de quais são essas camadas?

Veja a figura 1.1, que mostra um vulcão em erupção no Equador. A pasta alaranjada que vemos na imagem é formada por rochas muito quentes e derretidas. Ela é chamada lava e vem de dentro da Terra, de uma camada conhecida como manto.

▶ Para começar

1. O que são erupções vulcânicas, terremotos e *tsunamis*?

2. Por que os terremotos são tão raros no Brasil?

3. Será que a distribuição dos continentes sempre foi como é hoje?

4. Você já notou que a costa do Brasil parece se encaixar na costa oeste da África?

1 Os continentes em movimento

Atualmente existem seis continentes: África, Ásia, Antártida, Oceania, Europa e América. Você vai conhecer mais sobre eles nos estudos de Geografia.

Observe, na figura 1.2, que os contornos de alguns continentes parecem se encaixar como peças de um quebra-cabeça. Veja, por exemplo, o encaixe quase perfeito entre a costa da América do Sul e a da África. Sabemos ainda que os tipos de rocha encontrados nos planaltos brasileiros e africanos são muito parecidos.

A figura 1.2 também mostra que fósseis de um mesmo tipo de animal foram encontrados em continentes que se encaixam. A figura 1.3 mostra um fóssil encontrado tanto na América do Sul como na África.

Por que será que isso acontece?

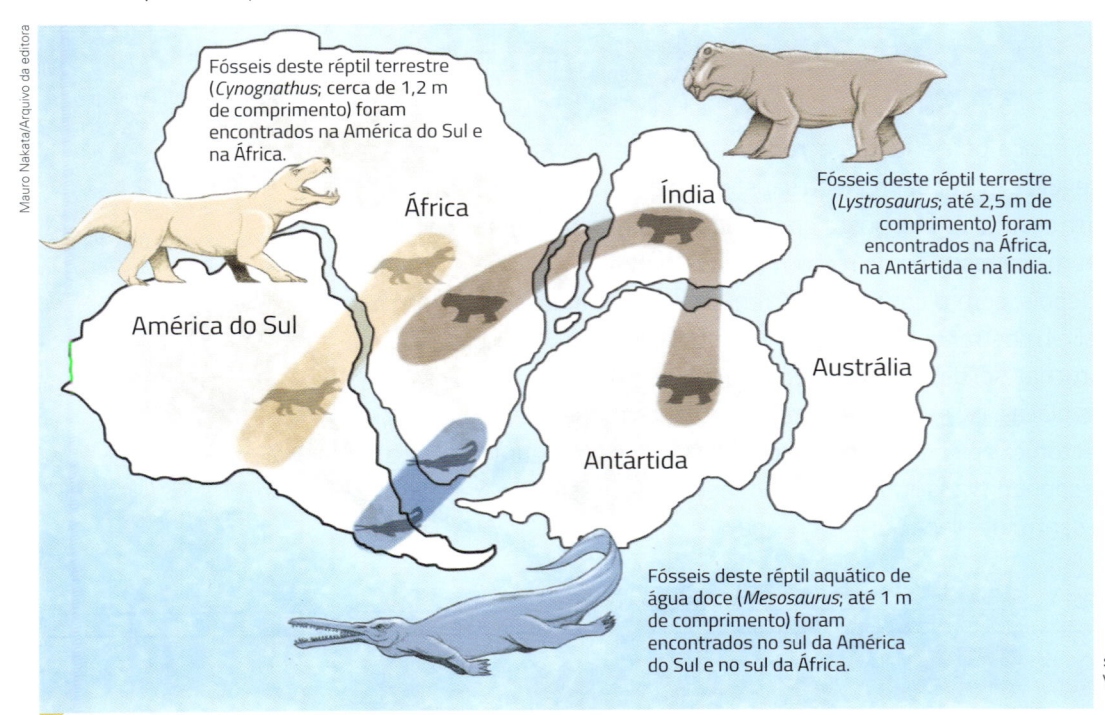

Fósseis deste réptil terrestre (*Cynognathus*; cerca de 1,2 m de comprimento) foram encontrados na América do Sul e na África.

África

Índia

Fósseis deste réptil terrestre (*Lystrosaurus*; até 2,5 m de comprimento) foram encontrados na África, na Antártida e na Índia.

América do Sul

Austrália

Antártida

Fósseis deste réptil aquático de água doce (*Mesosaurus*; até 1 m de comprimento) foram encontrados no sul da América do Sul e no sul da África.

Fonte: elaborado com base em KIOUS, W. J.; TILLING, R. I. *This dynamic earth*: the story of plate tectonics. Virginia: U.S. Geological Survey, 1996. p. 8.

▽ 1.2 Representação de como seria a disposição de alguns dos continentes no passado, mostrando como os contornos de alguns deles parecem se encaixar. (Elementos representados em tamanhos não proporcionais entre si. Cores fantasia.)

▷ 1.3 Ilustração artística de réptil terrestre (*Cynognathus*; 1,2 m de comprimento). No destaque, fóssil do crânio (30 cm de comprimento). Esses animais habitaram a Terra entre 245 e 237 milhões de anos atrás. Acredita-se que alguns deles originaram os mamíferos. (Os elementos representados na figura não estão na mesma proporção.)

Deriva continental e tectônica de placas

Com base nestas evidências – o encaixe do contorno e a semelhança entre rochas e fósseis –, o cientista alemão Alfred Wegener (1880-1930) propôs que há milhões de anos os continentes poderiam estar unidos, formando um imenso continente que ele chamou **Pangeia** (do grego *pan*, "todo", e *gea*, "Terra"). Ainda segundo Wegener, em um dado momento a Pangeia começou a se dividir em porções menores, que lentamente se movimentaram até a posição atual dos continentes. Essa ideia ficou conhecida como teoria da **deriva continental**. Veja a figura 1.4.

▶ **Deriva:** sem direção; um barco à deriva é um barco sendo levado pela água, sem um piloto que lhe dê um rumo.

Pangeia   Continentes atuais

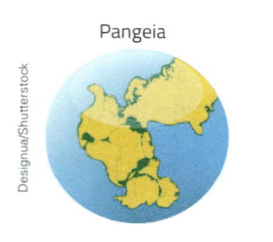 

▷ 1.4 Reconstrução da posição dos continentes em diferentes épocas: de 250 milhões de anos atrás (ilustração à esquerda) aos dias de hoje (ilustração à direita). (Elementos representados em tamanhos não proporcionais entre si. Cores fantasia.)

Como naquela época os cientistas acreditavam que a litosfera era estática e Wegener não conseguiu explicar de maneira satisfatória quais forças faziam os continentes se moverem, essa teoria foi posta em dúvida, pois ideias revolucionárias são mais difíceis de serem aceitas, mesmo na comunidade científica.

Você estudou no 6º ano que a litosfera é a parte sólida mais externa do planeta, formada pela crosta terrestre e pela parte superior do manto.

Muitos anos depois, com o estudo de terremotos e com a descoberta de mais evidências, foi possível mostrar que a crosta da Terra é dividida em vários pedaços, que formam placas de rochas sólidas. Os continentes e o fundo dos oceanos (o assoalho) fazem parte dessas placas. Há sete placas maiores e várias menores, todas elas chamadas de **placas tectônicas** ou **placas litosféricas**. Veja o mapa na figura 1.5. Note que as placas não correspondem aos limites dos continentes. O Brasil, por exemplo, está mais ou menos no centro da placa Sul-Americana.

▶ **Tectônica:** termo de origem grega que significa "em construção".

Placas tectônicas

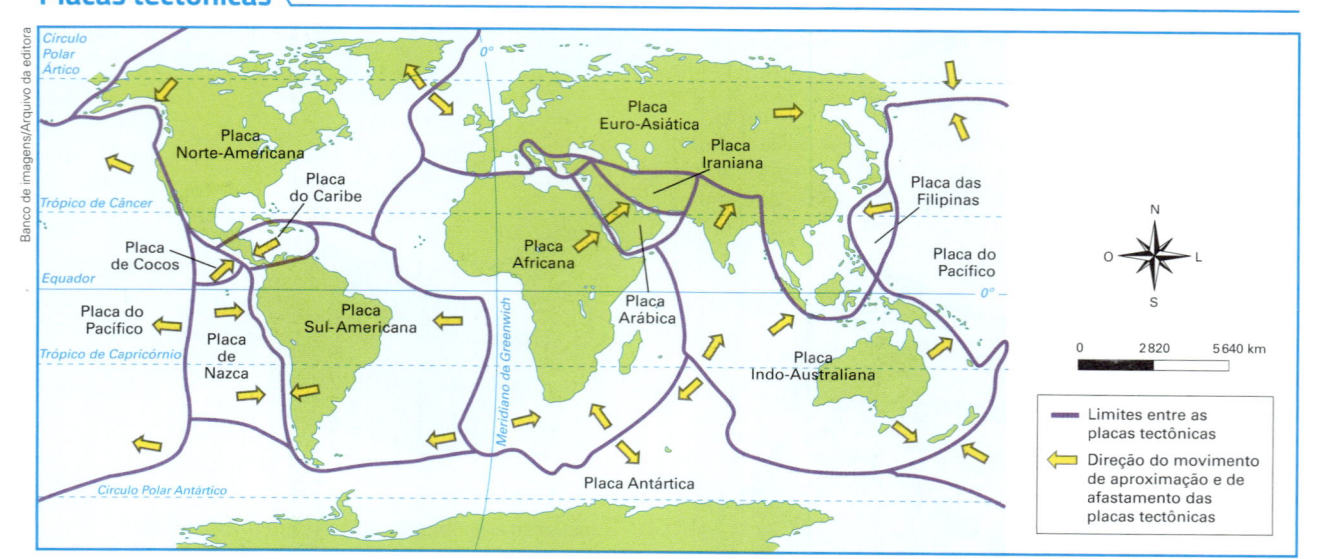

Fonte: elaborado com base em IBGE. *Atlas geográfico escolar*. Rio de Janeiro: IBGE, 2010. p.103.

▽ 1.5 Mapa com a distribuição das placas tectônicas. Os continentes e os oceanos ficam sobre essas placas. (Cores fantasia.)

O movimento de uma placa em relação à outra pode ser de afastamento ou de aproximação, ou então as placas simplesmente deslizam uma ao lado da outra. Veja na figura 1.5 que as placas Sul-Americana e Africana estão lentamente se afastando, enquanto as placas de Cocos e do Caribe, por exemplo, estão aos poucos se aproximando.

A velocidade desses movimentos varia de 2 cm a 10 cm por ano. Por isso, é muito difícil percebê-los no dia a dia. Ao longo de toda a história da Terra, porém, esse movimento mudou muito o aspecto do planeta, afastando e aproximando os continentes.

Uma das hipóteses para explicar essa movimentação é a de que o calor que vem do núcleo da Terra aquece o manto: suas partes mais aquecidas ficam menos densas e sobem, enquanto as partes mais frias descem. Dessa forma, criam-se correntes que movimentam lentamente as placas tectônicas sobre o manto. Veja a figura 1.6.

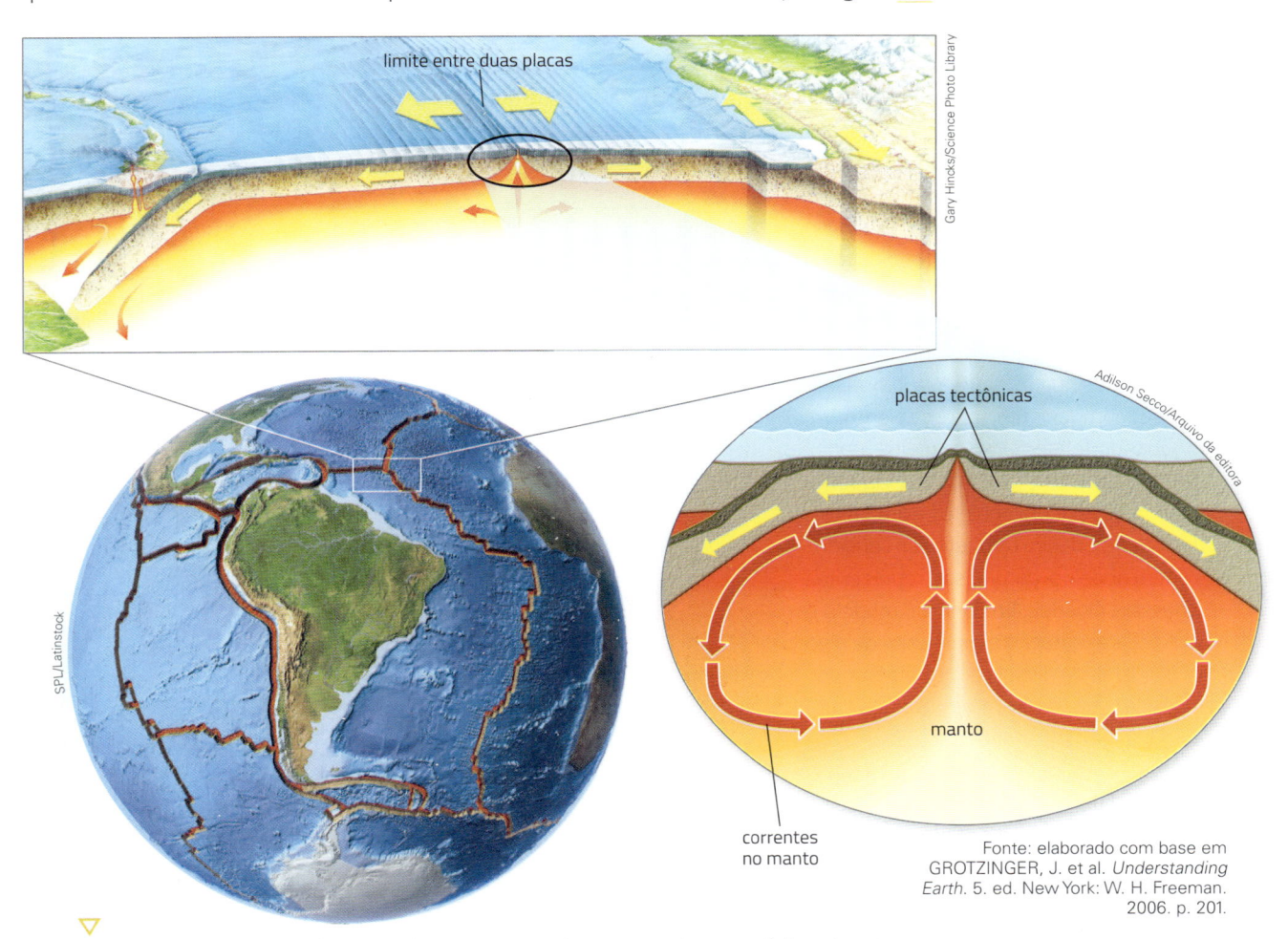

1.6 Observe nos detalhes as correntes do manto que movimentam as placas tectônicas. As setas amarelas indicam o movimento de duas placas no oceano, e as setas vermelhas indicam o movimento no manto. (Elementos representados em tamanhos não proporcionais entre si. Cores fantasia.)

Fonte: elaborado com base em GROTZINGER, J. et al. *Understanding Earth*. 5. ed. New York: W. H. Freeman. 2006. p. 201.

Essa explicação sobre a movimentação dos continentes faz parte da teoria da **tectônica de placas** ou **tectônica global**, que afirma que a crosta da Terra é formada por placas em movimento. Essa teoria também explica o maior número de vulcões e terremotos em certos locais da Terra e a presença de fósseis e de rochas semelhantes em continentes diferentes, entre vários outros fenômenos.

Esses fenômenos têm maior chance de ocorrer nos limites entre as placas, como veremos adiante.

É importante lembrar que as placas tectônicas continuam a se mover: a América do Norte e a Europa estão se aproximando quase 4 cm ao ano; a América do Sul, a cada ano, se afasta de 2 cm a 3 cm da África. Calcula-se que, daqui a 50 milhões de anos, a América do Sul possa estar unida à Ásia, formando um único continente.

O movimento das placas pode provocar muitas alterações no ambiente, incluindo a distribuição dos seres vivos na Terra. Em curto prazo, terremotos, vulcões e *tsunamis* podem destruir ou modificar o *habitat* das espécies. Ao longo de milhares ou milhões de anos, alterações no relevo e mudanças na latitude de uma região também podem afetar o clima. O encontro de dois continentes também coloca espécies em contato com novos competidores.

> ▶ **Tsunami:** termo de origem japonesa que significa "onda de porto", em referência às ondas que resultam de terremotos e cuja altura aumenta à medida que elas se aproximam da costa.

Saiba mais

Teorias e modelos

Quando usamos a palavra "teoria", em ciência, estamos falando de uma explicação que se aplica a diversas circunstâncias. A teoria da tectônica de placas, por exemplo, explica o movimento dos continentes e uma série de outros fenômenos. Já com a teoria da evolução, procuramos explicar como todas as espécies surgiram na Terra; como elas se transformam ao longo do tempo, originando novas espécies; a razão das semelhanças e das diferenças entre os seres vivos; e por que os organismos têm adaptações que os ajudam a sobreviver e a se reproduzir em seus ambientes.

Quando falamos em modelos, podemos pensar em projetos e maquetes elaborados por engenheiros e arquitetos. Mapas de cidades também são considerados modelos, porque são representações das cidades. Em ciência, modelo é uma representação simplificada de algo real que ajuda a explicar um fenômeno.

Assim, mesmo sem ver as placas tectônicas em movimento, os cientistas se valem de alguns fenômenos que observam na natureza para construir modelos que ajudam a explicar a teoria. Ao longo de seu estudo de Ciências, você verá diversos outros exemplos. Veja a figura 1.7.

Francois Gohier/VW Pics via ZUMA Wire/Fotoarena

1.7 Falha de San Andreas, na Califórnia, Estados Unidos, 2015. Essa fenda, que se estende por 1300 km e resulta do movimento de afastamento entre a placa do Pacífico e a placa Norte-Americana, é muito estudada para compreender as placas tectônicas.

2 A formação das cadeias de montanhas

Como acabamos de estudar, as placas tectônicas se movimentam. Quando duas placas se chocam, por exemplo, suas margens podem ser comprimidas e erguidas, originando cadeias de montanhas (cordilheiras). Veja a figura 1.8.

placa tectônica

▷ 1.8 Representação da formação de cadeias de montanhas. As setas indicam o movimento das placas. (Elementos representados em tamanhos não proporcionais entre si. Cores fantasia.)

Supõe-se que foi assim que surgiram as cordilheiras dos Andes (no continente americano), dos Alpes europeus e do Himalaia (no continente asiático). Veja na figura 1.9 a localização da placa Indo-Australiana em diferentes momentos (ao longo de milhões de anos) até colidir com a placa Euro-Asiática e formar o Himalaia.

placa Euro-Asiática

Himalaia

placa Indo-Australiana em posição atual

posição da placa há 38 milhões de anos

posição da placa há 55 milhões de anos

posição da placa há 71 milhões de anos

1.9 Placa Indo-Australiana em quatro momentos. Esse processo de aproximação da placa Indo-Australiana em direção à placa Euro-Asiática continua até hoje e ocorre muito lentamente. Devido a isso, a cada ano as montanhas ficam poucos centímetros mais altas.

⏻ Mundo virtual

Himalaia em 30 segundos – Ciência Tube
http://www.cienciatube.com/2009/11/himalaia-em-30-segundos.html
Vídeo que simula de modo simplificado a formação de uma cadeia de montanhas como o Himalaia.
Acesso em: 1º fev. 2019.

Cordilheira transcontinental – Pesquisa Fapesp
http://revistapesquisa.fapesp.br/2014/12/29/cordilheira-transcontinental/
Artigo que mostra um exemplo de formação de cadeia de montanhas que existiu há mais de 600 milhões de anos entre o Brasil e o continente africano.
Acesso em: 1º fev. 2019.

3 Os terremotos e os *tsunamis*

Os tremores, ou vibrações, da superfície da Terra são chamados **terremotos** ou **abalos sísmicos**. Na maioria dos casos, esses tremores são muito fracos e só é possível percebê-los com o auxílio de aparelhos.

Mas alguns tremores são fortes o suficiente para serem percebidos por nossos sentidos e podem até causar grandes danos a construções. Nesses casos, pode ser ouvido um barulho parecido com o de um trem subterrâneo, explosões ou algo se quebrando sob o solo. O chão começa a tremer violentamente e depois para, deixando um rastro de destruição.

Em 2010, um terremoto de enormes proporções atingiu o Chile, matando mais de 800 pessoas e deixando outras 20 mil desabrigadas. Um desastre semelhante aconteceu no Japão em 2011, quando, além de provocar milhares de mortes, um terremoto causou danos e consequente vazamento de radioatividade em usinas nucleares (figura 1.10).

Em 2017, um terremoto de grande intensidade atingiu o centro do México. Veja a figura 1.11. Na ocasião, pelo menos 224 pessoas morreram em consequência dos desabamentos.

Chris McGrath/Getty Images

1.10 Destruição provocada por terremoto no Japão, em 2011.

CrowdSpark/Alamy/Fotoarena

▷ 1.11 Trabalho de resgate em prédio que desabou no México devido a um terremoto, em 2017.

Os terremotos geralmente ocorrem na região de contato entre duas placas tectônicas: quando duas placas estão em movimento, elas podem ficar presas uma à outra e, em determinado momento, a força acumulada entre elas pode vencer a resistência e liberar uma energia que é transmitida por "ondas de choque", denominadas **ondas sísmicas**. Veja a figura 1.12. Essas ondas se espalham pelas camadas de rocha e provocam os terremotos. O ponto da superfície que fica exatamente acima do ponto de origem do terremoto e recebe a energia originada dele é chamado **epicentro**.

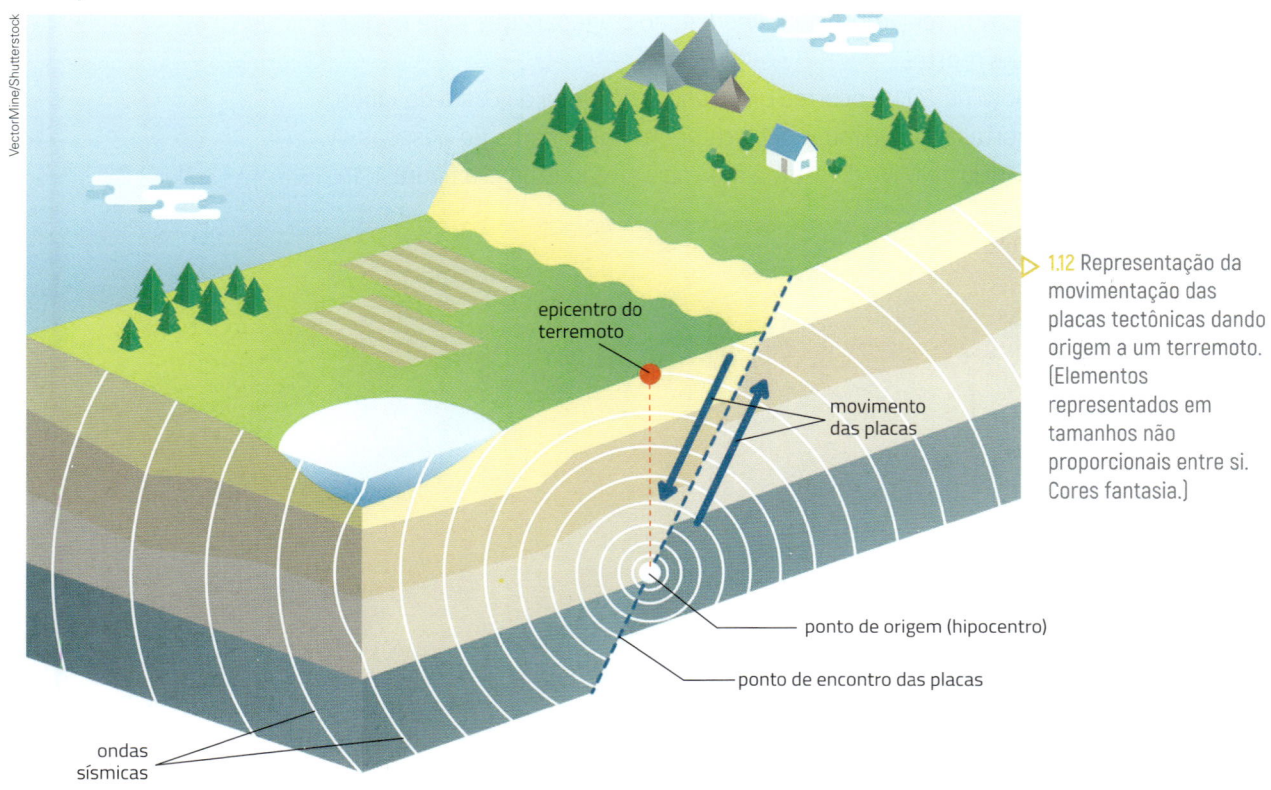

1.12 Representação da movimentação das placas tectônicas dando origem a um terremoto. (Elementos representados em tamanhos não proporcionais entre si. Cores fantasia.)

Quando as ondas sísmicas ocorrem sob os oceanos, enormes massas de água podem ser deslocadas, provocando ondas gigantescas, chamadas **tsunamis** ou **maremotos**. Elas chegam a ter mais de 30 m de altura (isso equivale, mais ou menos, a um prédio de 10 andares) e atingem velocidades de mais de 800 km/h! Veja a figura 1.13.

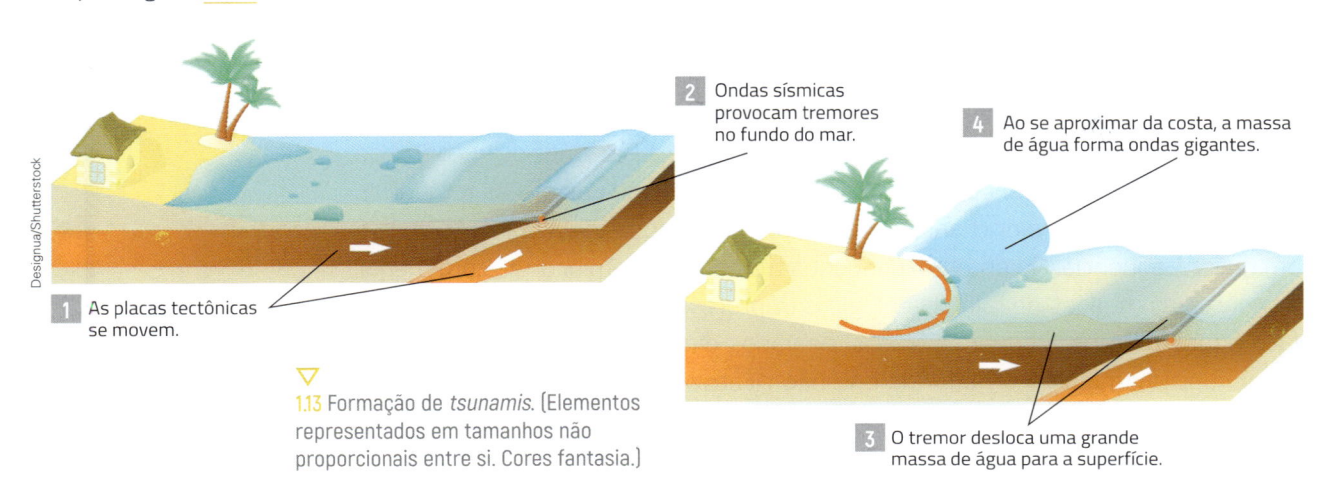

1.13 Formação de *tsunamis*. (Elementos representados em tamanhos não proporcionais entre si. Cores fantasia.)

Não é possível prever com muita antecedência quando um terremoto vai acontecer, mas há alguns sinais que ocorrem momentos antes de um grande terremoto, como os tremores localizados e a liberação de gases por vulcões. Em alguns países com grande número de terremotos, como o Japão, medidas preventivas são tomadas: as construções são projetadas para suportar ao máximo os abalos, há sistemas de alerta e a população recebe treinamento para se proteger durante emergências desse tipo.

Como os terremotos podem ser seguidos de *tsunamis*, as pessoas que vivem na costa devem ser alertadas para que se desloquem até regiões mais altas, livres de inundação. Mesmo assim, terremotos e *tsunamis* são tragédias que podem provocar destruição e muitas mortes.

Logo após o terremoto de 2011, ocorreu um *tsunami* ao longo da costa do Japão, o que causou 18 446 mortes e provocou o deslocamento de milhares de pessoas. A cidade de Natori, na província de Miyagi, foi uma das mais afetadas. Veja a figura 1.14.

Kyodo News/AP/Glow Images

1.14 Ondas de *tsunami* atingem casas após terremoto na cidade de Natori, na província japonesa de Miyagi, em 2011.

A ajuda mundial pode ser necessária para prestar atendimento às vítimas e reconstruir as regiões afetadas. Por isso, outros países devem exercer a solidariedade e colaborar, fornecendo ajuda humanitária às populações em situação de risco.

O Brasil fica no centro de uma placa tectônica, longe das regiões de encontro de placas. Reveja a figura 1.5. Como estudamos, em locais onde as placas tectônicas se encontram, existe maior chance de ocorrerem terremotos de alta intensidade e com maior frequência. No entanto, pequenos tremores podem ocorrer, com menor frequência, em regiões de falhas geológicas (rupturas) no interior das placas. Toda placa é recortada por pequenos blocos, de várias dimensões. Esses recortes, ou falhas, funcionam como uma ferida que não cicatriza: apesar de serem antigos, podem se abrir a qualquer momento para liberar energia. Costumam ser tremores de pequena intensidade, que geralmente nem são notados.

Essas falhas estão presentes em várias regiões do Brasil. Além disso, às vezes é possível perceber, em território brasileiro, reflexos de terremotos que ocorrem em outros países da América do Sul.

Assim como outros países, o Brasil tem centros de monitoramento de atividades sísmicas que ocorrem em seu território e em outras regiões da América do Sul. Um dos locais que opera parte da Rede Sismográfica Brasileira (RSBR) é o Centro de Sismologia da Universidade de São Paulo (USP). Esse centro mantém um sistema de detecção automática constante de atividades sísmicas, e a divulgação desses eventos é realizada em tempo real por meio de mapa e listas. Estudaremos a seguir como essa detecção é feita.

Em 22 de abril de 2008, um terremoto foi percebido na região Sul do Brasil (nos estados do Rio Grande do Sul, de Santa Catarina e do Paraná) e em São Paulo e no Rio de Janeiro. Em 2014, outro terremoto atingiu a região de Montes Claros (MG). Em 2 de abril de 2018, um abalo sísmico com origem na Bolívia foi percebido em São Paulo e em Brasília. Você chegou a presenciar algum desses tremores ou chegou a ouvir sobre eles nos noticiários? Caso os desconheça, pergunte a um adulto do que ele se recorda.

Conexões: Ciência no dia a dia

Terremotos no Brasil

Pouco antes das 11h da manhã de 2 de abril [2018], funcionários de prédios altos da avenida Paulista, em São Paulo, levaram um susto. As edificações começaram a balançar, a ponto de algumas terem de ser evacuadas. Era o reflexo de um terremoto [...] no sul da Bolívia.

Por certo, muita gente lembrou da ideia muito difundida de que o Brasil é um país onde esses fenômenos não ocorrem. Essa certeza não passa de um mito, no entanto. Tremores são registrados praticamente todas as semanas no território nacional.

Segundo o sismólogo Bruno Collaço, do Centro de Sismologia da Universidade de São Paulo (USP), a grande maioria deles não é percebida pela população.

[...]

Seu colega no Centro, Marcelo Assumpção, coordenador da Rede Sismográfica Brasileira, acrescenta que não existem de fato terremotos no Brasil com a mesma frequência e força dos registrados em outros países mais ativos.

[...]

Os registros históricos confirmam essas informações. Um dos primeiros brasileiros a sentir e registrar um terremoto foi ninguém menos que o imperador D. Pedro 2º, que, às 15h do dia 9 de maio de 1886, percebeu a terra tremer sob seus pés, quando se encontrava em seu palácio, em Petrópolis (RJ).

Segundo o sismólogo José Alberto Vivas Veloso, pesquisador aposentado e ex-chefe do Observatório Sismológico da Universidade de Brasília (UnB), [...] "imediatamente o monarca quis saber o que de fato tinha acontecido e determinou que se buscassem informações a respeito". A tarefa coube ao engenheiro Guilherme Schüch (1824-1908), o barão de Capanema.

"Incentivado pelo imperador, ele coletou e analisou dados de terremotos em todo o país e publicou, em 1859, o primeiro artigo científico sobre o tema no Brasil", conta Veloso.

[...]

Esse não foi, no entanto, o primeiro nem o mais forte terremoto já ocorrido no país. Embora não tenha sido registrado por um sismógrafo, mas apenas por evidências e relatos históricos, esse posto cabe a um tremor que teria ocorrido em 1690, na Amazônia.

[...]

DA SILVEIRA, E. Brasil tem, sim, terremotos – e há registro até de tremor com "pequenos tsunamis". *BBC News Brasil*. Disponível em: <https://www.bbc.com/portuguese/geral-43671313>. Acesso em: 1º fev. 2019.

Estudo de terremotos

Dando leves pancadas em um móvel de madeira, ouvimos sons diferentes dependendo de sua estrutura interna, isto é, de ele ser oco ou maciço. De modo semelhante, os cientistas estudam os terremotos (as ondas sísmicas) para obter informações sobre o interior da Terra. Esse estudo é feito com vários aparelhos – um deles é o **sismógrafo**. Veja a figura 1.15.

A partir de 1900, surgiram as principais escalas de medição de intensidade de terremotos que conhecemos. A mais conhecida é a **escala de Richter** (ou escala Richter), desenvolvida pelo físico estadunidense Charles Francis Richter (1900-1985).

1.15 A agulha do sismógrafo faz o registro dos tremores.

Quanto maior a intensidade ou magnitude de um terremoto, maior será seu potencial de destruição. Mas o nível de destruição depende também de outros fatores, como a distância e a profundidade da origem do terremoto, as condições do terreno e os tipos de construção na região.

A escala Richter atualmente varia de 0 a 9,5 pontos. O nível máximo da escala pode aumentar, pois depende do terremoto de maior intensidade ocorrido até o momento. Desde a criação da escala, o abalo de maior intensidade já registrado ocorreu em 1960, no Chile, e alcançou 9,5 pontos.

O registro dos abalos sísmicos e o mapeamento das falhas entre placas tectônicas ajuda a identificar áreas de risco. Veja a figura 1.16. Assim, é possível estabelecer regras para a construção de habitações mais seguras e alertar a população quando há previsão de terremoto. No caso dos *tsunamis*, eles podem ser detectados com um pouco de antecedência por meio de boias especiais posicionadas nos oceanos.

1.16 Coleta de dados de registrador do sismógrafo por meio do uso de um computador, em Londrina (PR), 2016.

🔘 **Mundo virtual**

Observatório Sismológico – Universidade de Brasília (UnB)
http://obsis.unb.br
Instituição que, entre outras ações, monitora e divulga abalos sísmicos no Brasil. Na página é possível navegar por um mapa interativo que mostra os registros mais recentes.
Acesso em: 1º fev. 2019.

Entrevista com Marcelo Assumpção – Pesquisa Brasil
http://revistapesquisa.fapesp.br/2017/07/21/podcast-marcelo-assumpcao/
Áudio da entrevista na qual o professor Marcelo Assumpção fala sobre os tremores de terra que ocorrem no Brasil e suas prováveis causas. O programa Pesquisa Brasil é produzido pela revista *Pesquisa Fapesp* e vai ao ar pela Rádio USP – que pode ser ouvida *on-line* – e é disponibilizado na forma de *podcast*.
Acesso em: 1º fev. 2019.

4 Os vulcões

Que imagem você cria em sua mente quando lê esta descrição: "toneladas de rochas derretidas, com temperaturas superiores a 1 000 °C, e nuvens de poeira e cinzas que se espalham pela atmosfera"?

Não se trata de um cenário de ficção científica, e sim de um vulcão em erupção. Veja a figura 1.17.

▶ **Vulcão:** termo derivado de Vulcano, divindade da mitologia romana que produzia relâmpagos, espadas e escudos para os outros deuses. Ele vivia no monte Etna, um vulcão que ainda está ativo, na ilha da Sicília, Itália.

Martin Bernetti/AFP

▷ **1.17** Nuvem de fumaça formada na erupção do vulcão Puyehue, no Chile, em 2011. A quantidade de fumaça foi tão grande que impediu o tráfego aéreo na América do Sul por vários dias.

Para entender o que acontece nos vulcões, imagine a seguinte situação: uma pessoa sacode uma garrafa de refrigerante fechada. Em seguida, ela abre essa garrafa repentinamente. Você já sabe o que vai acontecer, não é? A pressão do gás fará o líquido espirrar através da abertura da garrafa. Quanto maior for a pressão dentro da garrafa, maior será a força com que o líquido transbordará.

Os vulcões podem se originar de várias formas. Muitos surgem nas bordas das placas tectônicas. Por exemplo: um choque entre duas placas pode provocar o derretimento de parte de uma delas, formando grandes reservatórios subterrâneos de gases e magma submetidos a altas pressões. Veja a figura 1.18.

O estudo de vulcões também ajuda os cientistas a investigar o interior da Terra e o movimento das placas tectônicas.

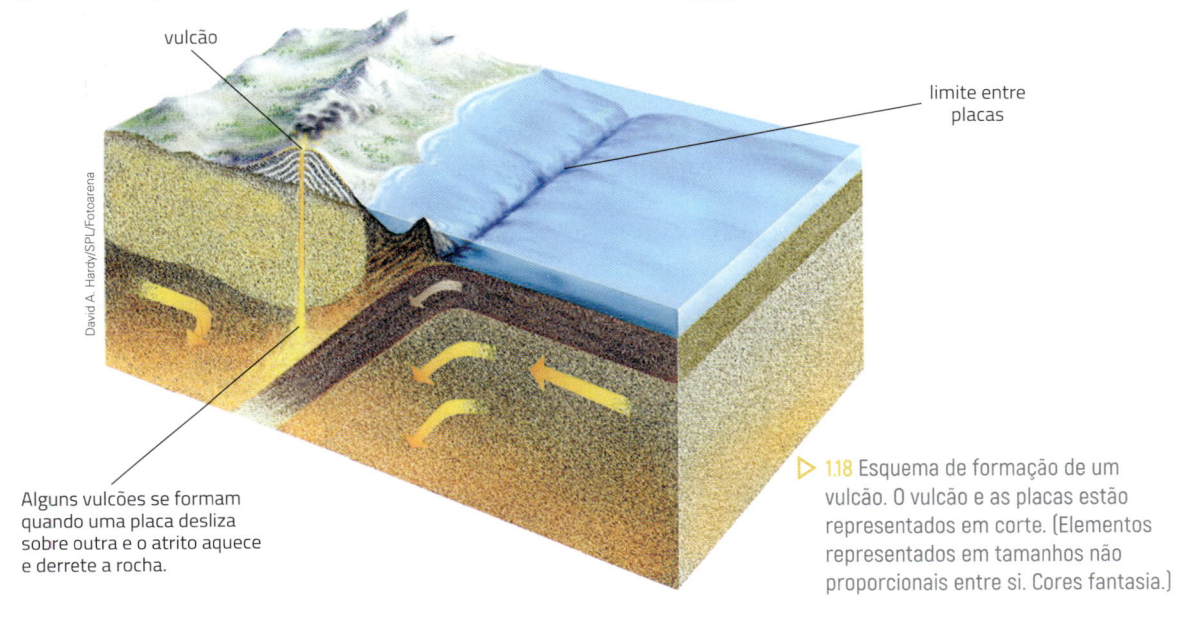

David A. Hardy/SPL/Fotoarena

vulcão

limite entre placas

Alguns vulcões se formam quando uma placa desliza sobre outra e o atrito aquece e derrete a rocha.

▷ **1.18** Esquema de formação de um vulcão. O vulcão e as placas estão representados em corte. (Elementos representados em tamanhos não proporcionais entre si. Cores fantasia.)

Mas o que é o magma?

Sob a crosta terrestre, a porção superior do manto é formada por rochas derretidas, o **magma**, que pode subir até perto da superfície e, ao entrar em contato com a água subterrânea, provocar a formação de vapor. Se a pressão aumentar muito, o vapor acaba rompendo a superfície e então o magma é liberado. Depois de expelido do vulcão, o magma passa a se chamar **lava** (a temperatura da lava varia de 700 °C a 1200 °C). Veja a figura 1.19. Além de lava e cinzas, o vulcão expele vapor de água e outros gases, como o gás carbônico e gases de enxofre.

Os vulcões também participam da formação de rochas no planeta. Ao esfriar, a lava transforma-se em rocha ígnea, como estudamos no 6º ano. Com o passar do tempo e a ocorrência dos processos de erosão e intemperismo, as rochas ígneas dão origem a solos ricos e férteis, já que as lavas e as cinzas são ricas em substâncias que servem de adubo para as plantas. Esse é um dos motivos pelos quais se formam cidades em volta dos vulcões, apesar de não ser seguro.

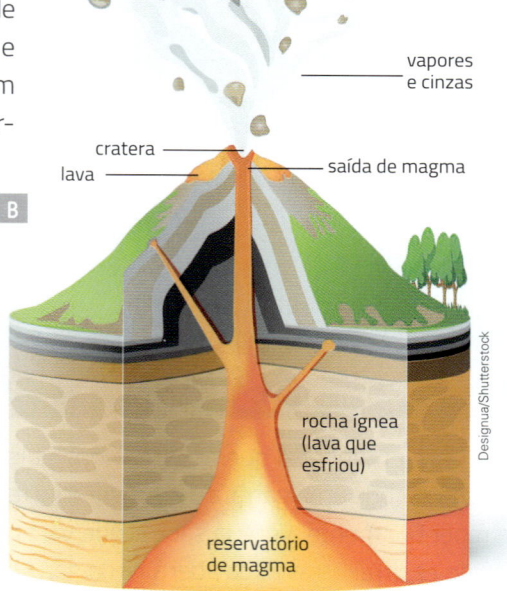

vapores e cinzas

cratera
lava
saída de magma

rocha ígnea (lava que esfriou)

reservatório de magma

 1.19 Em **A**, vulcão Tungurahua em erupção no Equador, 2016. Em **B**, esquema de corte de vulcão ativo e estrutura interna do vulcão. (Elementos representados em tamanhos não proporcionais entre si. Cores fantasia.)

+ Saiba mais

Efeitos das erupções vulcânicas

A lava expelida pelos vulcões pode causar um rastro de destruição por onde passa, matando plantas, animais e microrganismos. Mas as cinzas vulcânicas se espalham por milhares de quilômetros quadrados, dando fertilidade ao solo.

Os efeitos das erupções podem ainda alterar o clima global, porque liberam gases que favorecem o aumento do efeito estufa, como o gás carbônico. Além disso, dependendo do tamanho da erupção e da quantidade de material liberado, as partículas jogadas na atmosfera podem impedir a passagem dos raios do Sol, formando uma sombra e impedindo que o calor chegue à superfície. Veja a figura 1.20.

1.20 Intensa liberação de gases e cinzas pelo vulcão Shiveluch, na Rússia, em 2017.

Estima-se que, por causa de suas características, as erupções vulcânicas tenham influenciado muito a dinâmica de certas civilizações, como a do antigo Egito (323 a.C.-30 a.C.): para realizar o plantio e a colheita de alimentos e outros produtos, por exemplo, os egípcios dependiam das cheias do rio Nilo e, como o rio enchia quando chovia em grande quantidade no leste da África, nos anos afetados por erupções vulcânicas, as alterações climáticas prejudicavam a cheia do rio, o que trazia impactos enormes para toda a sociedade.

Fonte: elaborado com base em CRIADO, M. A. Vulcões contribuíram para o colapso do Antigo Egito. *El País Internacional*. Disponível em: <https://brasil.elpais.com/brasil/2017/10/17/internacional/1508227377_259419.html>; Secretaria da Educação. Erupções vulcânicas e seus efeitos. Disponível em: <http://www.geografia.seed.pr.gov.br/modules/conteudo/conteudo.php?conteudo=284>; How Volcanoes Influence Climate. *University Corporation for Atmospheric Research*. Disponível em: <https://scied.ucar.edu/shortcontent/how-volcanoes-influence-climate>. Acesso em: 1º fev. 2019.

Os vulcões ativos do planeta

Há certa coincidência entre as regiões onde ocorrem terremotos e onde há vulcões ativos – aqueles que entram em erupção ou que apresentam outros sinais de atividade, como emissão de fumaça. O motivo você já sabe: essas regiões ficam nas bordas das placas tectônicas.

Mais da metade dos vulcões ativos está na região do oceano Pacífico, no chamado Círculo de Fogo, uma faixa que abrange o sul do Chile, os Andes, a América Central, o noroeste americano, a costa sudoeste do Canadá, o Alasca, o sul do Japão, o leste da China, as Filipinas, a Nova Guiné e a Nova Zelândia. Veja a figura 1.21.

No Brasil não existem vulcões ativos atualmente. Mas, há milhões de anos, quando o país se situava em uma área de encontro de placas, erupções vulcânicas originaram ilhas, como as do arquipélago de Fernando de Noronha, em Pernambuco.

1.21 A região em destaque no mapa representa o Círculo de Fogo, onde ocorre mais da metade dos vulcões ativos do mundo. Na foto, lava de erupção vulcânica no Havaí, em 2018. O rastro de lava percorreu cerca de 36 mil m².

Círculo de Fogo

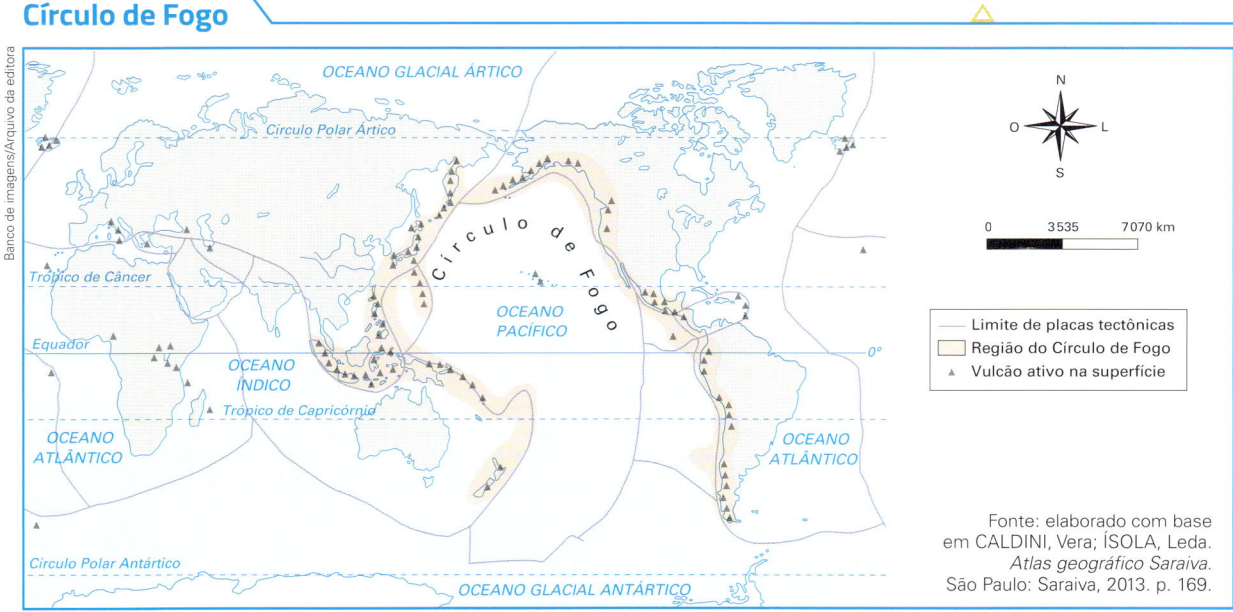

Fonte: elaborado com base em CALDINI, Vera; ÍSOLA, Leda. *Atlas geográfico Saraiva*. São Paulo: Saraiva, 2013. p. 169.

Mundo virtual

Britannica Escola
https://escola.britannica.com.br/levels/fundamental
Nessa plataforma de aprendizagem *on-line* é possível usar o mecanismo de busca por palavras-chave para encontrar muitas informações sobre placas tectônicas, vulcões, terremotos e *tsunamis*. Acesso em: 1º fev. 2019.

Aplique seus conhecimentos

1 ▸ Observe o mapa-múndi a seguir. Explique por que daqui a alguns milhões de anos o mapa da Terra provavelmente será diferente do que é hoje.

Mapa-múndi

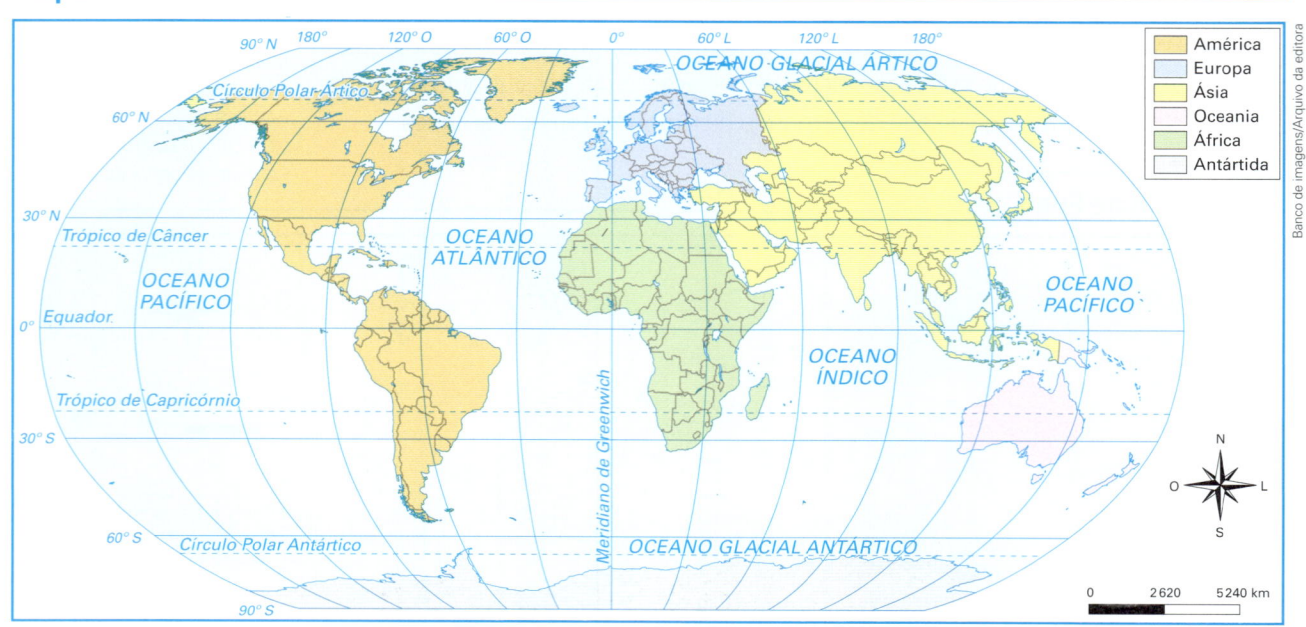

Fonte: elaborado com base em IBGE. *Atlas geográfico escolar* (versão *web*). Disponível em: <https://portaldemapas.ibge.gov.br/portal.php#mapa2>. Acesso em: 1º fev. 2019.

1.22

2 ▸ Identifique as alternativas verdadeiras, assinalando-as.
( ) A litosfera é formada pela crosta e pela parte externa do manto.
( ) As placas tectônicas estão em constante movimento.
( ) A parte do manto formada por rochas derretidas é chamada de lava.
( ) A maioria dos vulcões ocorre nas bordas das placas tectônicas.
( ) Terremotos têm mais chance de ocorrer em locais distantes das bordas das placas tectônicas.
( ) Os continentes e o fundo dos oceanos fazem parte das placas tectônicas.
( ) O choque entre duas placas pode formar cadeias de montanhas.
( ) O deslizamento de uma placa tectônica sobre outra pode provocar terremotos.

3 ▸ Tanto os *tsunamis* quanto os terremotos costumam ocorrer (assinale a única resposta correta):
( ) em regiões situadas no centro de uma placa tectônica.
( ) devido à movimentação das placas tectônicas.
( ) devido a erupções vulcânicas nos continentes, que provocam deslocamento do magma na direção do litoral.
( ) pelo aquecimento das águas dos oceanos.

4 ▸ Ao contrário do que acontece em países como o Japão ou o Chile, os terremotos observados no Brasil são, em geral, de baixa intensidade. A que se deve essa diferença?

5 ▸ Observe o mapa das placas tectônicas (figura 1.5) e responda: Por que os países mais atingidos por terremotos na América do Sul são o Equador, o Peru e o Chile?

6 ▸ Por que os vulcões e os terremotos são mais frequentes em certas regiões do planeta?

7. Identifique os fenômenos que correspondem às descrições abaixo:

a) Um forte estrondo. Uma nuvem espessa e escura de vapores e cinzas sobe no ar. Uma pasta quente (de 800 °C a 1 250 °C de temperatura) desce pela montanha. _____

b) Um som que vai se tornando cada vez mais forte. O chão treme e pode até rachar. _____

c) Uma onda gigantesca se aproxima do litoral e se projeta em direção ao continente. _____

8. Quanto mais distante uma região estiver dos pontos de encontro ou de afastamento entre duas placas tectônicas, menor ou maior é a chance de ocorrerem terremotos?

9. O trabalho em minas profundas é difícil. Veja a figura 1.23. Uma das condições para a realização desse trabalho é manter o ambiente refrigerado. Explique por que essa refrigeração é necessária.

Gerson Gerloff/Pulsar Imagens

▷ **1.23** Trabalhador verificando sistema de ventilação em mina em Ametista (RS), 2014.

10. Explique por que os vulcões podem ser úteis nas pesquisas sobre o interior da Terra.

◀ Investigue ▷

Faça uma pesquisa sobre o item a seguir. Você pode pesquisar em livros, revistas, *sites*, etc. Preste atenção se o conteúdo vem de uma fonte confiável, como universidades ou outros centros de pesquisa. Use suas próprias palavras para elaborar a resposta.

- O que é gêiser? Onde ele é encontrado? Como o ser humano utiliza o gêiser em seu benefício?

◀ De olho no texto ▷

Macacos da América do Sul tiveram origem na África, dizem cientistas

Depois de analisar três fósseis de dentes de macacos extintos, encontrados na Amazônia peruana, cientistas encontraram fortes indícios de que os macacos sul-americanos vieram da África. [...]

Os novos fósseis demonstram que os macacos chegaram pela primeira vez no continente sul-americano há pelo menos 36 milhões de anos. De acordo com os autores, as características dos dentes fósseis mostram que o macaco – batizado pelos pesquisadores de *Perupithecus ucayaliensis* – tinha muito pouca semelhança com qualquer primata extinto ou vivo na América do Sul, mas era surpreendentemente parecido com macacos africanos que viveram na África.

A história evolutiva dos macacos no continente é considerada um mistério para a ciência. Como resultado dos movimentos de placas tectônicas, a América do Sul ficou isolada da África há cerca de 65 milhões de anos. Ainda assim, muitos cientistas suspeitavam que os macacos da América do Sul teriam vindo da África, depois de uma longa jornada pelo Oceano Atlântico. [...]

CASTRO, F. Macacos da América do Sul tiveram origem na África, dizem cientistas. *O Estado de S. Paulo.* Disponível em: <https://ciencia.estadao.com.br/noticias/geral,macacos-da-america-do-sul-tiveram-origem-na-africa-dizem-cientistas,1629578>. Acesso em: 1º fev. 2019.

a) Consulte em dicionários o significado das palavras que você não conhece e redija uma definição para essas palavras.

b) Qual mistério da ciência é discutido pelo texto?

c) Como a deriva dos continentes explica o formato complementar entre a costa do Brasil e o litoral oeste da África?

d) Por que essa deriva continental não explica a origem dos macacos na América do Sul?

A imagem abaixo retrata um acontecimento histórico: a cidade representada na gravura é Lisboa, capital de Portugal; a data é 1º de novembro de 1755.

1.24 Gravura representando um fenômeno ocorrido em Lisboa em novembro de 1755. Artista desconhecido.

a) Observe as cores e os traços usados na composição da imagem. Na sua opinião, por que a representação foi feita dessa forma?

b) À esquerda da imagem está representado o mar e à direita está a cidade. O que é possível observar nesses dois locais?

c) Que fenômenos estudados neste capítulo estão sendo retratados?

d) Que indicações na gravura confirmam sua resposta?

e) Qual é a causa desses fenômenos?

f) Seria provável uma representação semelhante a essa no Brasil? Por quê?

Cada grupo de estudantes vai escolher uma das atividades a seguir para pesquisar em livros, revistas ou *sites* confiáveis (de universidades, centros de pesquisa, etc.). Vocês podem buscar o apoio de professores de outras disciplinas (Geografia, História, Língua Portuguesa, etc.). Exponham os resultados da pesquisa para a classe e a comunidade escolar (estudantes, professores e funcionários da escola e pais ou responsáveis), com o auxílio de ilustrações, fotos, vídeos, blogues ou mídias eletrônicas em geral. Ao longo do trabalho, cada integrante do grupo deve defender seus pontos de vista com argumentos e respeitando as opiniões dos colegas.

1 ▸ Onde ocorreu o terremoto que causou o maior número de mortes de pessoas? Onde ocorreu o *tsunami* mais intenso deste século? Quais foram os terremotos mais recentes percebidos no Brasil? Localize em mapas as regiões mencionadas em sua resposta.

2 ▸ Ao longo da história da humanidade, alguns vulcões ficaram famosos pelo seu poder de destruição. Sobre esse tema, pesquisem o que ocorreu nas cidades de Pompeia e Herculano, na Itália, e na ilha de Krakatoa, na Indonésia. Localizem em mapas essas regiões.

3 ▸ Pesquisem explicações dadas pelas civilizações antigas da China e da Grécia para os terremotos.

Nesta atividade vocês vão montar um quebra-cabeça de placas tectônicas. Vejam o que é necessário para realizá-la e sigam as instruções.

Material

- Caneta
- Cola em bastão
- Folha de cartolina
- Mapa das placas tectônicas (pode ser obtido na internet)
- Tesoura de pontas arredondadas

Procedimento

1. Imprimam duas cópias do mapa com as placas tectônicas que vocês conseguiram na internet. Colem uma das cópias em folha de cartolina. Recortem a borda que não vai ser usada e depois cortem a figura em pedaços – nesse caso, os pedaços a serem cortados são as diferentes placas tectônicas.

2. Troquem as peças cortadas com outro grupo, mas cada grupo ficará com a cópia não cortada do mapa original.

3. Após montar o quebra-cabeça, com auxílio do mapa da página 18 deste livro, os grupos vão conferir com o original, fazendo as correções necessárias. O mapa pode não ser exatamente igual ao original do livro, uma vez que, para simplificar, algumas placas podem deixar de ser representadas no mapa.

4. Finalmente, os mapas montados podem ser colocados em um mural da sala.

Ilustranet/Arquivo da editora

1.25 Representação da montagem do quebra-cabeça de placas tectônicas. (Elementos representados em tamanhos não proporcionais entre si. Cores fantasia.)

Autoavaliação

1. Como você tentou superar as dúvidas que surgiram no decorrer do capítulo?

2. Em quais atividades você retomou o texto ou as ilustrações e os mapas do capítulo para embasar suas respostas?

3. Você ficou satisfeito com seu entendimento da atividade prática? Conseguiu relacionar os resultados observados com o conteúdo trabalhado no capítulo?

2

A composição da atmosfera e suas alterações

Wolfgang Kaehler/LightRocket/Getty Images

▽ 2.1 Urso-polar (*Ursus maritimus*; 1,8 m a 2,4 m) caminha no gelo no arquipélago de Svalbard, Noruega, 2015. Essa espécie e muitas outras estão ameaçadas por atividades humanas que alteram a composição da atmosfera.

O ar é um dos componentes de extrema importância para a sobrevivência na Terra: nele estão o gás carbônico, necessário na fotossíntese, e o gás oxigênio, necessário para a respiração de muitos seres vivos. A atmosfera – camada de ar que envolve a Terra – mantém a temperatura da superfície do planeta adequada à vida, além de filtrar os raios solares. No entanto, como veremos a seguir, diversas atividades humanas têm alterado os componentes do ar, abalando o equilíbrio de todo o planeta. Veja a figura 2.1.

▶ Para começar

1. De que é formado o ar?

2. Qual é a importância do efeito estufa para a manutenção da temperatura da superfície da Terra?

3. Que fenômenos naturais e atividades humanas podem alterar a composição do ar? Que problemas isso pode causar e o que devemos fazer a respeito?

4. O que causa a destruição da camada de ozônio e como os seres vivos são afetados por esse processo? Como podemos preservar a camada de ozônio?

1 A composição do ar

No 6º ano você conheceu algumas propriedades do ar. Estudou que ele é formado de matéria e por isso tem massa. Veja a figura 2.2. Nela podemos observar que os balões flutuam no ar. Isso acontece porque eles estão cheios de ar aquecido. Como a quantidade de ar (massa) dentro do balão permanece constante e, ao ser aquecida, se expande, o ar de dentro do balão apresenta uma densidade menor do que o ar de fora, que está mais frio. É por essa razão que os balões conseguem voar.

André Dib/Pulsar Imagens

2.2 Balão de ar quente sobrevoando a Chapada dos Veadeiros em Alto Paraíso de Goiás (GO), 2018.

Você se lembra de quais são os gases que compõem o ar? Dois deles estão presentes no ar em maior quantidade: gás nitrogênio e gás oxigênio. Veja na figura 2.3 como essa proporção pode ser representada em um gráfico.

Como visto no 6º ano, esse tipo de gráfico é chamado gráfico circular, gráfico de setores ou, ainda, gráfico de *pizza*. Observe que o círculo está dividido, a partir do centro, de acordo com os valores de cada categoria. O gás nitrogênio, que é o gás mais abundante, ocupa a maior parte da área do círculo.

O ar também contém uma proporção menor de gás carbônico e outros gases, além de uma quantidade variável de vapor de água.

2.3 Proporção de gases existentes no ar seco (sem vapor de água). Em 100 L de ar, há 78 L de gás nitrogênio, 21 L de gás oxigênio e somente 1 L de gás carbônico e outros gases.

Volume de gases no ar atmosférico seco

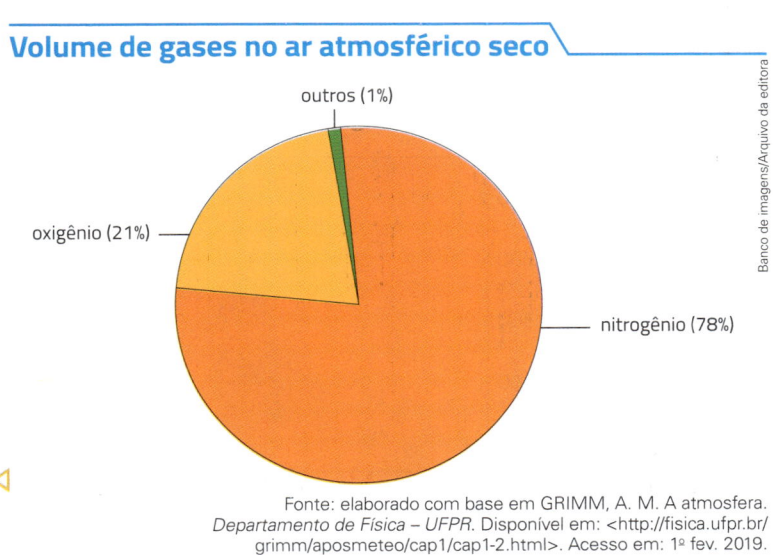

outros (1%)

oxigênio (21%)

nitrogênio (78%)

Banco de imagens/Arquivo da editora

Fonte: elaborado com base em GRIMM, A. M. A atmosfera. *Departamento de Física – UFPR*. Disponível em: <http://fisica.ufpr.br/grimm/aposmeteo/cap1/cap1-2.html>. Acesso em: 1º fev. 2019.

Gráficos

Os gráficos são muito comuns em livros, jornais e trabalhos científicos. Eles nos ajudam a visualizar e compreender melhor várias informações. No mundo do trabalho, diversos profissionais leem e compõem gráficos para entender os mais variados tipos de situação, como na economia ou no meio ambiente.

Você viu na página anterior um gráfico de setores. Conheça agora outros dois tipos de gráfico: o de colunas e o de linhas.

No gráfico de colunas, há duas linhas – uma horizontal e outra vertical – chamadas eixos. O eixo horizontal é separado em categorias. No eixo vertical é indicada uma quantidade. Cada coluna, portanto, indica a quantidade referente a cada categoria. Veja a figura 2.4.

> Você verá ao longo do estudo de Ciências e de Matemática que os gráficos são muito importantes para analisar e comparar diversos tipos de dados.

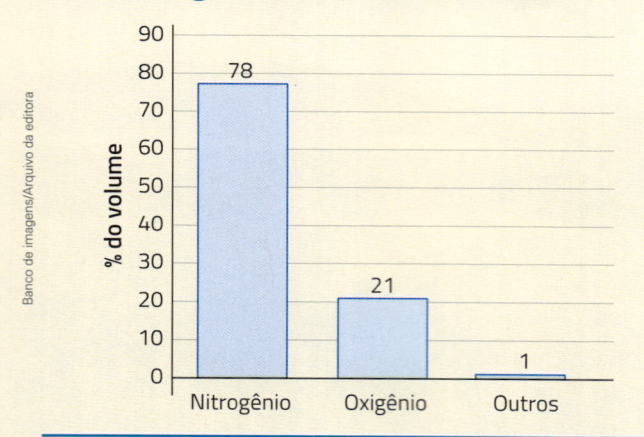

Volume de gases no ar atmosférico seco

▷ **2.4** Gráfico de colunas representando a proporção de gases no ar atmosférico seco. As colunas devem sempre ter a mesma largura e a distância entre elas deve ser igual.

Fonte: elaborado com base em GRIMM, A. M. A atmosfera. *Departamento de Física – UFPR*. Disponível em: <http://fisica.ufpr.br/grimm/aposmeteo/cap1/cap1-2.html>. Acesso em: 1º fev. 2019.

O gráfico acima é outra representação das mesmas porcentagens que apareceram na figura 2.3.

No gráfico de linhas, os pontos referentes aos dados são conectados por linhas, ressaltando as mudanças de um determinado processo ou fenômeno. No exemplo da figura 2.5, podemos perceber o aumento da concentração de gás carbônico na atmosfera medido em partes por milhão (ppm) nas últimas décadas.

> **Partes por milhão:** refere-se a quantas partes de um determinado componente existem em 1 milhão de partes da mistura.

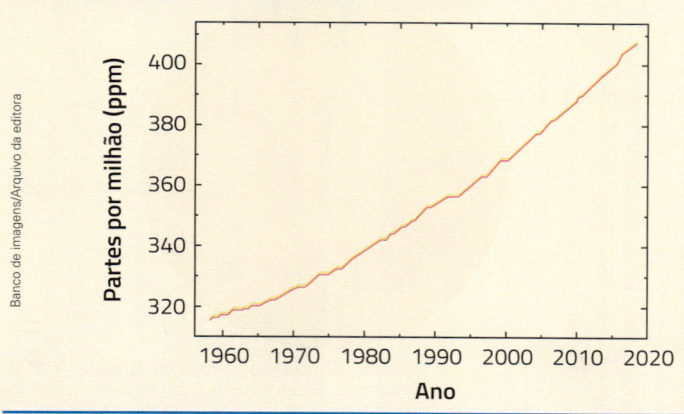

Concentração de gás carbônico na atmosfera no Observatório de Mauna Loa (EUA)

▷ **2.5** Gráfico de linhas representando a mudança na concentração de gás carbônico no ar com o passar dos anos. Cada ponto do gráfico corresponde à média anual. Os dados foram coletados no observatório de Mauna Loa, no Havaí, EUA.

Fonte: elaborado com base em Trends in atmospheric carbon dioxide. *NOAA Earth System Research Laboratory*. <https://www.esrl.noaa.gov/gmd/ccgg/trends/full.html>. Acesso em: 1º fev. 2019.

Gás oxigênio e combustão

Mesmo tendo fósforo ou isqueiro, um astronauta não poderia acender uma vela na Lua. Você sabe por quê?

Para responder a essa pergunta você precisa saber que para um material queimar é necessária a presença de gás oxigênio. Na Lua não é possível acender o fósforo, o isqueiro ou a vela porque lá não há gás oxigênio.

O processo de queima é também chamado de **combustão**. Na combustão, a interação do gás oxigênio com outras substâncias, chamadas **combustíveis**, libera grande quantidade de energia em pouco tempo. A energia da combustão é usada, por exemplo, nos fogões para cozinhar os alimentos. O combustível no fogão é o gás de cozinha. Veja a figura 2.6.

⏻ Mundo virtual

Prevenção a incêndios – Prefeitura de Itanhaém (SP)
http://www.itanhaem.sp.gov.br/noticias/2015-01-19-Prevencao_a_incendios_comeca_por_cuidados_basicos_dentro_de_casa.php
Texto com recomendações para prevenir incêndios dentro das residências.
Acesso em: 1º fev. 2019.

Koldunov/Shutterstock

2.6 A combustão está presente em várias situações do dia a dia, como quando preparamos alimentos.

Agora observe a figura 2.7, que mostra a mudança no tamanho de uma vela conforme ela queima. Para onde vai a parafina?

Vectorpocket/Shutterstock

2.7 Quanto mais tempo uma vela permanece acesa, menor ela fica.

A combustão transforma o combustível (nesse caso, a parafina) em outras substâncias, principalmente gás carbônico e vapor de água. Quer dizer, a combustão é uma **transformação química** ou uma **reação química**.

Para que um automóvel funcione, por exemplo, é preciso que ocorra a combustão da gasolina ou do etanol dentro do motor. Uma peça chamada vela solta uma faísca responsável por iniciar a combustão, que então libera a energia necessária para gerar movimento. Veja a figura 2.8.

Mundo virtual

O cientista que desvendou o mistério da água – *Ciência Hoje das Crianças*
http://chc.org.br/o-cientista-que-desvendou-o-misterio-da-agua/
O texto conta um pouco da história de como o cientista Lavoisier estudou o fenômeno da combustão.
Acesso em: 1º fev. 2019.

2.8 A fumaça que sai do escapamento dos carros é resultado da combustão que ocorre no motor. Uma faísca faz com que o combustível reaja com o gás oxigênio do ar, provocando uma explosão.

A energia liberada por combustão também é utilizada em usinas termelétricas. Nelas, a energia da combustão de carvão ou petróleo, por exemplo, é utilizada para ferver a água e produzir vapor, que movimenta turbinas e gera eletricidade. Veja a figura 2.9.

Você vai aprender mais sobre usinas termelétricas e outras fontes de energia no 8º ano.

2.9 Usina termelétrica Presidente Médici, em Candiota (RS), 2017.

O ciclo do oxigênio

Você sabe por que não podemos viver sem o gás oxigênio? A maioria dos seres vivos, incluindo os seres humanos, usa esse gás para liberar a energia armazenada nos alimentos. O processo de liberação de energia do alimento com o uso do gás oxigênio é chamado de **respiração celular aeróbia** e ocorre dentro das células.

As plantas, as algas e certas bactérias, além de realizarem a respiração celular aeróbia, ainda realizam a fotossíntese. Esse processo utiliza água e gás carbônico do ambiente – para a produção de açúcares, usados como fonte de alimento por esses organismos – e, como produto, libera gás oxigênio. O gás oxigênio produzido pelos organismos fotossintetizantes e esses próprios organismos são consumidos também pelos animais e por outros seres vivos, como os fungos. Veja a figura 2.10.

No processo de decomposição, bactérias e fungos obtêm energia a partir de restos orgânicos, como pedaços de plantas e animais mortos.

Observe na figura 2.11 como o oxigênio circula na natureza: ele é produzido pela fotossíntese e consumido pela respiração dos seres vivos, na combustão e na decomposição. Trata-se do **ciclo do oxigênio**. Veja também que, nos ambientes aquáticos, as algas microscópicas são os principais organismos fotossintetizantes.

Alguns organismos, como certas bactérias e fungos, não dependem do gás oxigênio para obter energia.

▶ **Aeróbia:** do grego *aeros*, que significa "ar".

2.10 Em um aquário, por exemplo, os peixes (a espécie da foto mede cerca de 5 cm de comprimento) aproveitam o gás oxigênio produzido pelas algas e também se alimentam delas.

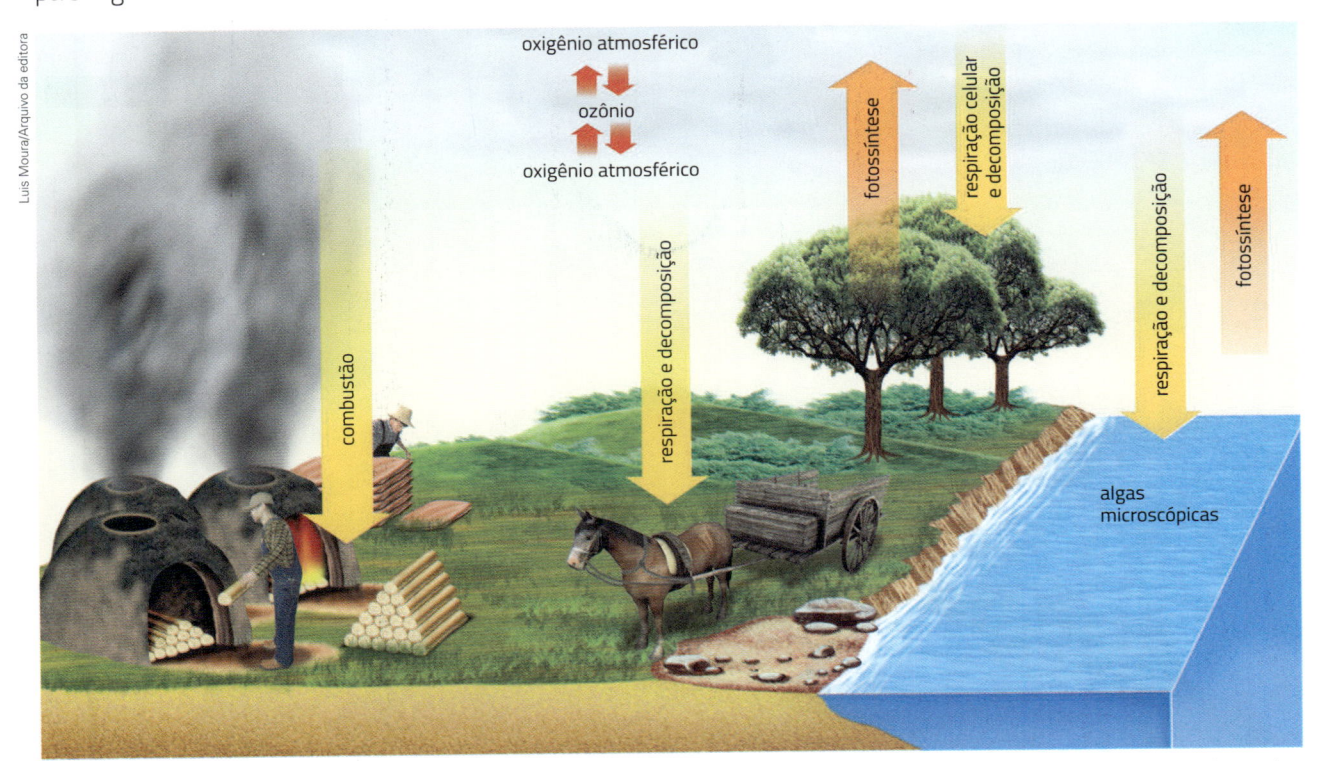

Fonte: elaborado com base em The Oxygen Cycle. *University of Illinois Urbana-Champaign.* Disponível em: <http://butane.chem.uiuc.edu/pshapley/Environmental/L29/4.html>. Acesso em: 1º fev. 2019.

2.11 Representação esquemática simplificada do ciclo do oxigênio. Enquanto a respiração, a decomposição e a combustão consomem gás oxigênio, a fotossíntese repõe esse gás na atmosfera. Além disso, parte do gás oxigênio é transformada em gás ozônio na atmosfera, pela ação dos raios ultravioleta. (Elementos representados em tamanhos não proporcionais entre si. Cores fantasia.)

No 6º ano, vimos que a estratosfera é a camada de ar acima da troposfera. A troposfera é a camada de onde os seres vivos retiram o gás oxigênio para sua respiração e, no caso das plantas, o gás carbônico para a fotossíntese.

Na estratosfera, que vai de cerca de 15 quilômetros a mais ou menos 50 quilômetros de altitude, além de gás nitrogênio, há uma quantidade muito pequena de gás oxigênio. Há também maior concentração do gás ozônio. Nessa camada, parte do gás oxigênio é transformada em outro gás, o ozônio, ao ser atingida pela radiação ultravioleta do Sol. Ao mesmo tempo, ocorre a transformação inversa: o ozônio é transformado em gás oxigênio também pela ação dos raios ultravioleta. Essas duas transformações químicas vão ocorrendo de forma contínua e simultânea, mantendo em equilíbrio a camada de ozônio na estratosfera. Reveja a figura 2.11, na página anterior. Mais adiante, veremos que certos produtos químicos podem acelerar a destruição do ozônio e isso pode causar danos aos seres vivos. Veja a figura 2.12.

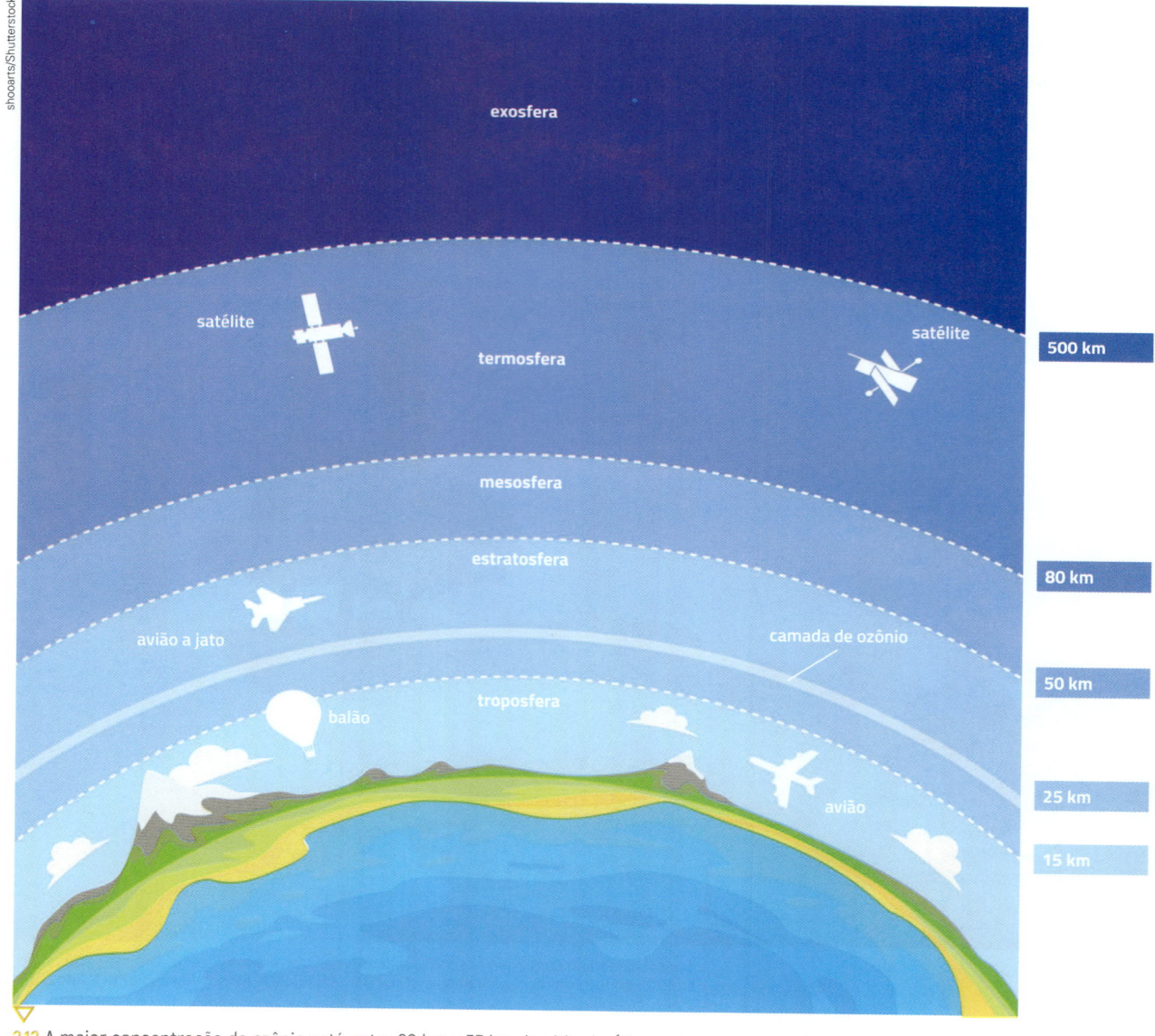

2.12 A maior concentração de ozônio está entre 20 km e 35 km de altitude. (Elementos representados em tamanhos não proporcionais entre si. Cores fantasia.)

O ciclo do carbono

Você já tomou água mineral gasosa ou gaseificada? Em sua opinião, de que são formadas as pequenas bolhas dessa água? Veja a figura 2.13. Existem águas minerais naturalmente gasosas; outras são gaseificadas artificialmente. Em ambos os casos, o gás que forma as bolhas é o gás carbônico, como nos refrigerantes.

O gás carbônico é encontrado naturalmente na atmosfera e faz parte de um ciclo da natureza conhecido como **ciclo do carbono**. Veja a figura 2.14.

Uma parte do carbono da Terra está nos compostos minerais – como aqueles presentes nas carapaças de organismos com concha, como as ostras e os caracóis; ou no esqueleto de crustáceos, como caranguejos e lagostas. No próximo capítulo, vamos conhecer um pouco sobre esses organismos.

Outra parte se encontra ainda na forma de depósitos orgânicos fósseis – como o carvão mineral, o petróleo e o gás natural. Essas reservas de carbono se originaram de vegetais e de outros organismos que foram soterrados e, durante centenas de milhões de anos, estiveram sujeitos a grandes pressões das camadas de sedimentos. Essas formas de carbono voltam à atmosfera como gás carbônico principalmente pela queima de combustíveis fósseis.

Como você viu nas páginas anteriores, esse gás é usado pelas plantas, pelas algas e por certas bactérias na produção de açúcares pela fotossíntese. Ele é também um dos gases liberados na respiração, na decomposição e na combustão (que ocorre em fábricas, em veículos e na queima de florestas, por exemplo).

2.13 Bolhas de gás carbônico em um copo com água mineral gaseificada.

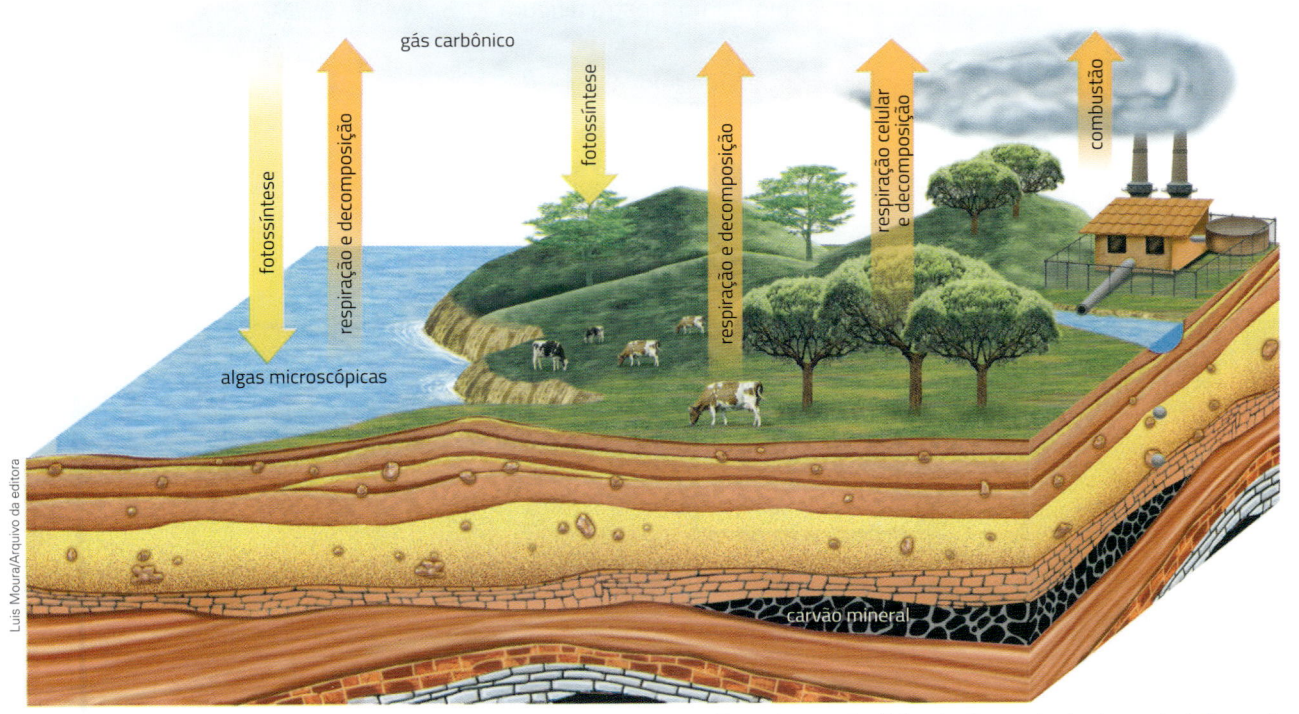

Fonte: elaborado com base em The carbono cycle. *University Corporation for Atmospheric Research*. Disponível em: <https://scied.ucar.edu/carbon-cycle>. Acesso em: 1º fev. 2019.

2.14 Representação esquemática simplificada do ciclo do carbono. Pela respiração, pela decomposição e pela combustão, o gás carbônico é lançado no ambiente. Pela fotossíntese, ele é consumido. (Elementos representados em tamanhos não proporcionais entre si. Cores fantasia.)

O ciclo do nitrogênio

Vimos que o gás nitrogênio é o encontrado em maior quantidade no ar. O nitrogênio é um elemento químico fundamental para a vida, mas poucos seres vivos são capazes de absorvê-lo da atmosfera. Um grupo específico de bactérias, que pode ser encontrado nas raízes de certas plantas, é capaz de fazer isso, incorporando o nitrogênio em compostos que podem ser usados pelas plantas. Veja a figura 2.15 . Esse processo é chamado **fixação do nitrogênio**. A partir desses compostos, as plantas produzem proteínas e outras substâncias que formam seus corpos. Posteriormente, essas substâncias são aproveitadas pelos animais que comem plantas e, então, pelos outros seres vivos ao longo das cadeias alimentares.

2.15 Nódulos com bactérias fixadoras de nitrogênio associados às raízes de uma planta do grupo das leguminosas (como o feijão e a soja). As bactérias são seres com uma única célula e não são visíveis a olho nu, mas podem formar conjuntos, ou colônias, que são visíveis, como esses nódulos.

Quando os animais e as plantas morrem, parte dessas substâncias que contêm nitrogênio é transformada pela decomposição em substâncias mais simples (compostos nitrogenados), que podem novamente ser usadas pelas plantas.

Como vimos no 6º ano, a decomposição realizada por bactérias e fungos é um processo muito importante para o ambiente. É pela ação dos seres decompositores que os elementos químicos, como o nitrogênio, são reciclados na natureza. Outra parte das substâncias que contêm nitrogênio é transformada em gás nitrogênio por certas bactérias do solo e volta para a atmosfera. Desse modo, o nitrogênio é reciclado na natureza por meio do **ciclo do nitrogênio**, como mostra a figura 2.16.

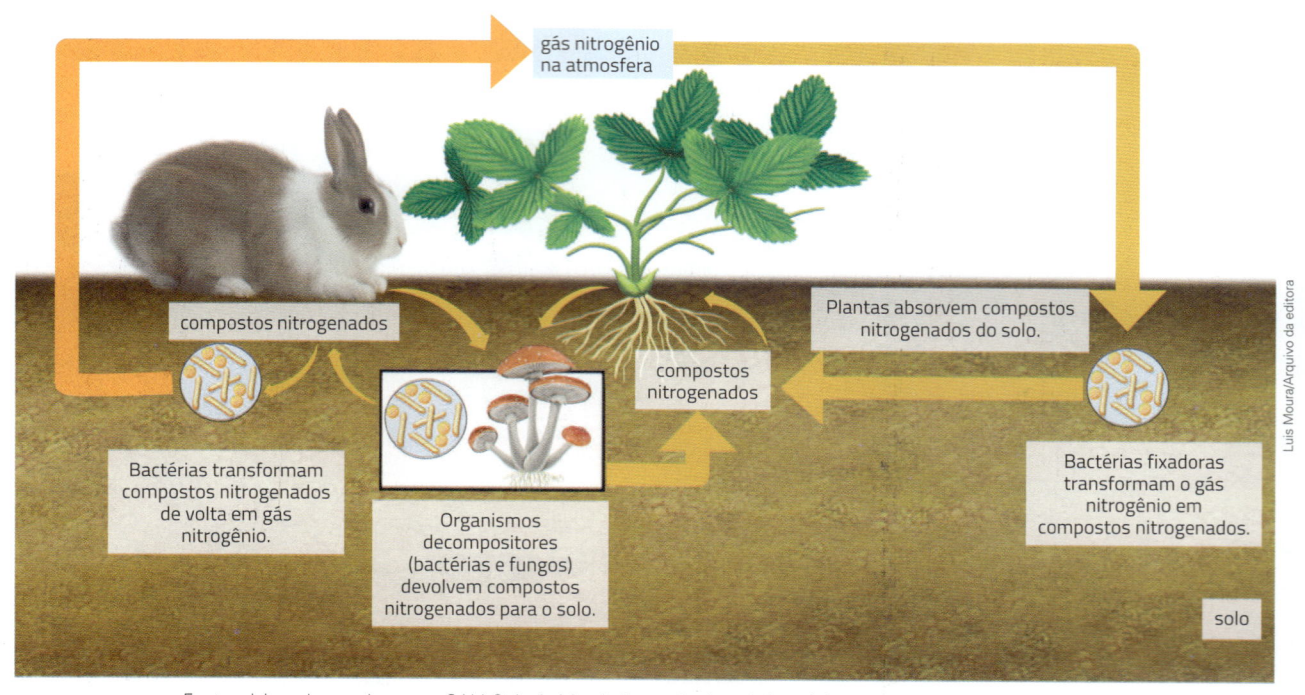

Fonte: elaborado com base em GALLO, L. A. Metabolismo do nitrogênio – ciclo do nitrogênio. *Escola Superior de Agricultura Luiz de Queiroz*. Disponível em: <http://docentes.esalq.usp.br/luagallo/nitrogenio.htm>. Acesso em: 1º fev. 2019.

2.16 Representação esquemática simplificada do ciclo do nitrogênio. (As bactérias são microscópicas. Elementos representados em tamanhos não proporcionais entre si. Cores fantasia.)

2 A destruição da camada de ozônio

A ciência e a tecnologia podem tanto melhorar a qualidade de vida das pessoas quanto causar sérios problemas. Na década de 1930, a criação de um grupo de gases chamados **clorofluorcarbonos (CFCs)** foi uma inovação tecnológica que parecia ter apenas vantagens.

Os CFCs não eram inflamáveis, não eram tóxicos nem corrosivos e passaram a ser usados em frascos de inseticidas, desodorantes e outros produtos na forma de *sprays* (aerossóis). Eram usados também em aparelhos de ar condicionado e geladeiras, na produção de espumas de sofá e de colchões, entre outras aplicações.

Porém, após alguns anos, pesquisas científicas começaram a indicar problemas decorrentes do uso desses gases.

Na década de 1970, o mexicano Mario José Molina (1943-), o estadunidense Frank Sherwood Rowland (1927-2012) e o holandês Paul Josef Crutzen (1933-) descobriram que os gases CFCs e outras substâncias contendo cloro, flúor ou bromo estavam destruindo a camada de ozônio. Na estratosfera, sob o efeito dos raios ultravioleta do Sol, os CFCs aceleram a transformação do ozônio em gás oxigênio. Observe a figura 2.17.

Formaram-se assim os chamados "buracos na camada de ozônio", regiões em que a concentração de ozônio diminuiu. Como essa camada absorve parte dos raios ultravioleta emitidos pelo Sol, nas regiões com menor concentração de ozônio os raios ultravioleta passam em maior intensidade, atingindo e prejudicando os seres vivos.

A maior incidência de raios ultravioleta na superfície da Terra intensifica o número de casos de câncer de pele e de catarata (problema nos olhos que afeta a visão). Os raios ultravioleta também afetam outros seres vivos e podem até matar algas que produzem alimento e gás oxigênio nos ecossistemas aquáticos.

No início, o alerta sobre a destruição dessa camada foi considerado exagerado por outros cientistas. Posteriormente, por essa descoberta, os três cientistas ganharam o prêmio Nobel de Química em 1995.

Mundo virtual

Proteção da camada de ozônio – Ministério do Meio Ambiente
http://www.mma.gov.br/clima/protecao-da-camada-deozonio
Medidas de proteção da camada de ozônio e de combate ao desmatamento que o Brasil está adotando para seguir a Política Nacional sobre Mudança do Clima. Acesso em: 1º fev. 2019.

Science Photo Library/Latinstock

concentração de ozônio

menor   maior

▷ **2.17** Representação da concentração de ozônio na atmosfera em 2016. O continente no centro da figura é a Antártida. Os tons azulados representam menor concentração de ozônio. Observe a escala. (Cores fantasia.)

Recuperação da camada de ozônio

Várias reuniões internacionais foram realizadas para decidir sobre a redução da produção e do consumo não apenas dos CFCs, mas também de outras **substâncias destruidoras da camada de ozônio (SDOs)**, como o tetracloreto de carbono e o brometo de metila.

Em setembro de 1987, o Brasil e outros 196 países assinaram o **Protocolo de Montreal**, tratado internacional que estabeleceu metas de eliminação de SDOs. Em 1990, foi instituído o Fundo Multilateral para a Implementação do Protocolo de Montreal, para dar assistência técnica e financeira aos países em desenvolvimento.

Os CFCs e outras substâncias nocivas começaram então a ser substituídos na indústria por gases alternativos, que não destroem a camada de ozônio ou são menos nocivos a ela.

Além disso, no Brasil e em outros países, houve políticas de incentivo à substituição de equipamentos de refrigeração antigos, além de treinamento de profissionais para coletar os gases durante a manutenção de equipamentos com CFCs.

Desde que o Protocolo de Montreal entrou em vigor, as emissões de CFCs diminuíram e a camada de ozônio está se recuperando, uma vez que o ozônio se forma constantemente a partir do gás oxigênio. Reveja a figura 2.11.

O desenvolvimento de uma tecnologia como a dos CFCs, inicialmente atraente, é um exemplo de quão complexas e desconhecidas são as relações estabelecidas no ambiente. Esse é também um exemplo de como, diante de uma crise, vários países podem unir esforços e chegar a acordos em busca de soluções.

Além das providências governamentais, cada um de nós deve contribuir para a preservação da camada de ozônio.

Alguns substitutos dos CFCs ainda agridem, mesmo que em menor grau, a camada de ozônio ou então colaboram para intensificar o efeito estufa. Assim, ao consertar ou substituir aparelhos refrigeradores, devemos nos certificar de que a empresa contratada recolhe o gás, em vez de liberá-lo para o ambiente. Veja a figura 2.18. Se for necessário descartar um aparelho velho, devemos procurar serviços de coleta especializados, que também disponham de equipamentos adequados para o recolhimento dos gases, que podem ser reutilizados.

O dia 16 de setembro é o Dia Internacional para a Preservação da Camada de Ozônio, em comemoração à data de assinatura do Protocolo de Montreal.

erness/Shutterstock

2.18 O descarte de refrigeradores e aparelhos de ar condicionado antigos deve ser feito de forma adequada, para que os gases contidos nesses equipamentos não escapem para a atmosfera.

3 O efeito estufa e o aquecimento global

Efeito estufa e aquecimento global são expressões muito usadas nos meios de comunicação. Mas essas expressões têm significados diferentes.

O **efeito estufa** é um fenômeno natural que contribui para manter a temperatura média da superfície da Terra em torno de 15 °C. Sem ele, essa temperatura seria de 18 °C abaixo de zero. Portanto, o efeito estufa é importante para manter as condições do planeta compatíveis com a vida.

Já o **aquecimento global** se refere ao aumento da temperatura média da superfície da Terra. Veja as figuras 2.19 e 2.20. Os cientistas acreditam que o aumento da temperatura ao longo das últimas décadas ocorra por causa da intensificação do efeito estufa. Medições feitas por satélites são algumas das evidências que comprovam que a Terra retém cada vez mais o calor emitido pelo Sol.

Mundo virtual

Centro de Ciência do Sistema Terrestre – Instituto Nacional de Pesquisas Espaciais (INPE)
http://www.inpe.br/ensino_documentacao/difusao_conhecimento/cartilhas_didaticas.php
Cartilhas sobre mudanças climáticas, biodiversidade, sustentabilidade e outros problemas globais.
Acesso em: 1º fev. 2019.

▷ **2.19** Termômetro marcando temperatura alta no Rio de Janeiro (RJ), 2014.

▷ **2.20** Termômetro marcando temperatura alta no verão de Granada, Espanha, 2017.

Grande parte dos cientistas concorda que esse aumento tem como principal causa determinadas atividades humanas, como a queima de combustíveis fósseis para a obtenção de energia. O aumento da temperatura média acarreta diversas alterações climáticas que ameaçam a sobrevivência de várias espécies, incluindo a espécie humana. Vamos conhecer um pouco mais esses dois processos.

O efeito estufa

Você já visitou um local como o representado na figura 2.21? Principalmente em regiões de clima mais frio, algumas plantas tropicais são cultivadas em estufas.

A luz do Sol atravessa as paredes transparentes da estufa e aquece o solo e o ar internos. Como o ambiente é fechado, esse ar quente não escapa, mantendo o ambiente interno mais quente do que o externo.

Mundo virtual

Efeito estufa – Laboratório de Química Ambiental (USP)
https://www.usp.br/qambiental/tefeitoestufa.htm
Informações sobre efeito estufa, aquecimento global e várias outras questões ambientais.
Acesso em: 1º fev. 2019.

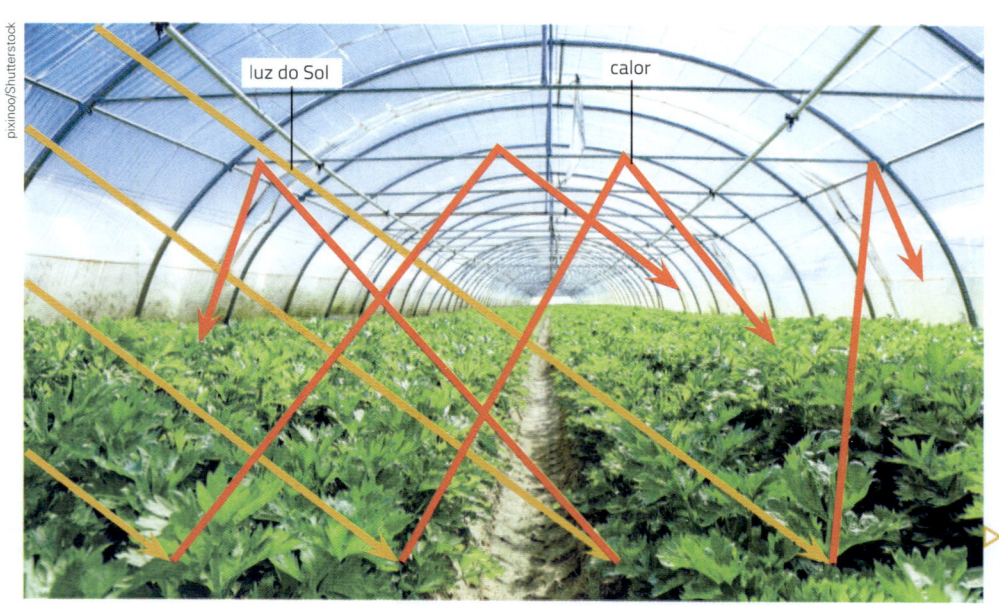

luz do Sol

calor

2.21 Representação da dispersão do calor em uma estufa de vidro.

Fonte: elaborado com base em Energy: The Driver of Climate. *Climate Science Investigations (CSI)*. Disponível em: <www.ces.fau.edu/nasa/module-2/how-greenhouse-effect-works.php>. Acesso em: 1º fev. 2019.

Veja agora o que acontece com a Terra. Observe a figura 2.22.

Assim como ocorre na estufa, a luz do Sol atravessa a atmosfera e aquece a Terra. Uma porcentagem do calor é refletida e não consegue escapar para o espaço, sendo retida por certos gases da atmosfera. O principal gás que retém a energia térmica é o gás carbônico, além do vapor de água. Esse efeito da atmosfera sobre a temperatura da Terra é chamado **efeito estufa**.

2 Parte desse calor é refletida tanto pela atmosfera quanto pela superfície e retorna para o espaço.

3 Outra parte é retida na atmosfera, aquecendo mais a superfície.

1 Parte dos raios do Sol atravessa a atmosfera e aquece o planeta.

2.22 Representação esquemática simplificada do efeito estufa. (Elementos representados em tamanhos não proporcionais entre si; as distâncias não são reais. Cores fantasia.)

Fonte: elaborado com base em Climate Processes. *Virtual Koshland Science Museum*. Disponível em: <https://www.koshland-science-museum.org/explore-the-science/earth-lab/processes>. Acesso em: 1º fev. 2019.

O aquecimento global

O aumento no número de indústrias e veículos no mundo representa um problema ambiental. Essas são as principais fontes emissoras de gás carbônico na atmosfera, porque na maioria dos casos há queima de combustíveis fósseis, como o carvão e o petróleo. Veja a figura 2.23. A maior parte desse gás carbônico não é absorvida pela fotossíntese e fica na atmosfera. Reveja a representação do ciclo do carbono na figura 2.14.

Mundo virtual

Centro de Previsão do Tempo e Estudos Climáticos – Instituto Nacional de Pesquisas Espaciais (INPE)
http://videoseducacionais.cptec.inpe.br/
Vídeos educacionais sobre mudanças ambientais globais. Acesso em: 1º fev. 2019.

2.23 Trânsito de veículos e pedestres em avenida de Salvador (BA), 2017. A queima dos combustíveis libera gás carbônico, que contribui para o aquecimento global.

Como consequência desse aumento da concentração de gás carbônico na atmosfera, o efeito estufa se intensifica, causando o **aquecimento global**, que é a elevação da temperatura média do planeta.

Outros fatores que contribuem para o aquecimento global são os desmatamentos e as queimadas. Veja a figura 2.24. As plantas retiram gás carbônico do ar durante a fotossíntese: quando elas são removidas, mais gás carbônico permanece na atmosfera. Boa parte do gás carbônico retirado do ar pelas plantas é transformada nas substâncias que formam o corpo delas. Quando ocorre queimada de florestas, o carbono das plantas é liberado na atmosfera sob a forma de gás carbônico.

2.24 Área desmatada e queimada para plantação de mandioca em Mâncio Lima (AC), 2017.

Também intensificam o aquecimento global o vapor de água e o gás metano na atmosfera. Este último é produzido em alguns tipos de decomposição de matéria orgânica, em plantações de arroz e na fermentação do alimento no sistema digestório de certos animais ruminantes, como o gado bovino. Veja a figura 2.25.

▷ **2.25** Alimentação de gado bovino leiteiro em Ganhães (MG), 2018. A criação de gado também contribui para o lançamento de gases de efeito estufa na atmosfera.

O aquecimento global pode provocar a elevação do nível dos mares devido ao derretimento do gelo nas montanhas e dos mantos de gelo na Groenlândia e na Antártida, que se localizam sobre terra firme. Com isso, grandes áreas do litoral poderão ser inundadas, deixando muitas pessoas desabrigadas e contaminando reservatórios de água doce nas regiões costeiras.

Também estão ocorrendo mudanças climáticas globais importantes, com maior número de fenômenos climáticos extremos: ondas de forte calor, secas e inundações mais frequentes.

Todas as previsões sobre as consequências do aquecimento global dependem das medidas tomadas no presente em relação, por exemplo, às emissões de carbono, segundo o Painel Intergovernamental sobre Mudanças Climáticas, o IPCC (sigla em inglês). Esse órgão das Nações Unidas produz relatórios periódicos sobre o aquecimento global, tomando como base as pesquisas de 2 500 cientistas do mundo todo. Veja a figura 2.26.

 Mundo virtual

Painel Brasileiro de Mudanças Climáticas (PBMC)
http://www.pbmc.coppe.ufrj.br/pt
Criado nos moldes do IPCC, o papel do PBMC é reunir, sintetizar e avaliar informações científicas sobre os aspectos relevantes das mudanças climáticas no Brasil. A página traz notícias sobre como situações climáticas anormais (ondas de frio e de calor, estiagem, etc.) afetam diferentes regiões do planeta.
Acesso em: 1º fev. 2019.

▷ **2.26** Reunião de comemoração do aniversário de 30 anos do Painel Intergovernamental sobre Mudanças Climáticas (IPCC). O evento ocorreu em março de 2018, na França.

Controle do aquecimento global

Em 2015, 195 países assinaram o Acordo de Paris, comprometendo-se a tomar medidas para conter o aquecimento global. A meta estabelecida foi que o aumento não ultrapasse 2 °C – com esforços para limitá-lo a 1,5 °C – em relação aos níveis medidos antes da industrialização.

Boa parte dos gases de efeito estufa acumulados atualmente na atmosfera resulta de emissões a partir da Revolução Industrial (a partir de 1750), sobretudo pelos países desenvolvidos. As consequências atingem as gerações atuais e futuras, mostrando quanto é necessário reverter essa situação.

De acordo com dados do IPCC, desde o início da Revolução Industrial, a concentração de gás carbônico no ar aumentou mais de 30% e é a maior dos últimos 800 mil anos.

Pode parecer que 2 °C não fazem diferença, mas estima-se que, se esse valor for ultrapassado, os efeitos serão muito piores. Por isso, o ideal é que na segunda metade deste século a emissão dos gases de efeito estufa diminua radicalmente. Várias medidas têm sido discutidas e gradualmente postas em prática, como:

- desenvolvimento de equipamentos mais eficientes, que consumam menos energia;
- captura e armazenamento do gás carbônico emitido por indústrias;
- ampliação das fontes de energia com menor emissão de gás carbônico, como a energia hidrelétrica, eólica, solar, etc. Veja a figura 2.27;
- redução do desmatamento e das queimadas e reflorestamento de áreas desmatadas;
- construção de casas e edifícios que aproveitem a iluminação e a ventilação naturais;
- melhorias no sistema de transporte coletivo. Veja a figura 2.28.

Além dessas medidas coletivas, muitas delas dependentes de políticas públicas implementadas pelos governos, existem atitudes que podem ser tomadas por cada um de nós. Veja alguns exemplos e reflita sobre o que você pode fazer.

- Evitar o consumo excessivo e o desperdício, pois a produção e o transporte dos bens de consumo produzem gases que contribuem com o aumento do efeito estufa.
- Economizar energia: apagando as luzes de cômodos desocupados, desligando aparelhos que não estão em uso, tomando banhos mais curtos, etc.
- Dar preferência ao transporte público ou, em caso de necessidade de veículos particulares, participar de caronas entre as pessoas de seu convívio. O uso de bicicletas como meio de transporte em locais seguros também ajuda a diminuir a quantidade de veículos motorizados em circulação.

2.27 Painéis solares usados em iluminação de rodovia em Duque de Caxias (RJ), 2018.

2.28 Ônibus híbrido, movido a eletricidade e hidrogênio no Rio de Janeiro (RJ), 2014. O projeto foi desenvolvido pelo Laboratório de Hidrogênio da Universidade Federal do Rio de Janeiro (COPPE-UFRJ).

Aquecimento global: o consenso

Estima-se que o aumento da concentração de gás carbônico na atmosfera tenha se iniciado com a Revolução Industrial, no final do século XVIII. A razão disso é que foi naquela época que o trabalho artesanal, ou seja, feito manualmente pelas pessoas, começou a ser substituído pelo trabalho com o uso de máquinas movidas a combustível. Como você já sabe, a queima de combustíveis libera na atmosfera gases que contribuem para a intensificação do efeito estufa.

Análises do clima indicam que, desde 1880, nove dos dez anos mais quentes ocorreram no século XXI. Além do aumento da temperatura, também é maior a rapidez com que esse aumento ocorre: desde 1850, a temperatura vem subindo em velocidade quatro vezes maior do que antes.

Esses e outros dados são usados para compor um relatório sobre o aquecimento global, feito pelo IPCC. O órgão analisa centenas de trabalhos científicos e considera milhares de séries de dados: alterações na temperatura da atmosfera e na concentração de gases de efeito estufa ao longo do tempo; alterações na proporção de água líquida e de gelo em diferentes regiões; redução no calor que tem escapado para o espaço nas últimas décadas; aumento da temperatura dos oceanos e subida do nível dos mares; entre outras informações.

Mas você já deve ter visto, principalmente em mídias sociais, pessoas que negam o aquecimento global. O que pensar sobre isso?

Primeiro, é importante sempre verificar se a fonte de uma informação é confiável. Para isso, uma boa ferramenta é a consulta de *sites* de universidades ou outros centros de pesquisa. Essa verificação é fundamental porque, muitas vezes, as pessoas acreditam em informações falsas e as compartilham de forma muito rápida. Veja a figura 2.29.

jakkaje808/Shutterstock

▽ **2.29** Com a internet as informações podem se espalhar muito rapidamente. Por essa razão, é importante ter cuidado com notícias imprecisas, duvidosas ou falsas.

Com relação ao aquecimento global, é comum a circulação de análises e críticas que não foram publicadas em revistas científicas especializadas sobre o tema. A publicação nessas revistas é importante para que as hipóteses e observações possam ser checadas e avaliadas por outros cientistas, dando credibilidade às informações.

Para a maioria dos pesquisadores de ciência do clima, há evidências suficientes de que está ocorrendo um aquecimento global causado principalmente pelas atividades humanas. Essa conclusão é endossada por várias organizações científicas que estudam o clima.

4 Poluição do ar

A poluição do ar ocorre quando a quantidade de certos gases e partículas sólidas no ar atinge níveis nocivos para os seres vivos. Ela pode ser consequência da queima de combustíveis (gasolina, *diesel*, carvão, lenha, etanol, etc.) e da queimada de florestas e matas. Essa é a chamada **poluição antrópica**, porque resulta da ação humana. Veja a figura 2.30.

2.30 Queimada em Canaã dos Carajás (PA), 2017. A composição do ar muda em áreas ao redor de queimadas: o ar torna-se mais seco e rico em gás carbônico e outros compostos.

Mas a poluição do ar também pode ser causada por fenômenos naturais, como as erupções vulcânicas ou a chegada de cometas e asteroides à Terra. Além de grande quantidade de gás carbônico, os vulcões lançam outros gases, como o dióxido de enxofre, e partículas de cinzas, que também são poluentes. As cinzas bloqueiam parte da luz solar e podem provocar diminuição da temperatura.

Em 1991, por exemplo, a erupção do monte Pinatubo, nas Filipinas, reduziu a temperatura em grandes áreas do planeta em cerca de 0,5 °C ao longo de um ano.

Ao atingir a superfície da Terra, cometas e asteroides levantam uma nuvem de poeira e cinzas que altera a composição da atmosfera, podendo provocar mudanças climáticas. Em certos momentos da história da Terra, eventos como esses causaram a extinção de muitas espécies em um curto intervalo de tempo (em termos geológicos, "curto" significa algo até 100 mil anos).

No fim do Cretáceo, por exemplo, há cerca de 65 milhões de anos, ocorreu uma extinção em massa que eliminou cerca de 85% das espécies. Veja a figura 2.31. Uma das teorias mais aceitas supõe a queda de um asteroide com cerca de 10 km de diâmetro. O forte impacto levantou uma nuvem de poeira e cinzas que bloqueou parte da luz solar e deixou o planeta escuro e frio por cerca de dois anos. Além disso, o abalo provocou intensa atividade vulcânica, que cobriu imensas áreas com lava.

2.31 Representação artística da Terra atingida pelo asteroide que provocou a extinção em massa de um grande número de espécies. (Elementos representados em tamanhos não proporcionais entre si. Cores fantasia.)

Fontes de poluição antrópica

Um dos gases que poluem o ar é o monóxido de carbono, um gás incolor e sem cheiro, eliminado pelo escapamento de veículos. Ele é muito perigoso porque se combina com a hemoglobina – proteína do sangue que transporta o gás oxigênio pelo organismo –, podendo prejudicar a oxigenação sanguínea.

A queima de carvão mineral e de derivados de petróleo por indústrias e veículos libera diversas substâncias que irritam os olhos e podem causar ou agravar doenças respiratórias. Entre essas substâncias estão a poeira e a fuligem (que são partículas muito pequenas de material) e gases com nitrogênio e enxofre.

Esses gases ainda podem formar ácidos que, ao se combinarem com a água da atmosfera, resultam em neblinas e **chuvas ácidas**. A acidez varia, mas pode chegar a destruir plantações e florestas, corroer prédios e monumentos e acabar com a vida em certos ambientes aquáticos. Veja a figura 2.32.

> A gravidade dos problemas de saúde causados pela poluição atmosférica depende da concentração de produtos tóxicos e do tempo de exposição ao ambiente poluído. Idosos e pessoas com problemas respiratórios, como alergias, bronquite, asma e enfisema, são o grupo mais prejudicado.

O que devemos fazer

É muito importante que o governo, as empresas e indústrias, a sociedade e cada um de nós adotemos medidas para reduzir a poluição do ar. Veja a seguir algumas ações coletivas que podem amenizar esse problema.

- Produzir veículos que lancem menos poluentes no ar, seja pela instalação de filtros e outros equipamentos, seja pela maior eficiência no uso do combustível.
- Manter o motor dos automóveis sempre regulado.
- Estudar o trânsito de cada região e propor melhorias na circulação dos veículos para evitar congestionamentos.
- Investir no sistema de transporte coletivo, especialmente nos transportes que incluem veículos movidos a combustíveis menos poluentes, como o etanol ou o gás natural. Transportes movidos a energia elétrica, como o metrô, podem ser ainda melhores.
- Orientar e fiscalizar indústrias em relação à instalação de filtros e equipamentos antipoluentes.
- Manter sob permanente observação os níveis de poluição do ar, reduzindo ou interrompendo as atividades poluidoras se necessário.
- Diminuir o uso de combustíveis fósseis (carvão mineral e petróleo) e aumentar o uso das fontes de energia menos poluentes, como a energia eólica, a solar e a hidrelétrica.
- Criar áreas verdes e de lazer em centros urbanos, pois muitas plantas podem atuar como barreira antipoluentes.

2.32 Estátua corroída pela chuva ácida no parque Buenos Aires, em São Paulo (SP), 2015.

Daniel Cymbalista/Pulsar Imagens

ATIVIDADES

1 ▸ Usando apenas um copo e um pouco de água gelada, como é possível demonstrar que o ar contém vapor de água?

2 ▸ Qual é o gás necessário para que ocorra o fenômeno da combustão?

3 ▸ Quais são as duas principais substâncias produzidas quando ocorre uma combustão?

4 ▸ O professor fez o experimento ilustrado a seguir.

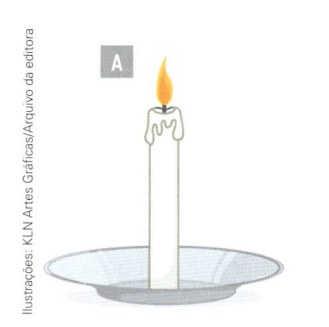 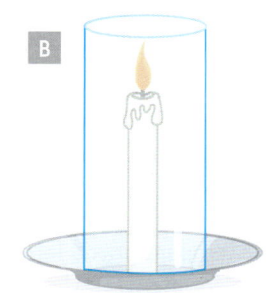 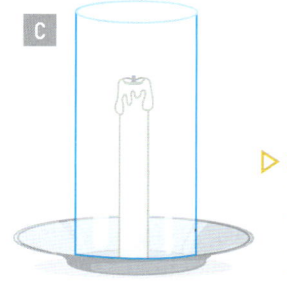

Ilustrações: KLN Artes Gráficas/Arquivo da editora

▷ 2.33 Uma vela acesa apaga ao ser coberta por um copo. (Cores fantasia.)

a) Explique por que a vela coberta pelo copo se apaga rapidamente.

b) Se o copo fosse maior, o tempo até a vela se apagar mudaria? Seria maior ou menor? Por quê?

c) Em relação à concentração de gás carbônico no ar dentro do copo, você esperaria que ela fosse maior em B ou em C?

5 ▸ Os seres vivos que dependem do gás oxigênio para respirar estão constantemente retirando esse gás do ar e lançando gás carbônico na atmosfera. Que fenômeno garante que o gás oxigênio disponível para a respiração dos seres vivos não acabe?

6 ▸ Em que camada da atmosfera há maior concentração de ozônio? E por que a camada de ozônio é importante para a vida na Terra?

7 ▸ O ar que entra em nossos pulmões quando inspiramos contém cerca de 21% de gás oxigênio. Já o ar que sai quando expiramos contém aproximadamente 16% desse gás. Explique por que existe essa diferença na proporção de gás oxigênio.

8 ▸ Escreva uma pequena redação utilizando todas as palavras do quadro abaixo:

ozônio	raios ultravioleta	CFCs	geladeira
câncer	*sprays*	destruição	ar-condicionado

9 ▸ No fim do ano 2000, os 120 mil habitantes de Punta Arenas, cidade situada no extremo sul do Chile, foram avisados para não saírem de casa entre 11 h e 15 h. Caso tivessem de sair, deveriam usar óculos escuros, filtro solar, roupa de mangas compridas e chapéu para se protegerem. Crie uma hipótese para explicar por que as medidas eram necessárias.

10 ▸ Como os animais obtêm substâncias com nitrogênio se eles não conseguem utilizar o nitrogênio do ar (gás nitrogênio)? E as plantas, como elas obtêm nitrogênio?

11 ▸ É comum ler em jornais e revistas impressos ou na internet textos que defendem que temos de combater o efeito estufa.

a) Faça um desenho para explicar o efeito estufa.

b) Explique por que não devemos combater o efeito estufa, mas sim evitar que ele aumente.

c) Que ações humanas contribuem para o aumento do efeito estufa?

12 ▸ Um automóvel com o motor ligado, dentro de uma garagem fechada, pode provocar a morte de uma pessoa em um período de aproximadamente 10 minutos. Justifique essa afirmação.

13 ▸ Explique por que o uso de transporte coletivo (como ônibus, trem e metrô), no lugar do carro, contribui para a redução da poluição do ar.

14 ▸ Quais gases da atmosfera correspondem às características descritas abaixo? (Um gás pode corresponder a mais de uma característica.)

a) Forma a maior parte do ar. _____

b) É absorvido pelas plantas no processo de fotossíntese. _____

c) É absorvido pelos seres vivos no processo de respiração. _____

d) É o principal responsável pelo aumento do efeito estufa. _____

e) É liberado pelas plantas na fotossíntese. _____

f) É produzido pelos animais durante a respiração. _____

g) É eliminado pela transpiração das plantas. _____

15 ▸ Explique a afirmativa: "O efeito da atmosfera sobre a temperatura da Terra pode ser comparado ao que acontece em uma estufa de plantas".

16 ▸ Assinale as afirmativas verdadeiras.

(   ) Os clorofluorcarbonos (CFCs) são perigosos porque podem destruir a troposfera.
(   ) A camada de ozônio absorve todos os raios ultravioleta emitidos pelo Sol.
(   ) Os clorofluorcarbonos (CFCs) eram muito usados em aerossóis, geladeiras e aparelhos de ar condicionado.
(   ) A destruição da camada de ozônio é chamada de efeito estufa.
(   ) Se os clorofluorcarbonos (CFCs) continuassem a ser usados, o número de casos de câncer de pele aumentaria.

17 ▸ A figura abaixo mostra um esquema simplificado do ciclo do carbono.

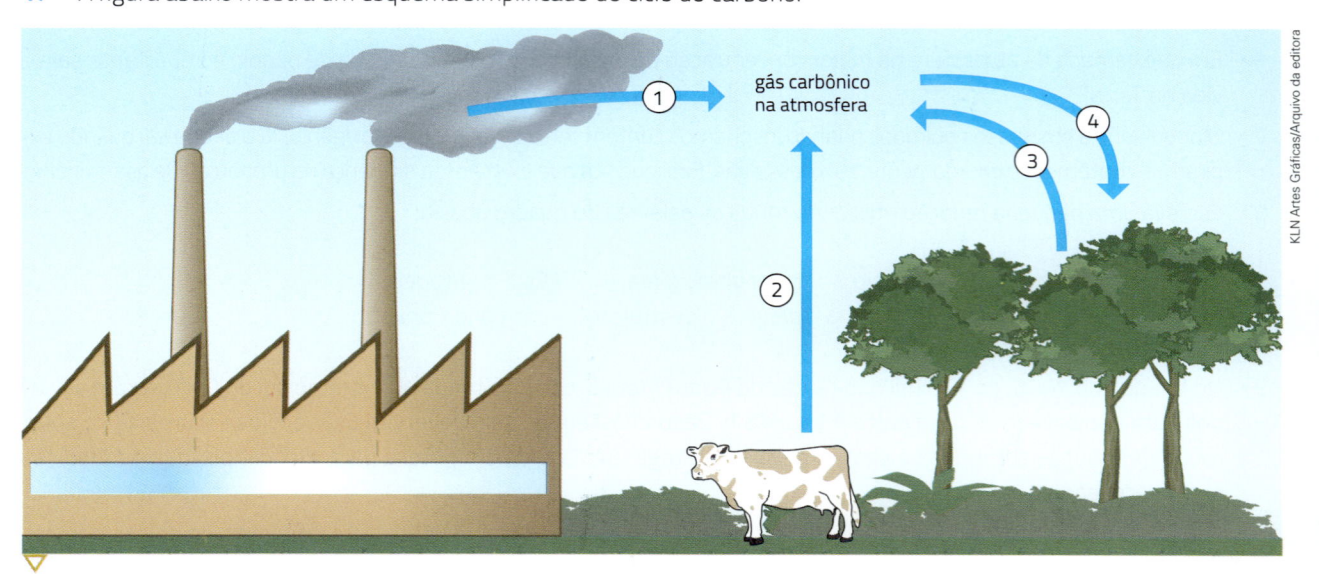

KLN Artes Gráficas/Arquivo da editora

▽ 2.34 Representação simplificada do ciclo do carbono. (Elementos representados em tamanhos não proporcionais entre si. Cores fantasia.)

a) Identifique as etapas indicadas pelos números.
b) Qual dos processos indicados está contribuindo para o aumento do efeito estufa?

18 ▸ De tempos em tempos, o tanque de gasolina de um carro precisa ser reabastecido, ou então fica vazio. Para que o carro se locomova, o que acontece com a gasolina armazenada no tanque? Se ela não permanece lá, para onde vai?

19 ▸ Em 1 000 litros de ar, há quantos litros de gás nitrogênio, de gás oxigênio e de gás carbônico, aproximadamente?

20 ▸ Veja a seguir os principais gases que compõem as atmosferas de dois planetas do Sistema Solar.

Porcentagem dos principais gases das atmosferas dos planetas

Vênus	
Componente	Proporção
Gás carbônico	96%
Gás nitrogênio	4%

Marte	
Componente	Proporção
Gás carbônico	95%
Gás nitrogênio	2,7%

Fonte: elaborado com base em NASA. *The Composition of Planetary Atmospheres*. Disponível em: <https://spacemath.gsfc.nasa.gov/earth/10Page7.pdf>. Acesso em: 4 fev. 2019.

2.35

a) Os seres humanos conseguiriam respirar nesses planetas sem equipamento apropriado? Por quê?

b) O efeito estufa nos dois planetas deve ser maior ou menor do que na Terra? Por quê?

21 ▸ Algumas cidades, como São Paulo (SP), adotam um sistema de rodízio de carros e caminhões: em cada dia da semana, veículos com determinados finais de placas são proibidos de circular em regiões centrais da cidade durante os horários de pico. Que efeito essa medida deve ter sobre a poluição do ar?

22 ▸ A partir da Revolução Industrial (que você vai conhecer melhor no capítulo 9), começamos a usar intensivamente o carbono estocado durante milhões de anos em forma de carvão mineral, petróleo e gás natural, para gerar energia, para as indústrias e para os veículos. Que efeito isso causou e continua causando na temperatura do planeta?

23 ▸ A partir do que você aprendeu sobre chuva ácida, explique por que podemos dizer que "a poluição não tem fronteiras"?

Investigue

Faça uma pesquisa sobre os itens a seguir. Você pode pesquisar em livros, revistas, *sites*, etc. Preste atenção se o conteúdo vem de uma fonte confiável, como universidades e outros centros de pesquisa. Use suas próprias palavras para elaborar as respostas.

1 ▸ Quando balões de aniversário (bexigas) estão cheios com ar, eles não sobem na atmosfera, porém sobem quando estão cheios de certo gás atmosférico.

a) Que gás é esse?

b) Por que, nesse caso, o balão sobe?

2 ▸ O sabor de um refrigerante com gás muda quando a garrafa (ou lata) fica aberta por algum tempo. Por que isso acontece?

3 ▸ Que gás presente na atmosfera é usado em letreiros luminosos?

4 ▸ Por que, mesmo se você tivesse madeira seca e um isqueiro, não poderia acender uma fogueira na Lua?

5 ▸ Qual é a vitamina cuja síntese é promovida pelos raios ultravioleta e qual é sua importância para o organismo?

De olho no texto

O texto a seguir descreve um fenômeno que ocorre em algumas cidades. Leia com atenção e em seguida faça o que se pede.

A inversão térmica

Em algumas cidades, às vezes, é possível observar no horizonte a poluição concentrada e, logo acima desse bloco de ar amarronzado, o céu azul livre de nuvens. A poluição é tão distinta que parece existir uma linha fina transparente dividindo a atmosfera. Essa concentração de poluentes ocorre, geralmente, quando há uma inversão térmica. Ela acontece quando a umidade do ar está baixa e o céu praticamente sem nuvens nem vento. É mais comum durante o inverno no Sul, Sudeste e Centro-Oeste do Brasil. No Nordeste ocorre, praticamente, o ano todo.

Quando há inversão térmica, o ar frio (mais denso) fica aprisionado próximo ao solo, pressionado por uma camada de ar quente (mais leve). A falta de vento e de umidade também impede a dispersão do ar. Assim, os poluentes emitidos por veículos e indústrias vão se acumulando entre cerca de um e três quilômetros acima da superfície.

situação normal

ar mais frio

ar frio

ar quente

inversão térmica

ar frio

ar quente

ar frio

▷ 2.36 Por causa da inversão térmica, os poluentes ficam junto ao ar frio, próximo do solo. (Elementos representados em tamanhos não proporcionais entre si. Cores fantasia.)

Ilustrações: Julio Dian/Arquivo da editora

Fonte: elaborado com base em O que é, o que é? *Revista Fapesp*. Disponível em: <http://revistapesquisa.fapesp.br/2012/08/10/o-que-e-o-que-e-9>. Acesso em: 4 fev. 2019.

O fenômeno foi batizado como inversão térmica porque o ar próximo ao solo é, de modo geral, quente, e não frio. Quando não há inversão térmica, o ar realiza um movimento cíclico na atmosfera terrestre: o ar frio desce, esquenta perto do solo, fica mais leve e sobe quente. Os ventos e as nuvens colaboram para essa movimentação e, dessa maneira, os poluentes ficam diluídos pela atmosfera, e não aprisionados próximos à cidade.

Fonte: DIAS, M. A. F. S. O que é, o que é? Inversão térmica. *Revista Fapesp*. Disponível em: <http://revistapesquisa.fapesp.br/2012/08/10/o-que-e-o-que-e-9>. Acesso em: 4 fev. 2019.

a) Consulte em dicionários o significado das palavras que você não conhece e redija uma definição para essas palavras.
b) Qual é o fenômeno descrito pelo texto? Você já observou esse fenômeno na região onde você mora?
c) Que situações são necessárias para que o fenômeno descrito aconteça?
d) O que acontece com os poluentes emitidos por veículos e pelas indústrias durante esse fenômeno?
e) Em situações em que o fenômeno descrito não acontece, como ocorre a circulação do ar?

De olho na imagem

As duas fotos a seguir estão relacionadas a um mesmo tema, importante para o equilíbrio do planeta e tratado neste capítulo. Explique qual é esse tema e qual é a conexão dele com cada uma das figuras.

Ricardo Azoury/Pulsar Imagens

2.37 Queimada na floresta amazônica em Rio Branco (AC), 2016. As queimadas liberam gás carbônico na atmosfera.

Mauricio Simonetti/Pulsar Imagens

2.38 Quiosque em barranco que está sofrendo erosão marinha por avanço do mar em Itanhaém (SP), 2018.

Leia com atenção a tira abaixo. Ela mostra uma situação comum no cotidiano: alguém questionando teorias embasadas em estudos científicos.

▷ 2.39

Fonte: BECK, A. *Armandinho*. Disponível em: <https://tirasarmandinho.tumblr.com>. Acesso em: 4 fev. 2019.

Responda às questões:

a) Pesquise o que é "teoria da conspiração".

b) Qual é o componente de humor da tira?

c) Qual é a relação entre o aumento na concentração de gás carbônico na atmosfera e o aquecimento global? Que problemas ambientais o aumento da concentração desse gás no ar pode causar?

d) O que você diria a alguém que concluiu, a partir de informações obtidas na internet, que não existe aquecimento global?

e) Alguns governantes de países em desenvolvimento acham que não devem ter metas de redução da emissão de gás carbônico porque precisam se desenvolver e porque os países desenvolvidos poluíram muito mais no passado. O que você acha dessa questão? Procure ler a respeito e discuta o assunto com os colegas.

Trabalho em equipe

Cada grupo de estudantes vai escolher uma das atividades a seguir para pesquisar em livros, revistas ou *sites* confiáveis (de universidades, centros de pesquisa, etc.). Vocês podem buscar o apoio de professores de outras disciplinas (Geografia, História, Língua Portuguesa, etc.). Exponham os resultados da pesquisa para a classe e a comunidade escolar (estudantes, professores e funcionários da escola e pais ou responsáveis), com o auxílio de ilustrações, fotos, vídeos, blogues ou mídias eletrônicas em geral. Ao longo do trabalho, cada integrante do grupo deve defender seus pontos de vista com argumentos e respeitando as opiniões dos colegas.

1 ▸ Façam uma pesquisa para saber em que situações uma cidade ou um estado pode decretar estados de alerta, de atenção, de emergência e de calamidade pública em decorrência da poluição do ar e de fenômenos climáticos.

2 ▸ Procurem notícias recentes sobre o aquecimento global: previsões dos cientistas sobre os efeitos das mudanças climáticas em diferentes regiões geográficas, incluindo o que pode ocorrer no Brasil e o que está sendo feito para minimizar as emissões de carbono, e os danos que o aquecimento global pode provocar.

3 ▸ Busquem alternativas que têm sido desenvolvidas para substituir o uso dos CFCs em suas mais variadas aplicações. Tentem descobrir quais são os potenciais problemas causados por essas alternativas e o que está sendo feito no Brasil para diminuir esses problemas.

4 ▸ Organizem uma campanha para divulgar as medidas individuais e coletivas para combater o aquecimento global. Utilizem os argumentos estudados neste capítulo para ajudar a conscientizar as pessoas sobre as graves consequências socioambientais das alterações climáticas.

Autoavaliação

1. Você teve dificuldade para compreender algum dos temas estudados no capítulo? O que você fez para superar essa dificuldade?

2. Com base nos assuntos deste capítulo, cite atividades que você realiza diariamente que contribuem para a alteração da composição do ar. Reflita sobre os efeitos diretos e indiretos dessas atividades e proponha medidas que possam reduzir esses impactos.

3. Você compreendeu a diferença entre efeito estufa e aquecimento global? Qual é a relação entre eles?

Elementos representados em tamanhos não proporcionais entre si. Cores fantasia.

Formas de reduzir

O efeito estufa ocorre naturalmente no planeta Terra em função da presença de gases, como gás carbônico, metano e vapor de água na atmosfera. A ação do ser humano tem intensificado esse fenômeno, causando aumento nas temperaturas médias globais, o que tem provocado mudanças no clima.

camada de ozônio

Ilustrações: Michel Ramalho/ Arquivo da editora

incidência de raios solares

Camada de gases que contribuem para o efeito estufa.

A elevação da temperatura média do planeta em alguns graus é muito perigosa, mas não só pelo aquecimento da Terra. O maior problema é que essa alteração provoca mudanças profundas em todo o clima. Mesmo um aumento pequeno nas temperaturas altera, por exemplo, a umidade e a velocidade dos ventos.

Mudanças climáticas decorrentes do aquecimento global têm afetado animais que vivem em condições extremas, como os pinguins.

Veja no gráfico a seguir as porcentagens de emissão de gases de efeito estufa por setor econômico.

Emissões globais dos gases de efeito estufa por setor econômico

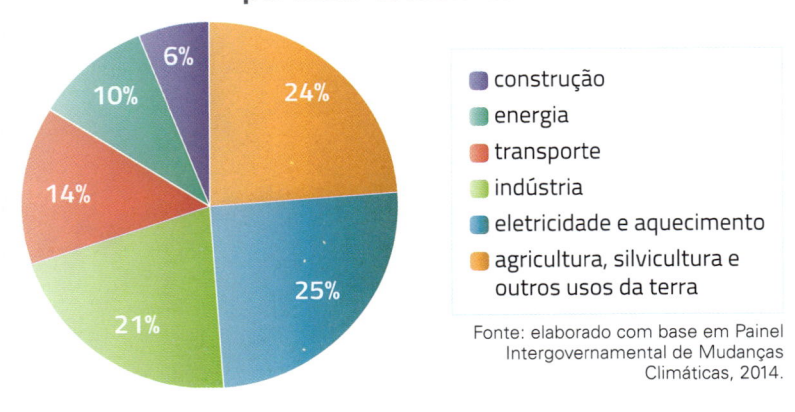

- construção
- energia
- transporte
- indústria
- eletricidade e aquecimento
- agricultura, silvicultura e outros usos da terra

Fonte: elaborado com base em Painel Intergovernamental de Mudanças Climáticas, 2014.

Consulte

Conheça algumas soluções que visam reduzir a emissão de gases do efeito estufa.

- **Calculadora de carbono**
  http://www.neutralizecarbono.com.br/nc/calculadoradecarbono/
- **A força dos ventos para gerar energia**
  http://www.invivo.fiocruz.br/cgi/cgilua.exe/sys/start.htm?infoid=1372&sid=9
- **Plante uma árvore**
  https://www.sosma.org.br/participe/plante-uma-arvore/

Acesso em: 4 fev. 2019.

O que já existe?

O uso de combustíveis alternativos (etanol, biodiesel) libera menor quantidade de gases de efeito estufa; as fontes de energia alternativa (solar, eólica) diminuem o uso de combustíveis fósseis.

Parte da luz solar que atinge as cidades é absorvida pelos telhados das casas e convertida em energia térmica ❶. É possível reduzir esse aquecimento pintando os telhados de branco, que reflete melhor a luz, preenchendo a cobertura com plantas ❷ ou instalando placas solares que geram eletricidade ou calor para aquecer a água, diminuindo o consumo de energia elétrica. A cobertura com plantas também retém parte da água das chuvas e reduz seu escoamento para o solo.

Ilustrações: Michel Ramalho/Arquivo da editora

💡 Propondo uma solução

Construa a maquete de uma casa incorporando ideias para reduzir a emissão de gases de efeito estufa. Lembre-se de reunir várias estratégias no seu projeto para que essa casa se torne o menos poluente possível, considerando sua construção e o padrão de vida de seus moradores.

Na prática

1. Quais são as diferenças entre a casa proposta na sua maquete e o lugar em que você mora? E em comparação com as casas mais comuns na sua cidade?
2. Quais são as dificuldades na construção de casas como a que você projetou?
3. Observando os projetos dos seus colegas, você adicionaria outras soluções à sua maquete?
4. Exponha sua maquete para a escola e a divulgue em feiras de ciências ou em meios de comunicação mais amplos. Você pode compartilhar suas ideias, por exemplo, tirando fotos da maquete e publicando em um álbum de fotos *on-line*.

O biguatinga (*Anhinga anhinga*) é uma ave aquática, que mede cerca de 1,20 m de envergadura e vive em diferentes regiões do Brasil, como no Pantanal.

UNIDADE 2

Ecossistemas, impactos ambientais e condições de saúde

A variedade de espécies é chamada biodiversidade.

Nesta unidade vamos conhecer a biodiversidade dos ecossistemas brasileiros e os principais fenômenos que os ameaçam. Veremos também como alguns organismos podem afetar nossa saúde e como a ciência tem contribuído para a saúde individual e coletiva.

1▸ Em duas ocasiões, em 2015 e em 2019, ambas em Minas Gerais, barragens de mineradoras romperam-se, despejando no ambiente um enorme volume de lama. Escreva sobre os possíveis efeitos da catástrofe em longo prazo com base no que você sabe sobre cadeias alimentares.

2▸ Como a falta de água e de alimentos de qualidade pode afetar a sociedade? O que pode ser feito para que todos tenham acesso a direitos básicos como esses? Planeje uma campanha para compartilhar essas informações.

3

Ecossistemas terrestres

Hans Von Manteuffel/Pulsar Imagens

3.1 Cutia (gênero *Dasyprocta* sp.; cerca de 50 cm de comprimento) se alimentando na ilha de Marajó (PA), 2015. Esse animal contribui para a reprodução das castanheiras na Floresta Amazônica, enterrando as sementes dessa árvore.

Observe na figura 3.1 um pequeno mamífero conhecido como cutia. Esse animal se alimenta das sementes da castanheira, uma árvore comum na Amazônia e que pode chegar a 50 metros de altura.

As cutias abrem os frutos da castanheira e enterram suas sementes, as castanhas, voltando depois para comê-las. Muitas sementes, no entanto, não são encontradas pelos animais e podem germinar e se desenvolver em novas castanheiras. Esse é um exemplo de interação entre animais, plantas e ambiente que ocorre na Floresta Amazônica. Vamos conhecer agora as características desse e de outros ecossistemas brasileiros e dos grupos de organismos que vivem nesses ambientes.

▶ Para começar

1. Como as chuvas e a temperatura variam ao longo do ano no local onde você mora? Você se lembra de alguma catástrofe natural, como secas ou inundações na região onde você vive?

2. Você conhece plantas e animais que podem ser encontrados em sua região?

3. Quais ecossistemas brasileiros você conhece? Que plantas e animais são encontrados neles?

4. Que características tem uma planta que vive em clima muito seco?

1 Os grupos de seres vivos

Os cientistas agrupam os seres vivos com base em semelhanças no corpo, no funcionamento e no desenvolvimento do organismo, no modo de reprodução e por semelhanças entre seus genes. No 9º ano você vai ver que a classificação biológica procura formar grupos de organismos que descendam de um mesmo grupo de ancestrais por meio do processo de evolução.

Os seres vivos podem ser divididos em **reinos**; os reinos podem ser divididos em grupos menores, os **filos**; estes em **classes**; depois em **ordens**, **famílias**, **gêneros** e **espécies**. Veja a figura 3.2.

O reino dos animais, por exemplo, está dividido em vários filos.

No filo dos cordados (*Chordata*, em latim), por exemplo, encontram-se, entre outros, os animais que apresentam coluna vertebral. Nele estão incluídos o ser humano, os sapos e muitos outros animais. Veja a figura 3.3.

3.2 O esquema abaixo ajuda a compreender que há uma hierarquia entre os grupos, indo do mais geral, o reino, para o mais específico, a espécie.

reino
filo
classe
ordem
família
gênero
espécie

Banco de imagens/Arquivo da editora

Fabio Colombini/Acervo do fotógrafo

3.3 Pererecas (*Hypsiboas albomarginata*; medem cerca de 5 cm de comprimento) da Mata Atlântica em Ilhéus (BA). Elas fazem parte do mesmo filo que nós, seres humanos.

Cada filo, por sua vez, pode ser subdividido em grupos menores, chamados de classes. Exemplo: o filo dos cordados inclui, entre outras: a classe das aves e a classe dos mamíferos.

As classes são divididas em ordens. Na classe dos mamíferos, por exemplo, estão a ordem dos carnívoros (onças, gatos, lobos, cães, leões, etc.) e a ordem dos primatas (gorilas, chimpanzés, ser humano, etc.).

Cada ordem é dividida em famílias. A ordem dos carnívoros, por exemplo, engloba várias famílias, como a dos canídeos (família dos lobos e dos cães); e a dos felídeos (família das onças e dos gatos). Veja a figura 3.4.

Uma família é composta de gêneros. Na família dos felídeos, estão o gato doméstico e o gato selvagem europeu, que pertencem ao gênero *Felis*, enquanto o leão e a onça-pintada fazem parte do gênero *Panthera*. Cada gênero pode reunir várias espécies: no gênero *Panthera* encontram-se a onça-pintada (*Panthera onca*), o leão (*Panthera leo*) e o tigre (*Panthera tigris*).

schubbel/Shutterstock

3.4 Cães e gatos pertencem a duas famílias diferentes. Mas eles apresentam muitas semelhanças e por isso são classificados na ordem dos carnívoros.

Espécies

De forma simplificada, podemos dizer que espécie é o conjunto de organismos capazes de, na natureza, cruzar e gerar descendentes férteis. Assim, todas as onças-pintadas, por exemplo, pertencem à mesma espécie porque cruzam entre si e podem gerar filhotes férteis, isto é, filhotes que também serão capazes de se reproduzir. Veja a figura 3.5.

No 9º ano, veremos que algumas espécies podem ser divididas em subespécies. A nomenclatura da subespécie é trinomial. Exemplo: *Caiman crocodilus yacare*, o jacaré-do-pantanal.

3.5 Onça-pintada (*Panthera onca*), até 1,90 m de comprimento, com seu filhote. Ambos pertencem à mesma espécie.

Cada espécie recebe um **nome científico** composto de dois nomes, sempre escritos em latim ou adaptados para essa língua. Assim, a espécie humana é chamada de *Homo sapiens*; a bananeira, de *Musa paradisiaca*; a espécie mais comum de barata é a *Periplaneta americana*, etc. A primeira palavra do nome científico da espécie corresponde ao nome do gênero e é escrita com inicial maiúscula. Assim, o gato selvagem europeu (*Felis silvestris*) e o gato-da-selva (*Felis chaus*) pertencem ao mesmo gênero. Veja a figura 3.6.

3.6 Em **A**, gato selvagem europeu (*Felis silvestris*) e, em **B**, gato-da-selva (*Felis chaus*). Ambos medem, em média, cerca de 65 cm de comprimento, desconsiderando a cauda, e pertencem ao mesmo gênero.

Por centenas de anos os cientistas agruparam os seres vivos conhecidos em apenas dois reinos: o animal e o vegetal. Mas, com o desenvolvimento do microscópio e o aumento do conhecimento sobre os seres vivos, ficou claro que vários organismos não podiam ser enquadrados em nenhum desses dois reinos, e a forma de classificação se transformou. Veja a seguir alguns representantes de cada grupo, de acordo com uma classificação em cinco reinos.

Reino Monera

Neste reino estão as bactérias. Veja a figura 3.7. Os organismos desse reino são unicelulares e não apresentam um núcleo celular organizado: o material genético não está envolto por uma membrana, mas disperso no citoplasma. Muitas bactérias são decompositoras, participando da reciclagem de compostos na natureza; algumas são parasitas e causam doenças em outros seres vivos. Vamos conhecer doenças causadas por bactérias no capítulo 6.

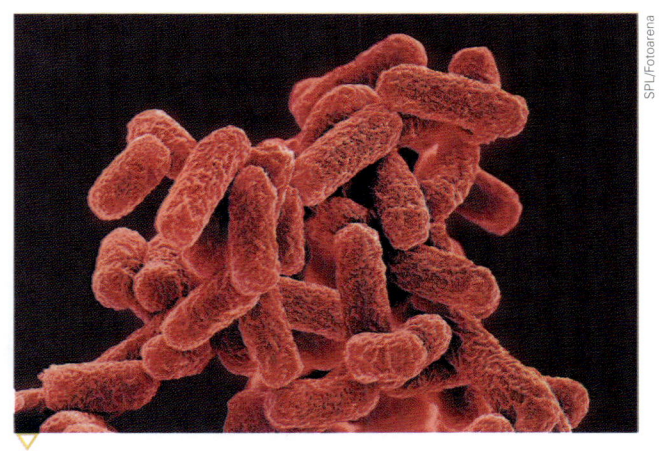

3.7 Bactérias em imagem obtida em microscópio eletrônico e colorida artificialmente. Cada bactéria tem cerca de 3 micrometros de comprimento, o que equivale a 0,0003 cm.

Reino Protista

Os protistas que se alimentam de outros organismos são chamados protozoários e são todos unicelulares. Muitos protozoários causam doenças em seres humanos, como veremos no capítulo 6. Neste reino também estão as algas – tanto as unicelulares como as multicelulares –, que realizam a maior parte da fotossíntese nos ambientes aquáticos. Veja a figura 3.8. Conheceremos mais sobre os organismos dos ambientes aquáticos no próximo capítulo.

3.8 Algas unicelulares vistas ao microscópio óptico (aumento de cerca de 130 vezes).

Reino Fungi

Engloba os fungos, como cogumelos e bolores. A maioria é multicelular e todos são heterotróficos. Lembre-se de que organismos heterotróficos não são capazes de produzir seu próprio alimento. Esses organismos precisam se alimentar de outros seres vivos.

Juntamente com as bactérias, os fungos participam da decomposição da matéria orgânica, como estudamos no 6º ano. Também vimos que eles podem ser usados pelo ser humano na produção de medicamentos e alimentos como pão e queijo. Veja a figura 3.9. Alguns são parasitas e podem causar doenças em outros seres vivos, inclusive no ser humano, como veremos no capítulo 6.

3.9 Alguns cogumelos podem ser diretamente consumidos pelo ser humano, como o da foto (*Agaricus campestri*; 5 cm a 10 cm de diâmetro na parte mais larga).

Reino Plantae

Na figura 3.10 podemos observar samambaias (à esquerda) e uma cobertura verde sobre as rochas. Essa cobertura é formada por musgos, pequenas plantas que fazem parte do grupo das briófitas. Já as samambaias pertencem ao grupo das pteridófitas.

▶ **Briófita:** vem do grego *bryon*, "musgo", e *phyton*, "planta".

▶ **Pteridófita:** *Pteris* vem do grego e significa "feto"; a folha nova da planta tem uma forma parecida com a de um feto no ventre materno.

▷ **3.10** Rochas recobertas por musgos (até 5 cm de altura) e samambaias (as maiores chegam a 3 m de comprimento) ao redor de uma queda-d'água na Mata Atlântica, no Parque Nacional de Itatiaia (RJ), 2017.

As pteridófitas atingem tamanhos maiores do que as briófitas. Veja a figura 3.11. Isso se dá porque, ao contrário das briófitas, nas quais o transporte de água e nutrientes ocorre de célula a célula, as pteridófitas apresentam vasos condutores de seiva. Você estudou no 6º ano que esses vasos podem transportar a água e os sais minerais extraídos do solo para as folhas (seiva do xilema) e as substâncias orgânicas produzidas nas folhas para o resto da planta (seiva do floema). Esse tipo de transporte, mais rápido e eficiente, possibilita a essas plantas atingirem um tamanho maior.

▷ **3.11** Samambaiaçus (*Dicksonia sellowiana*; cerca de 5 m de altura) em Passos Maia (SC), 2016.

As gimnospermas e as angiospermas são dois grupos de plantas que, além de vasos condutores de seiva, apresentam sementes. As gimnospermas não produzem frutos e apresentam estruturas conhecidas como cones, que são especializadas na reprodução. Vem daí o nome do principal grupo de gimnospermas: as coníferas. Veja a figura 3.12.

No 8º ano você vai ver com mais detalhes como ocorre a reprodução nos diferentes grupos de plantas.

▶ **Angiospermas:** plantas que produzem sementes dentro de frutos; *aggeion* significa "recipiente", e *sperma*, "semente".

▶ **Gimnospermas:** plantas com sementes, mas sem frutos; *gymnos* significa "nu", e *sperma*, "semente".

▽
3.12 Pinheiros-do-paraná (*Araucaria angustifolia*; 10 m a 35 m de altura em média), exemplos de plantas gimnospermas. No detalhe, pinha (à esquerda; cerca de 15 cm de comprimento) e pinhão (à direita; cerca de 5 cm de comprimento). Os pinhões são as sementes das gimnospermas. (Os elementos representados nas fotografias não estão na mesma proporção.)

Nas angiospermas as sementes se encontram dentro de frutos. O arroz, o trigo, o feijão, as verduras e as plantas que produzem o que conhecemos como frutas (laranja, uva, melancia, abacate, etc.) são exemplos de angiospermas. Veja na figura 3.13 o tomateiro, uma angiosperma.

▶ **3.13** Tomateiros (gênero *Solanum;* 1 m a 3 m de altura) e, no destaque, seu fruto, o tomate com as sementes evidentes. (Os elementos representados nas fotografias não estão na mesma proporção.)

Reino Animalia

Os animais são seres multicelulares e heterotróficos. Vamos conhecer um pouco dos principais filos desse reino.

Poríferos e cnidários

Os **poríferos**, também conhecidos como esponjas, são animais aquáticos e sésseis, isto é, não têm capacidade de locomoção, e vivem fixos a rochas ou outras superfícies. Veja a figura 3.14. O corpo desses animais apresenta pequenas aberturas, chamadas poros, pelas quais a água entra trazendo seres microscópicos que lhes servem de alimento. Por esse motivo, as esponjas são consideradas animais filtradores.

Entre os **cnidários** encontramos as águas-vivas, os corais e as anêmonas. Veja a figura 3.15. Esses animais têm células que causam irritação nos tecidos de quem os toca e que servem de defesa e para imobilizar e capturar suas presas.

▶ **Porífero:** vem do latim *poros*, "poro", e *phoros*, "portador de".

▶ **Cnidário:** vem do grego *knidós*, "urticante", que queima.

3.14 Esponja-barril gigante (*Xestospongia testudinaria*; 10 cm a 20 cm de diâmetro).

3.15 Anêmona-do-mar (*Actinia bermudense*), com cerca de 3 cm de diâmetro.

Platelmintos e nematoides

Os **platelmintos** apresentam corpo achatado. Veja a figura 3.16. Alguns, como as planárias, são de vida livre e habitam ambientes aquáticos ou solos úmidos; outros são parasitas, como tênias e esquistossomos. Vamos estudar as doenças causadas por esses e outros organismos parasitas no capítulo 6.

Os **nematoides** têm o corpo alongado e cilíndrico. São encontrados em grande quantidade no solo (veja a figura 3.17), na água e como parasitas de plantas e animais.

▶ **Platelminto:** vem do grego *platys*, "chato", e *helmins*, "verme".

▶ **Nematoide:** vem do grego *nema*, "filamento".

3.16 Planária marinha (aproximadamente 5 cm de comprimento).

3.17 Nematoide (com cerca de 8 mm de comprimento) em meio a madeira apodrecida.

Moluscos e anelídeos

Todos os **moluscos** têm corpo mole, mas muitos possuem o corpo protegido por uma concha de calcário. Estão presentes nos ambientes aquáticos e terrestres.

Entre os moluscos, encontramos os caramujos (marinhos e de água doce), os caracóis (em geral terrestres), as lesmas (terrestres e marinhas), as ostras e os mexilhões (marinhos ou de água doce), os polvos e as lulas (marinhos). As lesmas, os polvos e as lulas não têm uma concha protetora (ou têm uma concha muito reduzida), porém apresentam outras características que permitem sobreviver em seu ambiente. Veja a figura 3.18.

▶ **Molusco:** vem do latim *mollis*, "mole".

3.18 Alguns exemplos de moluscos: em **A**, caracol comestível (*Helix pomatia*), conhecido como *escargot*. A concha tem cerca de 5 cm de diâmetro. Em **B**, polvo (*Octopus vulgaris*; 30 cm a 90 cm de comprimento). Os polvos não têm concha; eles podem lançar jatos de tinta na água para confundir predadores durante sua fuga.

Os **anelídeos** têm corpo mole e alongado com repetições de segmentos em forma de anel. Minhocas e minhocuçus são exemplos de anelídeos terrestres. Como estudamos no 6º ano, as minhocas são importantes para a fertilidade do solo, pois facilitam a circulação de ar ao se locomoverem e produzem húmus ao se alimentarem de restos animais e vegetais do solo.

▶ **Anelídeo:** vem do latim *annelus*, "anel".

Já os poliquetos são encontrados no mar; e as sanguessugas, que parasitam animais aquáticos, vivem principalmente na água doce. Veja a figura 3.19.

3.19 Alguns exemplos de anelídeos: em **A**, minhocuçu (*Chibui bari*; até 50 cm de comprimento). Esses animais são muito sensíveis a alterações ambientais e por isso são usados para monitorar a qualidade do solo. Em **B**, poliqueto (*Phyllodoce citrina*; cerca de 15 cm).

Artrópodes e equinodermos

Os **artrópodes** têm apêndices articulados, como antenas e pernas, e um esqueleto externo (exoesqueleto) de quitina. Além de sustentar o corpo do animal e de protegê-lo, o esqueleto diminui a perda de água por evaporação, sendo uma adaptação ao meio terrestre. Trata-se do filo animal com maior diversidade de espécies conhecidas.

Vamos conhecer alguns grupos de artrópodes.

Nos insetos, como gafanhotos, libélulas, pulgas, mariposas, piolhos, baratas, abelhas, cupins e formigas, o corpo é dividido em três regiões: cabeça, tórax e abdome. Os insetos apresentam um par de antenas na cabeça, três pares de pernas no tórax e a maioria tem asas. Veja a figura 3.20.

▶ **Artrópode:** vem do grego, *árthron*, "articulação", e *podos*, "pés".

Você conhecerá mais sobre adaptações dos seres vivos no 9º ano.

▽ 3.20 Alguns exemplos de insetos: em **A**, formiga (gênero *Dinoptera*; 3 cm de comprimento); e, em **B**, abelha (gênero *Apis*; cerca de 1 cm de comprimento) sobre flor.

A maioria dos crustáceos, como camarões e lagostas, vive na água; outros, como o tatuzinho-de-quintal (ou de jardim) e certos caranguejos, vivem na terra, em regiões próximas à água ou em ambientes úmidos. O corpo é geralmente dividido em duas partes: cefalotórax (formado pela união da cabeça com o tórax) e abdome. Na cabeça da maioria dos crustáceos há dois pares de antenas. Veja a figura 3.21.

▶ **Crustáceo:** vem do latim *crusta*, "crosta".

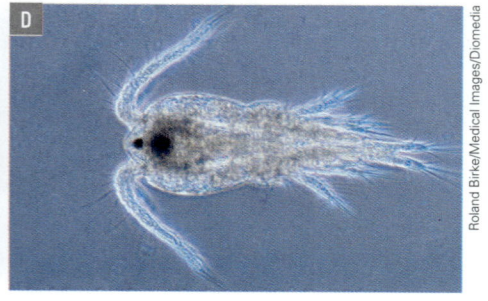

▷ 3.21 Alguns exemplos de crustáceos: em **A**, siri (carapaça com cerca de 6 cm de largura); em **B**, tatuzinho-de-quintal (cerca de 1 cm de comprimento); em **C**, cracas (cerca de 1 cm de diâmetro; marinhos; prendem-se a rochas, cascos de navios, etc.); em **D**, copépode (encontrado em ambientes aquáticos; 1 mm a 5 mm de comprimento).

Entre os aracnídeos encontramos aranhas, escorpiões e carrapatos. A maioria é terrestre, com o corpo dividido em cefalotórax e abdome. Eles apresentam quatro pares de pernas, não possuem antenas e têm um par de quelíceras que agarram presas e as manipulam durante a alimentação. Veja a figura 3.22.

▶ **Aracnídeo:** vem do grego *arakhné*, "aranha".

3.22 Alguns exemplos de aracnídeos: em **A**, aranha-caranguejeira (*Acanthuscurria geniculata*; pode medir até 20 cm); em **B**, escorpião (família Buthidae; mede cerca de 7 cm de comprimento) com filhotes.

Do grupo dos artrópodes conhecido como miriápodes fazem parte as lacraias ou centopeias e os embuás, ou piolhos-de-cobra. São animais terrestres de corpo alongado, dividido em cabeça e tronco, com muitos segmentos e vários pares de pernas. Veja a figura 3.23.

▶ **Miriápodes:** vem do grego *myria*, "dez mil", e *podos*, "pés".

segmento

antena

pernas

cabeça

3.23 Lacraia encontrada no Brasil (*Scolopendra viridicornis*; 14 cm de comprimento).

Os **equinodermos** (estrela-do-mar, ouriço-do-mar, pepino-do-mar, entre outros) apresentam um esqueleto rígido de calcário, que fica sob a fina "pele" que os reveste. São todos marinhos. Veja a figura 3.24.

▶ **Equinodermo:** vem do grego *échinos*, "espinho", e *derma*, "pele".

3.24 Ouriço-do-mar (*Echinometra lucunter*; 7 cm de diâmetro), espécie comum no litoral do Brasil.

Vertebrados

Os **peixes**, assim como os demais vertebrados, têm esqueleto interno com coluna vertebral. Esses animais apresentam diversas adaptações à vida aquática. Veja a figura 3.25.

Os organismos em geral estão adaptados ao ambiente em que vivem, isto é, têm características que facilitam sua sobrevivência e reprodução nesses ambientes. Por essa razão, mudanças nos componentes do ambiente podem afetar os seres vivos do local. Você conhecerá mais sobre a reprodução dos animais no 8º ano e sobre adaptações dos seres vivos em geral no 9º ano.

3.25 Tubarão-tigre (*Galeocerdo cuvier*; até 6 m de comprimento) e a representação de algumas adaptações dos peixes ao ambiente aquático. △

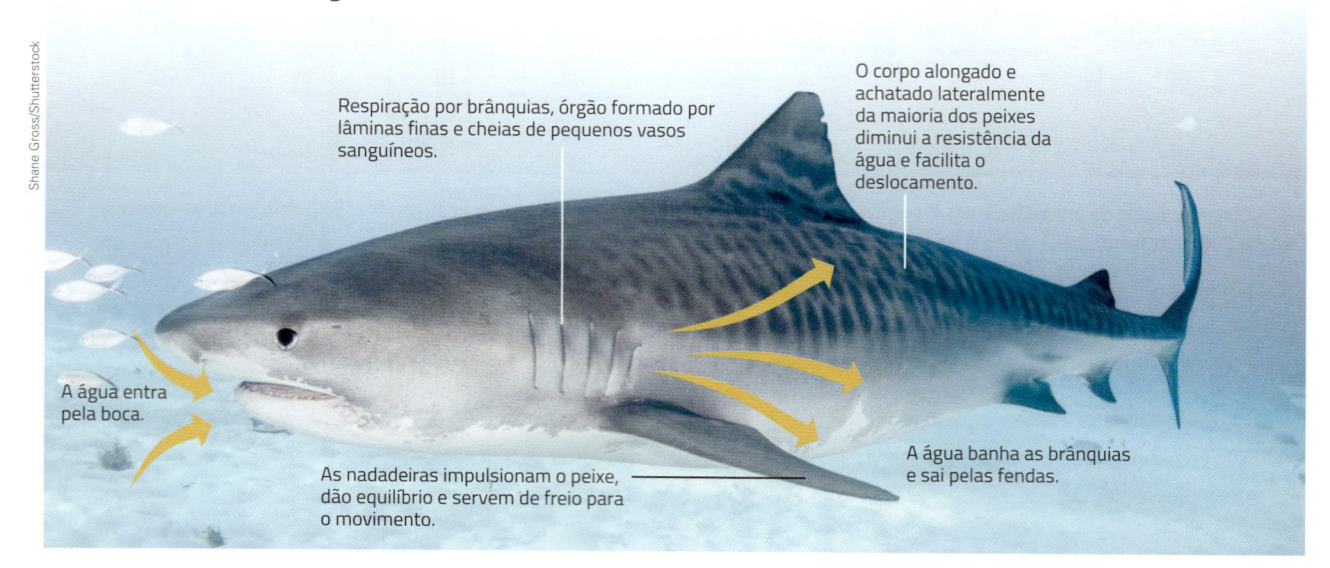

Respiração por brânquias, órgão formado por lâminas finas e cheias de pequenos vasos sanguíneos.

O corpo alongado e achatado lateralmente da maioria dos peixes diminui a resistência da água e facilita o deslocamento.

A água entra pela boca.

As nadadeiras impulsionam o peixe, dão equilíbrio e servem de freio para o movimento.

A água banha as brânquias e sai pelas fendas.

Shane Gross/Shutterstock

Os peixes que apresentam esqueleto de cartilagem formam o grupo dos condrictes. Os tubarões e as raias fazem parte desse grupo.

A maioria dos peixes, no entanto, tem esqueleto formado por ossos e pertence ao grupo dos osteíctes.

Ao longo da evolução, os antepassados dos **anfíbios** foram os primeiros vertebrados a ocupar o ambiente terrestre. Mesmo assim, esses animais ainda dependem da água em sua reprodução. Veja na figura 3.26 algumas das adaptações dos anfíbios.

► **Condricte:** vem do grego *chondros*, "cartilagem", e *ichthyes*, "peixe".

► **Osteícte:** vem do grego *osteon*, "osso", e *ichthyes*, "peixe".

Respiração por pulmões e pela pele, que é lisa, úmida e rica em vasos sanguíneos.

A maioria dos anfíbios vive em lugares úmidos, o que reduz o risco de desidratação.

Seus dois pares de pernas facilitam o deslocamento em ambientes terrestres.

Fábio Colombini/Acervo do fotógrafo

3.26 Sapo pingo-de-ouro (*Brachycephalus ephippium*; até 2 cm de comprimento) sobre musgo, com destaque para suas adaptações ao ambiente terrestre úmido.

Entre os anfíbios, encontramos sapos, rãs e pererecas (em geral, terrestres), salamandras (terrestres ou de água doce) e cecílias ou cobras-cegas (encontradas em solos úmidos). Os anfíbios têm características que os tornam sensíveis a alterações na água, no solo e no ar e, por isso, muitas espécies estão sendo extintas, isto é, desaparecendo. A poluição, as alterações no clima e a destruição dos ecossistemas onde esses animais vivem são apontadas como as principais causas desse desaparecimento.

Tartarugas, serpentes, jacarés e lagartos são alguns representantes de um grupo conhecido como **répteis**. Esses animais apresentam uma série de adaptações que lhes permitem viver em ambientes terrestres mais secos. Veja a figura 3.27.

A pele dos répteis contém queratina e pode ser, ainda, recoberta de escamas, como em serpentes e lagartos; de placas, como em jacarés e crocodilos; ou de carapaças, como em tartarugas e cágados.

Respiração ocorre exclusivamente pelos pulmões no interior do corpo.

Ovos com casca: resistentes à perda de água.

Pele com queratina protege contra a perda de água.

3.27 Iguana com seus ovos. Esse animal pode atingir até 1,8 m de comprimento, considerando também a cauda. Na fotografia, destaque para algumas de suas adaptações.

As **aves** são os únicos animais que apresentam penas, formadas principalmente por queratina. Veja a figura 3.28. As penas ajudam a prevenir a perda de água e de calor.

O nome **mamífero** indica uma das características exclusivas do grupo: as fêmeas apresentam glândulas mamárias desenvolvidas, que produzem leite para alimentar os filhotes. Na pele, protegida por queratina, encontra-se outra exclusividade dos mamíferos: eles têm pelos (em alguns casos, como o da baleia e o do golfinho, só na fase embrionária), que formam uma barreira protetora contra a perda de calor. Veja a figura 3.29.

3.28 Araracanga (*Ara macao*; cerca de 1 m de comprimento). Observe as penas do animal. Entre elas retêm-se camadas de ar que ajudam a manter a temperatura do corpo.

3.29 Capivara (*Hydrochoerus hydrochaeris*; 1 m a 1,30 m de comprimento) amamentando filhote. Observe os pelos que cobrem os animais. A capivara é comum em várias regiões do Brasil.

A classificação dos seres vivos

A chegada dos europeus ao continente americano os colocou em contato com riquezas naturais até então desconhecidas por eles. Esse novo mundo os estimulou a coletar plantas e desenvolver um sistema que facilitasse distinguir uma espécie da outra entre centenas de variedades.

Nessa época, conhecida como Renascimento, os europeus deixavam de entender o mundo apenas com base em explicações religiosas, e começavam a produzir conhecimentos com base em suas próprias observações. Também passaram a buscar a lógica presente em diferentes aspectos da realidade, inclusive nas diferentes formas de vida.

Em 1583, o italiano Andrea Caesalpino (1519-1603) propôs um sistema de classificação de plantas usando como critérios o tipo de tronco e a forma e desenvolvimento dos frutos. Mais tarde, o inglês John Ray (1627-1705) organizou as plantas em função do tipo de embrião (com uma ou duas folhas) e também da presença (ou não) de flores e frutos.

A partir do trabalho de John Ray, o botânico e médico sueco Carl von Lineu (1707-1778; veja a figura 3.30) desenvolveu um sistema hierárquico de classificação para todos os seres vivos. Estes foram agrupados em sete categorias: reino, filo, classe, ordem, família, gênero e espécie. Essa divisão inspirou os atuais sistemas de classificação.

Lineu criou um sistema científico de classificação usando a espécie como unidade básica, mas não considerou o parentesco entre as espécies. Isso porque, assim como a maioria dos cientistas da época, Lineu acreditava que o número de espécies era fixo e não se alterava com o tempo.

Essa concepção foi modificada somente no século XIX, com o desenvolvimento da teoria formulada inicialmente pelos cientistas britânicos Charles Darwin (1809-1882) e Alfred Russel Wallace (1823-1913).

Para organizar seu sistema de classificação, Lineu criou uma nomenclatura para os seres vivos usando o latim para nomear as espécies e os outros grupos.

O uso de uma nomenclatura universal para cada espécie facilita a comunicação entre os cientistas de diferentes países e regiões e evita confusões.

Lineu também reuniu as espécies semelhantes em um mesmo grupo, o gênero. Por exemplo, o cão e o lobo pertencem ao mesmo gênero, *Canis*.

A nomenclatura criada por Lineu é chamada de binomial, porque cada espécie recebe dois nomes, sempre escritos em latim ou adaptados para essa língua.

Veja a seguir algumas regras de nomenclatura para a classificação biológica.

3.30 Carl von Lineu.

- Todos os nomes científicos devem ser escritos em latim. Se forem derivados de outros idiomas devem ser latinizados. Estabeleceu-se essa regra porque as línguas modernas, como o português, o inglês e o espanhol, sofrem transformações ao longo do tempo. Já o latim, por ser uma língua antiga que não possui mais falantes nativos, não se modifica mais.

- Os termos que indicam gênero, família, ordem, classe, filo e reino devem ter inicial maiúscula.

- O gênero deve ser escrito em itálico, quando em texto impresso, ou sublinhado, quando escrito à mão.

- O nome das espécies é formado por duas palavras (binomial): a primeira palavra indica o gênero, e a segunda, o termo específico (ou epíteto específico) escrito com inicial minúscula. Deve ser escrito em itálico, quando em texto impresso, ou sublinhado, quando escrito à mão, como em *Homo sapiens* (ser humano). Em um texto, a partir da segunda ocorrência, o nome da espécie pode ter o gênero abreviado (*H. sapiens*).

Veja na figura 3.31, a seguir, a classificação da onça-pintada (*Panthera onca*).

Reino Animalia						
onça-pintada	tigre	gato selvagem europeu	lobo-guará	mico-leão-dourado	rã-touro	borboleta

Filo Chordata					
onça-pintada	tigre	gato selvagem europeu	lobo-guará	mico-leão-dourado	rã-touro

Classe Mammalia				
onça-pintada	tigre	gato selvagem europeu	lobo-guará	mico-leão-dourado

Ordem Carnivora			
onça-pintada	tigre	gato selvagem europeu	lobo-guará

Família Felidae		
onça-pintada	tigre	gato selvagem europeu

Gênero *Panthera*	
onça-pintada	tigre

Espécie *Panthera onca*
onça-pintada

Fotos: Luiz Cláudio Marigo/Opção Brasil Imagens (onça-pintada); AppStock/Shutterstock (tigre); Anan Kaewkhammul/Shutterstock (lobo-guará); Arterra Picture Library/ Alamy/ Fotoarena (gato selvagem europeu); Fabio Colombini/Acervo do fotógrafo (rã-touro, borboleta); Rita Barreto/Acervo da fotógrafa (mico-leão-dourado)

3.31 Classificação da onça-pintada (*Panthera onca*; 1,90 m a 2,10 m de comprimento). Nas fotos aparecem também: o tigre (*Panthera tigris*; 1,40 m a 2,80 m de comprimento), o gato selvagem europeu (*Felis silvestris*; 65 cm de comprimento), o lobo-guará (*Chrysocyon brachyurus*; cerca de 80 cm de altura), o mico-leão-dourado (*Leontopithecus rosalia*; 20 cm de comprimento), a rã-touro (*Rana catesbeiana*; 15 cm de comprimento) e a borboleta (*Morpho anaxibia*; 15 cm de envergadura).

2 O clima e os biomas

Você consegue imaginar um urso-polar vivendo em uma floresta quente como a Floresta Amazônica?

Estudando a distribuição de seres vivos no planeta, notamos que os animais e plantas que formam as comunidades encontradas na Amazônia, por exemplo, são muito diferentes daqueles encontrados em ambientes do polo norte. Isso ocorre, entre outros motivos, devido à diferença entre os climas e outros componentes físicos dessas duas regiões.

O clima de uma região depende de vários fatores. Um deles é a latitude, ou seja, a distância dessa região à linha do equador. Quanto mais próxima do equador, mais quente costuma ser a região; quanto mais afastada, mais fria. As estações do ano também influenciam diretamente o clima das regiões.

O clima de um lugar depende também de sua altitude – o pico de uma montanha é mais frio que sua base ou algum local baixo, próximo ao nível do mar. Por isso, em áreas de grande altitude podemos encontrar vegetação e animais típicos de regiões frias, mesmo próximo ao equador.

Biomas são grandes áreas caracterizadas por um tipo principal de vegetação. Dentro de um único bioma, podem existir vários ecossistemas. Observe na figura 3.32 a localização dos grandes biomas terrestres do planeta: a Tundra, a Taiga, as Florestas Temperadas, as Florestas Tropicais, os Campos e Savanas e os Desertos.

A vegetação e outros organismos de um bioma são influenciados pelo tipo de solo e por fatores climáticos, como a quantidade de chuva (pluviosidade) e as temperaturas.

> Você verá mais sobre as estações do ano no 8º ano.

> Como veremos com mais detalhes no 8º ano, o clima depende ainda de fatores como o calor transportado pelas correntes marítimas e pelas massas de ar da atmosfera, o relevo da região e a proximidade com o mar.

Principais biomas do planeta

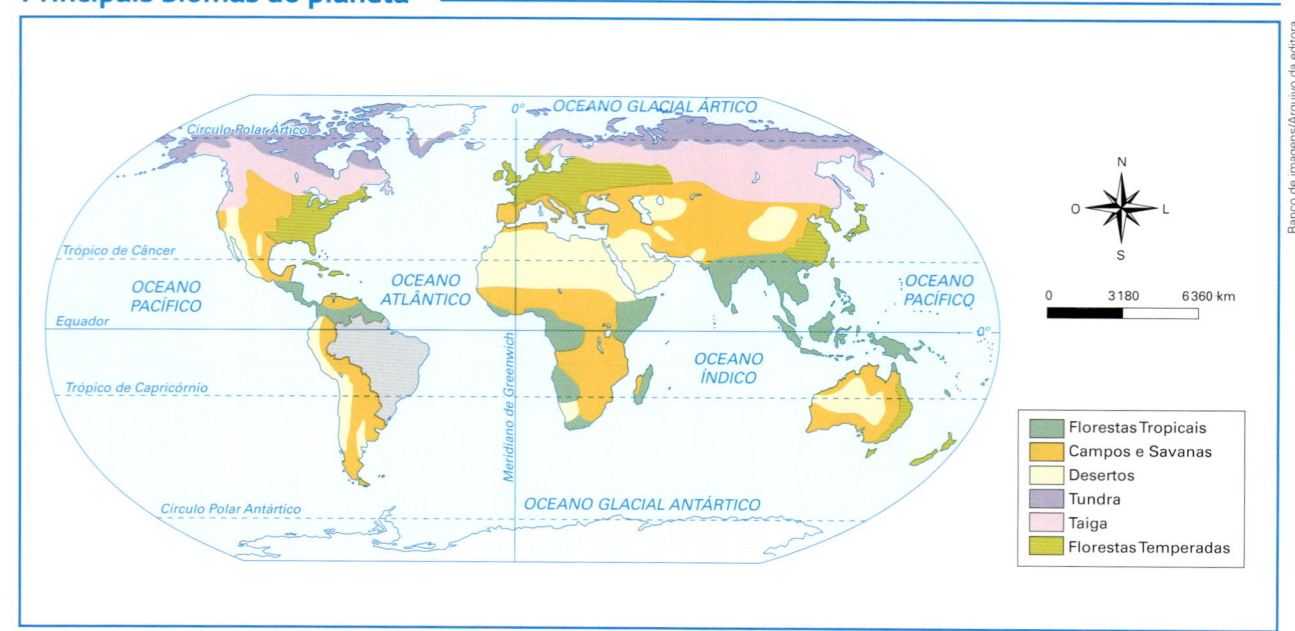

Fonte: elaborado com base em PB Works. *Terrestrial Biome Brochure Project*. Disponível em: <http://americaslibrary.pbworks.com/w/page/12601534/Terrestrial%20Biome%20Project>. Acesso em: 6 fev. 2019.

▽ 3.32 Os principais biomas do planeta. Os biomas brasileiros não estão representados e serão vistos a seguir.

Vamos nos concentrar no estudo dos biomas brasileiros: Floresta Amazônica, Mata Atlântica, Pampas, Cerrado, Caatinga e Pantanal. Veja a figura 3.33. Estudaremos ainda alguns <u>ecossistemas</u> associados a esses biomas: a Mata das Araucárias e a Mata dos Cocais.

No capítulo 4 estudaremos as zonas costeiras, onde estão a Restinga e o Manguezal, além de ecossistemas aquáticos em geral.

Biomas do Brasil

Floresta Amazônica
Mata Atlântica
Pampas
Cerrado
Caatinga
Pantanal
Zona Costeira
Transição Amazônia-Caatinga
Transição Amazônia-Cerrado
Transição Cerrado-Caatinga

Banco de imagens/Arquivo da editora

▷ 3.33 Mapa dos biomas brasileiros originais e de áreas de transição entre alguns biomas. Com a intensa ocupação humana, grande parte da vegetação original foi destruída.

Fonte: elaborado com base em FUNDO Mundial para a Natureza (WWF). *Biomas brasileiros*. Disponível em:<www.wwf.org.br/natureza_brasileira/questoes_ambientais/biomas>. Acesso em: 6 fev. 2019.

Conexões: Ciência e ambiente

As extinções em massa

Ao longo da história da Terra, o clima mudou bastante. Houve épocas em que o gelo cobria boa parte do planeta e períodos em que a temperatura global aumentou, provocando degelo e inundações. Como consequência dessas alterações, alguns seres vivos migraram para outras áreas, enquanto outros foram extintos. Assim como as mudanças ambientais podem levar à extinção, elas também podem desencadear o surgimento de novas espécies pelo processo de evolução, como veremos no 9º ano.

Os ecossistemas também foram alterados por catástrofes. Um exemplo são os choques de asteroides que provocaram mudanças climáticas e a extinção de grande número de espécies em um curto intervalo de tempo (em termos geológicos, curto significa entre 10 e 100 mil anos). Extinções como essas, em que cerca de 50% a 95% das espécies desaparecem, são chamadas extinções em massa. Veja a figura 3.34.

Para muitos cientistas, acontece hoje mais uma extinção em massa, causada pelo impacto da ação humana sobre o planeta. A poluição, por exemplo, provoca a degradação de ambientes naturais, a perda de biodiversidade e mudanças climáticas, que estudaremos com mais detalhes no 8º ano.

Anthony Bannister/Corbis/Getty Images

▽ 3.34 O mamute (gênero *Mammuthus*; entre 3 m e 4 m de altura) se extinguiu há cerca de 12 mil anos. Mudanças climáticas são apontadas como uma das possíveis causas da extinção desse animal.

3 Floresta Amazônica

As **Florestas Tropicais** localizam-se na região equatorial. Reveja a figura 3.32. Ocupando apenas 7% da superfície do planeta, as Florestas Tropicais contêm mais espécies de plantas e animais que todos os outros biomas juntos: é o bioma com a maior biodiversidade do planeta.

A **Floresta Amazônica** é uma floresta tropical localizada ao norte da América do Sul, com 60% de sua área em território brasileiro. Nessa região, o clima é quente e muito úmido, com chuvas frequentes e abundantes. Veja a figura 3.35.

Mundo virtual

Instituto de Pesquisa Ambiental da Amazônia
http://ipam.org.br/educacao
Cartilhas sobre temas ambientais (desmatamento, unidades de conservação, recuperação de áreas degradadas, etc.) e glossário de termos.
Acesso em: 9 jul. 2018.

Andre Dib/Pulsar Imagens

▷ 3.35 Vista aérea da Floresta Amazônica no Parque Nacional da Serra do Divisor (AC), 2017.

Em linhas gerais, a floresta pode ser dividida em terra firme e alagada, cada qual com um ecossistema diferente, além das matas de várzea que são apenas temporariamente inundadas. Veja a figura 3.36.

Paulo/kino.com.br

3.36 Vista de mata de várzea na margem do rio Guamá, em Belém (PA), 2015.

Devido à sua localização equatorial, a Floresta Amazônica recebe luz solar abundante durante todo o ano. A luminosidade e a temperatura alta constante favorecem o desenvolvimento de uma **vegetação densa**, com muitas árvores, como a castanheira, o cedro e o buriti. Veja a figura 3.37.

Por ser uma vegetação densa, muitas plantas que crescem à sombra de árvores maiores apresentam folhas largas, cuja superfície permite captar mais energia da luz do Sol.

As folhas e os frutos no alto das árvores alimentam muitos animais arborícolas, como os macacos e as preguiças, além de muitas espécies de aves e insetos. Os animais herbívoros podem ser alimento para os carnívoros, como a onça-pintada, o cachorro-vinagre e o quati. Veja nas figuras 3.38 e 3.39 representantes de animais que ocorrem na Floresta Amazônica.

3.37 Buritis (*Mauritia flexuosa*; cerca de 30 m de altura) na Terra Indígena Raposa Serra do Sol, em Uiramutã (RR), 2017.

3.38 Urutau (gênero *Nyctibius* sp.; o adulto tem cerca de 40 cm de comprimento), uma ave que vive na Floresta Amazônica, no ninho com seu filhote. Muitas aves, insetos e outros animais apresentam camuflagem, isto é, têm formato ou cor que se confundem com o ambiente, o que favorece sua sobrevivência.

3.39 Nos rios e lagos da Floresta Amazônica são encontrados mamíferos aquáticos, como o boto (*Inia geoffrensi*; cerca de 2,5 m de comprimento), além de muitas espécies de peixes.

Apesar de toda essa diversidade de espécies e da abundância de organismos, o solo das florestas tropicais compõe-se, na maior parte, de uma massa de areia e argila, pobre em sais minerais. Sobre essa massa há apenas uma camada fina de húmus, formada pela decomposição de restos de plantas e animais, rica em nutrientes minerais que podem ser absorvidos pelas raízes das plantas, em geral pouco profundas.

No solo quente e úmido, os seres decompositores, protegidos da luz solar direta, reproduzem-se rapidamente o ano todo. Nessas condições, a decomposição da matéria orgânica é muito rápida, e os sais minerais absorvidos pelas plantas são rapidamente repostos no solo.

Seringueiros na Amazônia

A seringueira (*Hevea brasiliensis*) é uma árvore brasileira da qual se extrai o látex, seiva usada na produção da borracha natural. A árvore pode chegar a 50 metros de altura e produzir até 100 gramas de látex por dia. Veja a figura 3.40.

3.40 Seringueiro coletando o látex em Tarauacá (AC), 2017.

Explorada em pequena escala desde o início do século XIX, a extração da borracha intensificou-se na Amazônia a partir de 1860. Principalmente entre os anos de 1905 e 1912, a exportação do látex chegou perto de ter importância econômica comparável à do café. Nesse período, que ficou conhecido como Ciclo da Borracha, ocorreu o maior movimento de migração da população brasileira em direção à Amazônia.

Estima-se que 500 mil pessoas tenham chegado à região amazônica vindas do Nordeste para trabalhar nos seringais. O extrativismo da borracha, comandado por empresas estrangeiras, trouxe algumas contribuições para o desenvolvimento da cidade de Manaus.

O Teatro Amazonas, por exemplo, foi inaugurado em 1896. Desde então recebeu todo tipo de espetáculo: óperas, musicais, peças de teatro, *shows* de cantores líricos e populares, orquestras e muitos outros. Além de casa de espetáculos, o Teatro Amazonas é um lugar de referência fundamental para a cidade, funcionando como centro cultural. Veja a figura 3.41.

3.41 Teatro Amazonas em Manaus (AM), 2017. O local foi o antigo Palácio da Justiça e é o atual Centro Cultural.

Fonte: elaborado com base em SOUZA, C. A. A. "Varadouros da liberdade": cultura e trabalho entre os trabalhadores seringueiros do Acre. Projeto História, São Paulo (16). 1998. Disponível em: <https://revistas.pucsp.br/index.php/revph/article/viewFile/11202/8210>; Portal da Amazônia. Borracha, apogeu e decadência. Disponível em: <https://portalamazonia.com.br/amazoniadeaz/interna.php?id=114>. Acesso em: 6 fev. 2019.

4 Mata Atlântica

A **Mata Atlântica** é uma Floresta Tropical de clima quente e úmido; no entanto, frentes frias podem fazer cair as temperaturas no inverno. Apresenta grande volume de chuvas ao longo do ano. Existem muitos trechos dessa mata ao longo da costa do Brasil. Reveja a figura 3.33.

A flora e a fauna da Mata Atlântica apresentam adaptações semelhantes às de outras Florestas Tropicais. Assim como na Floresta Amazônica, a vegetação é densa e abriga grande biodiversidade. Entre muitas árvores da Mata Atlântica, estão o jequitibá-rosa, a quaresmeira, o ipê, a peroba e a palmeira-juçara — da qual é extraído o palmito juçara —, além de arbustos e grande variedade de trepadeiras e **epífitas**. Veja a figura 3.42.

> **Epífita:** vem do grego *epi*, "sobre", e *phyton*, "planta", indicando plantas que se desenvolvem sobre outras plantas sem parasitá-las.

3.42 Vista aérea da Mata Atlântica no Parque Estadual Carlos Botelho (SP), 2017. No detalhe, riacho e vegetação da Mata Atlântica. As trepadeiras e epífitas crescem sobre outras plantas, ficando mais expostas à luz do Sol. (Os elementos representados nas fotografias não estão na mesma proporção.)

Mundo virtual

Instituto brasileiro de florestas – Bioma Mata Atlântica
https://www.ibflorestas.org.br/bioma-mata-atlantica.html
Textos e imagens sobre a história e as características da Mata Atlântica. A página traz ainda informações sobre a fauna e a flora associadas ao bioma, detalhando as espécies ameaçadas de extinção. Acesso em: 6 fev. 2019.

Na Mata Atlântica vivem diversos mamíferos: marsupiais (como o gambá e a cuíca-d'água), primatas (como o muriqui, o mico-leão e o macaco-prego), guaxinins, quatis, onças-pintadas, cutias, ouriços-cacheiros, porcos-do-mato, tatus, pacas, tamanduás-mirins e preguiças. Entre as aves, estão: macuco, inhambu, sanhaço, araponga, muitas espécies de beija-flor e saíra-sete-cores. A diversidade de insetos também é grande. Veja na figura 3.43 alguns representantes da fauna da Mata Atlântica.

3.43 Em **A**, borboleta *Heliconius erato phyllis* (cerca de 6 cm da ponta de uma asa à outra) em flor de bromélia em Santo Antônio do Pinhal (SP), 2017. Muitas plantas da Mata Atlântica dependem da interação com borboletas e outros insetos para sua reprodução. Essa borboleta usa uma estrutura fina e comprida para alcançar o néctar produzido pela flor. Em **B**, ouriço-cacheiro (*Coendou villosus*; atinge, em média, 70 cm de comprimento) no Rio de Janeiro (RJ), 2015. Esse animal se alimenta de insetos e pequenos frutos, que são abundantes na Mata Atlântica.

Desde o início da colonização do Brasil, a Mata Atlântica foi o bioma que mais sofreu com a ocupação humana. A extração do pau-brasil (usado como fonte de corante vermelho para tecidos), o ciclo da cana-de-açúcar e o do café, a mineração, a extração de madeiras nobres, a pecuária, a caça predatória e o crescimento das cidades causaram o grande desmatamento da região.

É importante levar em conta que, além da enorme biodiversidade, a Mata Atlântica abriga valiosa diversidade cultural: comunidades indígenas, quilombolas e caiçaras vivem no litoral.

> Comunidades quilombolas são aquelas que se desenvolveram a partir de antigos quilombos, locais afastados dos centros urbanos em que viviam pessoas que se libertaram da escravidão. Hoje essas comunidades existem em praticamente todos os estados brasileiros.

 **Mundo virtual**

Fundação SOS Mata Atlântica
www.sosma.org.br
Informações sobre esse bioma e sobre projetos de conservação da diversidade. Acesso em: 6 fev. 2019.

Ameaças às Florestas Tropicais

A cobertura vegetal das Florestas Tropicais é fundamental para o equilíbrio do ambiente por diversas razões. Os organismos que vivem associados às florestas dependem desse tipo de vegetação para se abrigar, buscar alimento e se reproduzir.

As árvores que formam as florestas também previnem a erosão e os deslizamentos de terra: a copa das árvores impede que a chuva caia diretamente no solo, e as raízes ajudam a reter a água que escorre com a chuva e arrasta partículas do solo. Quando a mata é destruída ou substituída por cultivos agrícolas, o solo fica vulnerável, prejudicando plantas e animais. Os deslizamentos também podem prejudicar as pessoas, sobretudo quando ocorrem em áreas próximas a moradias e a cidades.

Além de proteger o solo, a Floresta Amazônica tem forte influência no clima de várias regiões do planeta. Isso porque ela se estende por uma vasta região e a transpiração vegetal em conjunto com a evaporação da água do solo da floresta lançam na atmosfera grandes quantidades de vapor de água que são carregadas pelos ventos de uma parte para outra do planeta.

No entanto, parte das Florestas Tropicais vem sendo destruída para extração de minérios, de madeira e para dar lugar a lavouras, pastos e hidrelétricas. Veja a figura 3.44. A mineração na Amazônia, feita sem controle do impacto ambiental e sem fiscalização das condições de trabalho, afeta o ambiente e a qualidade de vida das populações dessa região. Além disso, os animais silvestres são vítimas de caça, de comércio ilegal e da pesca sem controle.

A destruição das Florestas Tropicais acarreta a extinção de espécies, pela perda do ambiente natural onde encontram alimento e outras condições de sobrevivência. O desmatamento é feito muitas vezes por meio de queimadas, que destroem os microrganismos do solo, prejudicando a decomposição da matéria orgânica e a reciclagem dos nutrientes.

Mudanças nos componentes desses ecossistemas também colocam em risco a sobrevivência dos Povos e Comunidades Tradicionais, como as comunidades indígenas, quilombolas, seringueiros, castanheiros, ribeirinhos, entre outros, que utilizam conhecimentos e práticas transmitidos pela tradição e que dependem diretamente dos recursos disponíveis nesses ambientes.

> Como vimos no 6º ano, a erosão é um fenômeno natural e lento, que se inicia quando a chuva e o vento desagregam as partículas mais superficiais do solo, tornando-o cada vez menos fértil. Esse fenômeno pode ser intensificado pela ação humana.

 Atenção

É crime ambiental derrubar matas em áreas preservadas por lei e promover queimadas para fins agropecuários sem autorização.

Chico Ferreira/Pulsar Imagens

> 3.44 Toras de madeira provenientes de área alagada para a construção da Usina Hidrelétrica de Belo Monte, em Vitoria do Xingu (PA), 2017.

5 Pampas e Cerrado

Os **Pampas** ocupam cerca de 2% do território brasileiro e são chamados também de **Campos Sulinos** ou **Campos do Sul**. Localizam-se no estado do Rio Grande do Sul e são caracterizados pelo predomínio de vegetação de pequeno porte, como capins (gramíneas), com algumas árvores e arbustos. Veja a figura 3.45.

O clima nos Pampas é subtropical, com média anual de temperatura de 18 °C, com as quatro estações do ano bem definidas. O verão é quente e no inverno as temperaturas são baixas.

Entre os mamíferos herbívoros, há o veado-campeiro e, entre os carnívoros, o gato-do-pampa, o zorrilho (espécie de raposa) e o guaxinim. Muitos animais, como o tatu e diversos roedores, cavam tocas no solo. Entre as aves, encontram-se o marreco, o tachã e o quero-quero. Reveja a figura 3.45.

> Os Pampas não são habitados por grandes mamíferos atualmente, mas registros fósseis mostram que, até cerca de 8,5 mil anos, havia preguiças e tatus, todos muito maiores do que as espécies que existem hoje.

3.45 Paisagem dos Pampas na Área de Proteção Ambiental do Ibirapuitã, em Santana do Livramento (RS), 2017. No detalhe, maçarico-do-campo (*Bartramia longicauda*; cerca de 30 cm de altura), ave que chega ao Pampa vindo da América do Norte. Assim como ele, outras aves realizam grandes migrações, fugindo do frio e se dirigindo a regiões com mais recursos alimentares ou propícias para a reprodução.

Por causa do clima e do relevo, a região dos Pampas é explorada para o cultivo de trigo, arroz, milho e soja, além da pecuária. A ocupação desses locais vem provocando o desmatamento e a extinção de vários animais devido à perda de seu ambiente natural.

> As frequentes queimadas e o pastoreio do gado aceleram a erosão e o esgotamento do solo.

O **Cerrado** é a segunda área mais rica em biodiversidade no país, depois da Amazônia. Apesar de apresentar uma vegetação composta principalmente por capins, árvores baixas e arbustos esparsos, apresenta muitas espécies endêmicas. Veja, na próxima página, a figura 3.46. No entanto, grande parte dele já foi substituída por campos de agricultura e pecuária.

O clima do Cerrado é quente e úmido no verão e frio e seco no inverno, com temperatura média anual de 23 °C. As chuvas predominam no verão e na primavera.

Fenômenos naturais, como raios, atrito entre rochas e queimadas intencionais (para a prática de atividade agropecuária) provocam incêndios no Cerrado. Entretanto, o fogo no Cerrado nem sempre é prejudicial.

> ▶ **Espécies endêmicas:** são aquelas que ocorrem somente em uma determinada região geográfica.

Conforme a intensidade e a duração do fogo, as árvores permanecem vivas graças a adaptações ao bioma: raízes profundas e caules subterrâneos; presença de uma cutícula espessa no caule, que age como isolante térmico; cutícula impermeável nas folhas, que protege contra a perda de água. Algumas espécies dependem do fogo para sua reprodução.

3.46 Aspecto da vegetação típica do Cerrado: gramíneas, arbustos e árvores baixas com tronco retorcido. Parque Nacional da Serra da Canastra (MG), 2017.

Durante a seca, algumas plantas perdem as folhas, evitando a perda excessiva de água por transpiração; outras perdem também os ramos, restando apenas o caule subterrâneo, que permite que a planta brote novamente após fogo ou seca prolongada. Em geral, os caules das árvores são tortuosos e retorcidos e atingem as reservas de água subterrânea. Reveja a figura 3.46.

Entre os animais que ocorrem no Cerrado estão o tamanduá-bandeira, o tatu-canastra, o sagui, o rato-do-mato, a anta, o lobo-guará, o cachorro-vinagre. Mais de um terço das aves brasileiras vive no Cerrado; entre elas estão a seriema, a gralha, a asa-branca, o papagaio, a araraúna, a ema (maior ave das Américas), o gavião-carcará e o urubu-rei. Veja na figura 3.47 exemplos de animais encontrados no Cerrado.

O manejo inadequado do solo, o uso sem controle de defensivos agrícolas, contaminando o solo e a água, o desmatamento excessivo e incêndios sem controle têm levado ao esgotamento e à erosão do solo.

3.47 Em A, tamanduá-bandeira (*Myrmecophaga tridactyla*; 2,20 m de comprimento). Esse animal tem garras fortes e focinho longo que o ajudam a escavar cupinzeiros, comuns no Cerrado, e capturar os insetos com sua língua extensível. Em B, lobo-guará (*Chrysocyon brachyurus*; cerca de 85 cm de altura). A cor ajuda na camuflagem, as pernas longas possibilitam ao animal ver acima da vegetação e as grandes orelhas ajudam a identificar os sons.

6 Caatinga

A **Caatinga** ocupa aproximadamente 1 milhão de quilômetros quadrados (pouco mais de 11% do território brasileiro) e estende-se por estados do Nordeste e por Minas Gerais. O clima é quente, com temperatura média anual de 27 °C, seco, e **semiárido**, com baixo volume de chuva e períodos de seca prolongada.

Na época da seca, boa parte dos rios e lagoas secam e a maioria das árvores perde as folhas (uma adaptação que reduz a perda de água por transpiração). Veja a figura 3.48. Quando chove, as árvores se cobrem de folhas e a paisagem volta a ficar verde.

O aspecto árido, desbotado e sem folhas verdes deu nome a esse ecossistema: Caatinga é um termo de origem tupi e significa "mata branca", em referência às plantas que perdem as folhas nos períodos secos, restando apenas os galhos esbranquiçados.

Ricardo Azoury/Pulsar Imagens

▷ **3.48** Vegetação típica da Caatinga na seca, no Parque Nacional da Serra da Capivara (PI), 2015.

Como as plantas transpiram pelas folhas, a queda das folhas durante a estiagem é uma adaptação ao clima seco. Outras adaptações à escassez de água são: raízes bem desenvolvidas e profundas que absorvem água do solo; uma película impermeável sobre as folhas, que diminui a perda de água por transpiração; e folhas reduzidas ou transformadas em espinhos, o que reduz a superfície de perda de água pelas folhas (o caule verde pode colaborar na fotossíntese e na respiração). Algumas plantas, como os cactos (veja a figura 3.49), armazenam água em tecidos da raiz ou do caule. Além disso, elas têm as folhas transformadas em espinhos, ou bastante impermeáveis, o que diminui a perda de água.

Fabio Colombini/Acervo do fotógrafo

▷ **3.49** Cacto xiquexique (*Pilosocereus gounellei*; até 3,75 m de altura). Parque Nacional da Serra da Capivara (PI), 2015.

Na Caatinga são comuns as plantas da família das cactáceas, como o quipá, de porte arbustivo, ou os cactos arborescentes, como o mandacaru, o facheiro, a coroa--de-frade e o xiquexique. Reveja a figura 3.49. Destacam-se também a maniçoba, o marmeleiro, o umbuzeiro, a barriguda e os ipês. Há ainda a oiticica e o juazeiro, que se caracterizam por não perderem suas duras folhas no período da seca.

Na fauna observa-se a presença de répteis (calango, serpentes e jabutis), anfíbios (sapo-cururu), aves (carcará, pomba-avoante, galo-de-campina) e mamíferos (cutia, gambá, preá, sagui-do-nordeste, macaco-prego, caititu). Veja na figura 3.50 alguns animais encontrados na Caatinga. Em sua maioria, os animais da Caatinga possuem hábitos noturnos. Esse comportamento lhes possibilita evitar o calor excessivo que existe durante o dia.

Embora o solo seja razoavelmente fértil e apto para a agricultura e a pecuária, muitas plantações acabam secando por falta de chuvas. Por isso é necessário irrigar o solo e construir açudes, que são pequenas represas que guardam água da chuva.

O desmatamento, principalmente para exploração não sustentável de lenha para a produção de carvão vegetal, vem provocando, entre outros problemas, a degradação do solo. É necessário, portanto, deter o corte da vegetação e realizar ações de reflo-restamento, entre outras práticas de manejo sustentável.

Você já ouviu a música "Asa-Branca"? Ela foi composta por Luiz Gonzaga e Humberto Teixeira em 1947. O tema da canção é a seca no Nordeste do Brasil e suas implicações sociais.

Quando se explora um recurso de modo não sustentável, não há preocupação de preservá-lo para as necessidades atuais e futuras, podendo levá-lo ao esgotamento.

3.50 Em A, calango-de-lajeiro (*Tropidurus semitaeniatus*; cerca de 12 cm de comprimento), espécie endêmica da Caatinga. Em B, periquito-de-cara-suja (*Pyrrhura griseipectus*; 20 cm de comprimento), endêmico do Brasil, está ameaçado de extinção pela captura e tráfico ilegais. Esses animais utilizam buracos nas árvores cavados por pica-paus para construir seus ninhos.

Conexões: Ciência e ambiente

A desertificação

Alterações climáticas podem fazer com que certas regiões do Nordeste passem por períodos de seca pro-longada, diminuindo a cobertura vegetal dessas regiões. Essas alterações podem levar a um processo conhecido como desertificação: o solo fica sem proteção contra a erosão, perde sua camada fértil e torna-se arenoso e estéril. Há perda de fauna e flora, aumento do risco de incêndios e aumento da contaminação por parasitas em razão da falta de água potável.

Além das alterações climáticas, a desertificação pode ser provocada por ações humanas, como práticas agropecuárias inadequadas, o desmatamento e a mineração. Para reverter esse processo, é preciso promover o reflorestamento ou a reconstituição da vegetação natural, investir em obras de captação de água e dar assistência técnica aos agricultores – incentivando práticas como o plantio em curvas de nível, a irrigação adequada e o manejo sustentável.

7 Pantanal

O **Pantanal**, também chamado de **Pantanal Mato-Grossense**, situa-se nos estados de Mato Grosso e Mato Grosso do Sul, estendendo-se até a Bolívia e o Paraguai.

O verão é quente e úmido, com chuvas fortes e frequentes, características do clima tropical. No inverno, frio e seco, chegam massas de ar frio do polo sul, provocando a queda da temperatura.

Cerca de dois terços do Pantanal ficam alagados na época das chuvas abundantes, quando os numerosos rios que cortam as planícies transbordam. O solo recebe então fertilizantes naturais vindos da água dos rios das regiões mais altas. Nos meses restantes, permanecem na região várias lagoas que se formaram com as enchentes. Veja as figuras 3.51 e 3.52.

3.51 Pantaneiro tocando gado em campo alagado, em Poconé (MT), 2017.

3.52 Vista aérea de lagoas no Pantanal de Nhecolândia, Corumbá (MS), 2017.

No Pantanal, a vegetação varia de acordo com o tipo de solo, a altitude e o alagamento ou não da região. Dependendo do local, há uma vegetação típica de biomas próximos, como Floresta Amazônica, Cerrado e Mata Atlântica, além da vegetação das lagoas e rios (algumas plantas aquáticas têm tecidos com cavidades cheias de ar que facilitam a flutuação).

Nesse bioma há a maior diversidade de aves do mundo, como araras, tucanos, emas e seriemas. Muitas delas são migratórias, vindas de outras regiões em busca de alimento, como garças, maçaricos e tuiuiús (ave símbolo do Pantanal). Veja a figura 3.53. Por causa da facilidade de deslocamento, as aves migratórias podem aproveitar os ciclos de enchentes e vazantes (quando as águas voltam aos rios) do Pantanal.

Entre os répteis, há o jacaré-do-pantanal (veja a figura 3.54), a sucuri e o sinimbu (um lagarto). Dentre as muitas espécies de peixes, destacam-se o pintado, o dourado, o jaú, o lambari e a piranha.

Entre os problemas que ameaçam esse bioma estão as grandes criações de gado, que aceleram a erosão do solo e causam o assoreamento de alguns rios – o acúmulo de terra no fundo faz o rio ficar mais raso e diminui sua capacidade de escoamento –, o garimpo de ouro, que polui rios com mercúrio; a caça ilegal e a pesca predatória, que ameaçam a fauna da região.

A exploração do Pantanal deve levar em conta as particularidades e fragilidades desse bioma. É preciso, por exemplo, fiscalizar e controlar a pesca para evitar a captura de peixes na época de reprodução e para impedir o uso de redes de malhas muito finas, que apanham filhotes. A caça e a captura de outros animais também precisam ser combatidas.

> Na enchente, os animais terrestres migram para terras altas, protegendo-se da água.

Fabio Colombini/Acervo do fotógrafo

3.53 Tuiuiú (*Jabiru mycteria*; chega a 1,6 m de altura), ave símbolo do Pantanal. O bico fino e pontudo facilita a captura de peixes.

Marcos Amend/Pulsar Imagens

3.54 Jacaré-do-pantanal (*Caiman crocodilus yacare*; 2,5 m a 3 m de comprimento).

8 Mata das Araucárias e Mata dos Cocais

A **Mata das Araucárias**, também chamada de **pinheiral** ou **Floresta das Araucárias**, é um tipo de floresta de clima subtropical, que se encontra nos estados do Paraná, São Paulo, Santa Catarina e Rio Grande do Sul e em regiões de maior altitude.

Nesse ecossistema, há quatro estações bem marcadas, temperaturas mais baixas no inverno do que em outros ecossistemas brasileiros e chuvas regulares, principalmente no verão.

A espécie vegetal predominante é o pinheiro-do-paraná, uma planta nativa cujo nome científico, *Araucaria angustifolia*, origina o nome desse ecossistema. São comuns também a canela, a imbuia, a erva-mate, entre outras plantas. Veja a figura 3.55.

O pinheiro tem folhas compactas, longas e em forma de agulhas. As folhas dessa árvore são protegidas por uma camada de cera que diminui a perda de água por transpiração. Essa característica é vantajosa, pois no inverno a água do solo pode congelar, atrapalhando a absorção pelas raízes. A forma de agulha das folhas também reflete uma adaptação relacionada ao clima frio. Desse modo, a área de transpiração é menor, o que também ajuda a diminuir a perda de água no inverno.

Entre os animais, há várias espécies de insetos, de aves (como o sabiá e a gralha-azul) e de mamíferos (como o tatu). O pinhão, a semente do pinheiro-do-paraná, é o alimento de muitos animais dessa região. Reveja a figura 3.55.

Andre Dib/Pulsar Imagens

José Augusto Rondon Ribeiro/Acervo do fotógrafo

3.55 Mata das Araucárias no Parque Nacional das Araucárias (SC), 2016. No detalhe, gralha-azul (*Cyanocorax caeruleus*; cerca de 40 cm de comprimento), uma das aves típicas da fauna da região.

A maior parte da Mata das Araucárias foi devastada para a retirada de madeira e o cultivo de eucalipto e de pinheiros do gênero *Pinus*, que são utilizados, principalmente, na produção de móveis e de papel. Por causa do desmatamento e das modificações ambientais, muitas espécies de animais sofreram as consequências da perda de seu *habitat* e estão ameaçadas de extinção. A vegetação original é mantida em algumas unidades de conservação.

A **Mata dos Cocais** ou **babaçual** está localizada nos estados do Maranhão, Piauí, Ceará e Rio Grande do Norte, entre a Floresta Amazônica e a Caatinga. O clima é quente e a disponibilidade de água pode variar de acordo com a região.

Essa mata é formada por vários tipos de palmeira, como o babaçu (planta predominante), a carnaúba, a oiticica e o buriti. Veja a figura 3.56. Os frutos, sementes e folhas dessas palmeiras são usados pelas comunidades tradicionais para diversos fins.

A Mata dos Cocais está sendo intensamente desmatada para ceder espaço às monoculturas, o que afeta o ambiente e as pessoas que dependem da comercialização dos produtos locais, como as matérias-primas extraídas do babaçu e da carnaúba. Nos estados do Maranhão, Piauí, Tocantins e Pará, vivem as mulheres conhecidas como quebradeiras de coco babaçu. São mais de 300 mil trabalhadoras que dependem do extrativismo dessa palmeira como atividade econômica. As famílias que dependem economicamente do babaçu estão lutando pelo estabelecimento de uma lei que garanta o livre acesso aos babaçuais, mesmo os localizados em propriedades privadas, e restrições à derrubada dessas palmeiras. Essa lei é conhecida como Lei do Babaçu Livre.

Delfim Martins/Pulsar Imagens

3.56 Mata dos Cocais em Nazária (PI), 2015.

 Na tela

Centro de Divulgação Científica e Cultural da Universidade de São Paulo
http://www.youtube.com/watch?v=0dlXce3s4mo
Vídeo sobre biomas brasileiros e suas alterações. Acesso em: 11 fev. 2019.

Tundra, Taiga e Floresta Temperada

A Tundra ocupa a região ao redor do polo norte (Tundra significa, em finlandês, "colina ártica"). O solo permanece congelado a maior parte do tempo, mas, durante o verão, uma fina camada dele descongela e surge uma vegetação rasteira (musgos, liquens, capins). Entre os animais, há insetos, pássaros, caribus, lemingues, urso-branco (ou polar), lebre ártica, raposa polar e lobo ártico. Veja a figura 3.57. No inverno, as aves e alguns mamíferos migram para regiões mais quentes.

3.57 Em **A**, Tundra alpina, nos Andes (Peru); em **B**, paisagem de Tundra na América do Norte (Alasca), com caribu ou rena americana (1,2 m a 2,2 m de comprimento, desconsiderando a cauda; no inverno, o caribu escava o solo gelado à procura de liquens e raízes; caribu significa "animal que escava a neve", em uma língua indígena norte-americana).

A Taiga, ou Floresta de Coníferas, localiza-se ao sul da Tundra, em áreas do Canadá, da Sibéria e dos Estados Unidos. Por estar mais perto do equador, recebe maior quantidade de energia solar que a Tundra. Há gimnospermas, como o pinheiro, a sequoia e o abeto. Veja a figura 3.58.

3.58 Em **A**, aspecto da vegetação de Taiga (Canadá); em **B**, marmota com filhotes (30 cm a 50 cm de comprimento, desconsiderando a cauda; a marmota é um roedor da família dos esquilos); em **C**, urso-pardo (2 m a 3 m de comprimento; possui uma grossa camada de gordura como adaptação ao frio).

Assim como ocorre com as araucárias na América do Sul, as folhas das árvores da Taiga são protegidas por uma camada de cera que diminui a perda de água por transpiração. No inverno, a água do solo congela, impedindo as plantas de repor a água perdida pela transpiração. O formato fino e comprido das folhas também ajuda a diminuir a perda de água por transpiração inverno. Além disso, o formato de agulha das folhas impede o acúmulo de neve sobre elas: como os ramos são mais flexíveis, eles se curvam, em vez de quebrar, e deixam a neve cair.

A fauna é mais rica que a da Tundra, com insetos, aves, lebres, alces, renas, ratos silvestres e musaranhos, que servem de alimento a carnívoros, como martas, linces, lobos e ursos-pardos. Reveja a figura 3.58.

As Florestas Temperadas localizam-se nas regiões de clima temperado, com as quatro estações do ano bem definidas, como algumas áreas dos Estados Unidos, da Europa, da Ásia e da América do Sul. A maioria das Florestas Temperadas caracteriza-se pela perda das folhas das árvores no fim do outono, o que reduz a perda de água no inverno. As folhas voltam a crescer na primavera. Nessas florestas encontram-se vários invertebrados, anfíbios, répteis, aves e mamíferos, como ratos silvestres, marmotas, veados, ursos, gambás, pumas, lobos, linces, raposas, gatos selvagens e esquilos. Veja a figura 3.59.

3.59 Em **A**, vista de Floresta Temperada no inverno, completamente sem folhas; em **B**, veado-da-virgínia (0,95 m a 2,20 m de comprimento); em **C**, panda (1,6 m a 1,9 m de comprimento; animal raro que vive nas montanhas do sul da China; come quase exclusivamente folhas e brotos de bambu).

ATIVIDADES

Aplique seus conhecimentos

1 ▶ Veja a seguir uma lista de anfíbios (sapos, rãs e pererecas) brasileiros ameaçados de extinção e seus nomes científicos:

- sapinho-de-barriga-vermelha: *Melanophryniscus dorsalis*;
- sapinho-narigudo-de-barriga-vermelha: *Melanophryniscus macrogranulosus*;
- perereca: *Hyla cymbalum, Hyla izecksohni*;
- perereca-verde: *Hylomantis granulosa*;
- rãzinha: *Adelophryne baturitensis, Adelophryne maranguapensi, Thoropa lutzi, Thoropa petropolitana*.

Quantos gêneros e quantas espécies diferentes aparecem nessa lista?

2 ▶ Se o solo da Floresta Amazônica é pobre em sais minerais, como ele pode sustentar tanta riqueza em termos de fauna e de flora?

3 ▶ Por que a retirada da mata original é prejudicial a um ecossistema, mesmo quando o desmatamento é feito para o cultivo de outras plantas, como a soja?

4 ▶ Embora catástrofes naturais, como erupções vulcânicas e *tsunamis,* não ocorram no Brasil, períodos de chuvas intensas são comuns em algumas regiões. Veja a figura 3.60.

Eduardo Anizelli/Folhapress

▷ **3.60** Deslizamento de terra causado por fortes chuvas em Mairiporã (SP), 2016.

Por que o desmatamento favorece a ocorrência de catástrofes como a observada na foto?

5 ▶ Algumas plantas de Florestas Tropicais não são muito altas, mas têm folhas grandes e largas.
a) Que vantagem esse tipo de folha pode trazer às plantas que vivem nesse ambiente?
b) Por que plantas com essas características não são comuns em ecossistemas mais secos?

6 ▶ Cite algumas medidas que devem ser tomadas para impedir a destruição do Pantanal.

7 ▶ Por que podemos dizer que os maiores tesouros das Florestas Tropicais são ainda desconhecidos?

8 ▶ As raízes das árvores das Florestas Tropicais costumam ser superficiais ou profundas? Justifique sua resposta com base nas características do solo encontrado nesse bioma.

9 ▶ Os anfíbios são encontrados em diversos ecossistemas. Com base no que você sabe sobre esses animais, onde se espera encontrar a maior variedade de espécies de anfíbios: na Caatinga ou na Floresta Amazônica e na Mata Atlântica? O que pode acontecer com os anfíbios no caso de secas prolongadas?

10 ▶ Que característica das aves possibilita que esses animais consigam sair de uma região com condições desfavoráveis, buscando abrigo e alimento em locais bem distantes, ou seja, realizando migrações?

11 ▸ Diversas espécies de lagartos vivem na Caatinga. Como há muitas rochas e frestas na paisagem desse bioma, ao longo do tempo, foram favorecidas espécies de lagartos de corpo achatado, que se abrigam nessas frestas.

    a) Que características dos répteis possibilitam a esses animais viver em ambientes secos, como a Caatinga?

    b) O que poderia acontecer com esses lagartos em uma catástrofe natural, como uma inundação?

12 ▸ Por que a queimada acaba prejudicando a fertilidade do solo?

13 ▸ Você conheceu diversos biomas que se encontram no Brasil: a Floresta Amazônica, a Mata Atlântica, o Pantanal, a Caatinga, os Campos Sulinos (Pampas) e o Cerrado. Também conheceu os ecossistemas Mata das Araucárias e Mata dos Cocais. Agora, associe as características seguintes com os biomas e com os ecossistemas mencionados.

    a) Ocorre no extremo sul do país. Nele predominam as gramíneas (capim) e, como atividade econômica, destaca-se a criação de gado.

    b) É o maior bioma do Brasil, com grande biodiversidade, árvores de grande porte e clima quente e úmido.

    c) Possui solo ácido, com muitas gramíneas (capim) e árvores e arbustos esparsos, com galhos retorcidos e raízes longas. É encontrado no Brasil central.

    d) É muito quente durante o dia. Nesse bioma predominam plantas com folhas reduzidas ou transformadas em espinhos, caules que armazenam água e outras adaptações à falta de água. É encontrado no Nordeste do Brasil.

    e) Situado na costa brasileira, esse bioma é uma floresta bastante devastada pela ação humana, com rica biodiversidade.

    f) Ocorre em Mato Grosso e Mato Grosso do Sul; boa parte de sua área fica periodicamente alagada na época das chuvas.

    g) O pinheiro-do-paraná é a árvore típica desse bioma.

    h) Situado entre a Floresta Amazônica e a Caatinga, com vários tipos de palmeira, como o babaçu e a carnaúba.

14 ▸ Assinale as afirmativas verdadeiras.

    a) Na Caatinga existem plantas com adaptações ao clima seco.

    b) A Mata das Araucárias é uma floresta de clima tropical encontrada no nordeste do Brasil.

    c) A Floresta Amazônica é a maior Floresta Tropical do mundo.

    d) As queimadas nas Florestas Tropicais contribuem para aumentar a fertilidade do solo em longo prazo.

    e) A Floresta Amazônica possui solo fértil, propício à agricultura e à pecuária em extensas áreas.

    f) A vegetação dos Campos não é suficiente para sustentar os animais herbívoros.

    g) Os Pampas são campos que se encontram no Rio Grande do Sul.

    h) O pinheiro não perde as folhas no inverno porque elas possuem uma cobertura protetora e impermeável.

    i) Folhas transformadas em espinhos e caules que armazenam água são adaptações características da vegetação da Caatinga.

    j) No Brasil, a maior concentração de gimnospermas é encontrada nos Cerrados.

De olho no texto

Leia o texto a seguir, veja a figura 3.61, relacione as ideias apresentadas com os conceitos que você viu neste capítulo e depois faça o que se pede.

Durante três dias de sol forte, na segunda semana de março de 2018, uma equipe da Universidade Federal de Pernambuco (UFPE) cavou crateras na terra seca de roças abandonadas no Parque Nacional do Catimbau, na região central de Pernambuco, para examinar o interior de ninhos de saúva. [...]

A proliferação dos ninhos de saúva evidencia o empobrecimento da Caatinga causado pela retirada lenta e contínua de árvores e de animais das matas. Por consistir na extração de pequenas porções de recursos naturais, esse processo escapa das imagens de satélite, mas, em silêncio, transforma a paisagem do sertão nordestino e aumenta o risco de desertificação. Outro sinal visível da metamorfose é a proliferação de plantas invasoras como a algaroba (*Prosopis juliflora*), árvore nativa dos Andes usada para extração de madeira e alimentação do gado. As invasoras crescem com rapidez em ambientes mais abertos e tornam-se dominantes em roças ou pastos abandonados.

[...]

A ação humana sobre a vegetação nativa do interior do Nordeste é antiga. No século XVI, o sertão produzia carne e alimentos para os moradores do litoral, que priorizavam a produção de cana-de-açúcar. Como resultado de cinco séculos de exploração econômica, quase metade (45%) da área original da Caatinga – 826 mil km², o equivalente a 11% do território nacional – já foi desmatada, como resultado principalmente da ação dos grandes produtores rurais. [...]

FIORAVANTI, Carlos. A corrosão da Caatinga. *Pesquisa Fapesp*.
Disponível em: <http://revistapesquisa.fapesp.br/2018/04/19/a-corrosao-da-caatinga>. Acesso em: 11 fev. 2019.

▷ 3.61 Algaroba (*Prosopis juliflora*; chega a 12 m de altura).

a) Consulte em dicionários o significado das palavras que você não conhece e redija uma definição para essas palavras.

b) Qual é o bioma brasileiro mencionado no texto?

c) De que forma a procura por ninhos de saúva pode ajudar os pesquisadores a entender mudanças no ambiente estudado?

d) Espécies invasoras são aquelas que foram introduzidas em um ambiente. Por não terem inimigos naturais, essas espécies se multiplicam rapidamente, provocando impactos. Qual a espécie invasora mencionada pelo texto? Por que essa espécie foi levada para a Caatinga?

e) De acordo com o texto, qual a principal causa de degradação do bioma estudado?

Trabalho em equipe

Cada grupo de estudantes vai escolher uma das atividades a seguir para pesquisar em livros, revistas ou *sites* confiáveis (de universidades, centros de pesquisa, etc.). Vocês podem buscar o apoio de professores de outras disciplinas (Geografia, História, Língua Portuguesa, etc.). Exponham os resultados da pesquisa para a classe e a comunidade escolar (estudantes, professores e funcionários da escola e pais ou responsáveis), com o auxílio de ilustrações, fotos, vídeos, blogues ou mídias eletrônicas em geral. Ao longo do trabalho, cada integrante de grupo deve defender seus pontos de vista com argumentos e respeitando a opinião dos colegas.

1 ▸ Elaborem uma apresentação no computador, um cartaz ou construam uma maquete com alguns animais e plantas em um exemplo de cadeia alimentar para os seguintes biomas: Tundra, Taiga, Floresta Temperada, Floresta Tropical, Savana, Cerrado e Pantanal. Considerando o conteúdo visto no 6º ano, em cada cadeia identifiquem os produtores, os consumidores primários e os consumidores secundários.

2 ▸ O que são países de megadiversidade e o que é um *hotspot*?

3 ▸ Como são definidos pela legislação brasileira os membros dos Povos e Comunidades Tradicionais? Deem exemplos desses povos e de comunidades encontrados no Brasil. Que medidas governamentais existem para preservar a tradição e a cultura desses povos e comunidades? Pesquisem também se alguns desses grupos são encontrados na região em que vocês vivem e, em caso afirmativo, quais os hábitos e as tradições culturais deles.

4 ▸ Quais são as principais causas do desmatamento e da destruição do solo no Brasil? Obtenham dados atuais sobre o desmatamento e as áreas ameaçadas de desertificação. Quais os projetos e programas que estão sendo desenvolvidos para resolver esses problemas? Que problemas estão afetando esse bioma? O que pode ser feito para minimizar os problemas?

5 ▸ Elaborem um texto sobre os problemas atuais que afetam os seguintes biomas brasileiros e as medidas que estão sendo adotadas para preservá-los: Floresta Amazônica, Mata Atlântica, Cerrado, Caatinga, Pantanal, Pampas. Identifiquem esses biomas em um mapa do Brasil.

6 ▸ Identifiquem o bioma mais representativo da cidade ou do estado em que vocês vivem e investiguem quais são os impactos que esse bioma vem sofrendo, que consequências isso pode trazer para a população local e o que pode ser feito para evitar isso. Entrevistem alguns moradores e perguntem a eles o que pensam sobre a preservação desse bioma, o que deveria ser feito para isso, etc.

7 ▸ Elaborem uma campanha explicando a importância da preservação da biodiversidade. Utilizem principalmente dados da biodiversidade no Brasil. Podem ser usados cartazes, apresentações no computador, frases de alerta, folhetos com textos e imagens e outros recursos.

8 ▸ Com o apoio dos professores de Ciências, História, Geografia, Língua Portuguesa e Arte, façam uma pesquisa sobre a árvore conhecida como pau-brasil. Descubram, por exemplo: seu nome científico; sua utilização pelo ser humano e a história de sua exploração pelos europeus; a relação entre a exploração do pau-brasil e a Mata Atlântica; o que foi, na literatura, o Manifesto Pau-Brasil, etc.
Procurem saber se, em sua região, existe alguma instituição educacional (por exemplo, uma universidade, um museu, um centro de ciências) que trabalhe com o tema "flora brasileira" ou que mantenha uma exposição sobre esse tema e verifiquem se é possível visitar o local. Como opção, podem ser pesquisados *sites* de universidades, museus, etc. que disponibilizem uma exposição virtual sobre as plantas da flora nacional.

9 ▸ Há uma brincadeira em que um grupo de pessoas se reúne e cada uma, em sequência, tem de dizer o nome de uma fruta com a letra A. Cada um que deixa de responder é eliminado. A brincadeira continua com a letra B, depois com a letra C, e assim por diante, até que acabem as opções. Essa brincadeira mostra que o Brasil possui uma imensa variedade de frutas comestíveis. Façam essa brincadeira, anotem o nome das frutas e depois pesquisem em que regiões do Brasil são encontradas as frutas mencionadas. Falem também um pouco sobre cada fruta: entre outras características, expliquem como ela é consumida.

10 ▸ Pesquisem algumas espécies de répteis encontradas no Brasil: onde são encontradas, quais são suas relações ecológicas com os seres humanos, quais delas estão em risco de extinção e que medidas devem ser tomadas para evitar que isso ocorra. Busquem também informações sobre o trabalho desenvolvido pelo Projeto Tamar, que é ligado ao Instituto Brasileiro do Meio Ambiente e dos Recursos Naturais Renováveis (Ibama).

11 ▸ Pesquisem uma lista atualizada de aves ameaçadas de extinção no Brasil. Escolham uma ordem e identifiquem pelo menos um representante, com fotos ou ilustrações. Pesquisem também os estados brasileiros em que cada espécie escolhida é encontrada, seu nome científico e seu nome popular, algumas características dessas espécies, alguns fatores responsáveis pela extinção e possíveis planos de ação desenvolvidos para evitar a extinção delas.

12 ▸ Pesquisem uma lista atualizada de mamíferos da fauna brasileira ameaçados de extinção. Cada grupo deverá, então, escolher dois desses animais e fazer um resumo de algumas de suas características (*habitat*, alimentação, modo de locomoção, dimensões do corpo, mecanismo de defesa ou captura de outros animais, etc.).

Autoavaliação

1. Você teve dificuldade para compreender algum dos conteúdos deste capítulo? Se sim, o que fez para superar essa dificuldade?

2. Considerando o que você estudou neste capítulo, que atitudes do seu cotidiano podem ser modificadas para melhorar a conservação do bioma em que você vive?

3. Neste capítulo você viu que uma grande diversidade de animais vive no Brasil. A sua percepção sobre a importância de conservar essa diversidade mudou após estudar o capítulo?

4

O ambiente aquático e a região costeira

Edu Lyra/Pulsar Imagens

4.1 Manguezal na ilha de Maiandeua, no município de Maracanã (PA), 2017. Observe os ramos que ajudam na sustentação dessa espécie de árvore que vive apenas no manguezal. Essa vegetação protege o solo da erosão porque diminui o impacto das ondas do mar.

O Brasil tem um extenso litoral, que vai do estado do Amapá ao Rio Grande do Sul, banhado pelo oceano Atlântico. Na costa brasileira são realizadas a pesca, o turismo e a extração de petróleo, entre outras atividades.

A zona costeira é uma região de transição entre a terra e o ambiente aquático. Grande parte dos ecossistemas dessa área, como os manguezais (veja a figura 4.1), é aterrada para o estabelecimento de construções ou está ameaçada por derramamento de petróleo, pesca sem controle, exploração de madeira e lançamento de produtos e resíduos industriais no litoral.

▶ Para começar

1. Qual é a importância da preservação dos manguezais?

2. Como a luz afeta a distribuição dos organismos nos ecossistemas aquáticos?

3. Quais são as principais ameaças originadas por atividades humanas à vida aquática?

4. O que pode ser feito para preservar os organismos dos ecossistemas aquáticos?

1 A zona costeira

No litoral brasileiro há diversos ecossistemas próximos à costa. Cada um deles apresenta características próprias, com fauna e flora típicas. Os principais ecossistemas brasileiros associados ao litoral são os manguezais, as restingas, os costões rochosos, as praias e os recifes. Veja a figura 4.2.

4.2 Vista aérea de recifes de corais em Maxaranguape (RN), 2018.

Em muitos dos ecossistemas que vamos estudar, vivem importantes comunidades tradicionais. É o caso dos caiçaras, que habitam certas regiões do litoral do Brasil e vivem principalmente do extrativismo e da pesca artesanal. Além dos recursos do mar, eles usam os recursos da mata para construção de casas, redes e canoas. As comunidades caiçaras misturam heranças culturais de vários povos, como indígenas e portugueses. Veja a figura 4.3.

A seguir, vamos conhecer os manguezais, os costões rochosos e a restinga com mais detalhes.

4.3 Comunidade caiçara na praia dos Castelhanos, em Ilhabela (SP), 2017. No detalhe, crianças da comunidade jogando futebol.

Manguezal

O **manguezal**, também conhecido como **floresta de mangue**, situa-se em vários locais da costa brasileira e é característico das regiões onde o mar se encontra com a água doce dos rios. Reveja a figura 4.1.

A matéria orgânica carregada pela água dos rios se deposita no manguezal, uma região de solo lodoso, alagada por uma mistura de água doce e salgada (denominada água salobra) e mal arejada. Essas condições limitam o desenvolvimento da vegetação, que é pouco diversificada. Entre as adaptações encontradas em algumas plantas do manguezal estão as ramificações do caule, que ajudam na sustentação da planta, e as ramificações das raízes conhecidas como pneumatóforos. De forma diferente do que ocorre com a maioria das raízes, os pneumatóforos afloram do solo e facilitam a absorção do oxigênio do ar. Veja a figura 4.4.

4.4 Árvores do gênero *Avicennia* em manguezal de Paraty (RJ), 2018. Observe, no detalhe, os pneumatóforos aflorando do solo.

O manguezal é fundamental para a reprodução de muitas espécies de animais. Nele vivem diversos invertebrados, como poliquetas, moluscos e caranguejos (veja a figura 4.5), e muitos vertebrados, como peixes, aves, répteis e mamíferos. Várias espécies de peixes se reproduzem nos manguezais, enquanto aves (como gaivotas, garças, socós e urubus), jacarés e mamíferos (como guaxinins e lontras) buscam alimento nesse ambiente.

Infelizmente, devido à valorização das regiões onde estão localizados, boa parte dos manguezais já foi degradada para a construção de casas e condomínios, por exemplo, enquanto a parte restante sofre com a ocupação humana e com a instalação de indústrias que poluem esses ecossistemas.

4.5 No Brasil, muitas pessoas conseguem seu sustento com a comercialização de caranguejos, como o caranguejo-uçá (*Ucides cordatus*; cerca de 8 cm de largura).

⏻ Mundo virtual

O ecossistema manguezal
http://ecologia.ib.usp.br/portal/index.php?option=com_content&view=article&id=70&
Site com informações sobre os manguezais, como localização, vegetação, fauna, importância, uso sustentável e proteção. Acesso em: 4 fev. 2019.

Costão rochoso

Costões rochosos são ambientes costeiros formados sobre rochas à beira-mar, ou seja, na transição entre o meio aquático e o meio terrestre. Eles estão presentes em quase todo o litoral brasileiro, do Maranhão ao Rio Grande do Sul. Entre os organismos que compõem esse ecossistema estão: esponjas-do-mar, anêmonas, moluscos, crustáceos e algas. O ambiente do costão é pobre em nutrientes, salgado e muito impactado pelas ondas. A variação do nível da maré expõe parte das rochas ao ambiente seco duas vezes ao dia, condição para qual alguns organismos apresentam adaptações que ajudam na fixação ao substrato (a rocha) e que diminuem a perda de água. Veja a figura 4.6.

Mundo virtual

Vegetação de praias e dunas

http://www.ib.usp.br/ecosteiros/textos_educ/restinga/caract/praias_e_dunas.htm

Traz características do ambiente das praias, como a influência das marés, o tipo de vegetação e de substrato, além da importância da área para alimentação e rota migratória de animais.

Acesso em: 4 fev. 2019.

mexilhões

algas

▷ **4.6** Algas verdes e mexilhões (moluscos bivalves; 5 cm a 8 cm de comprimento) em costão rochoso de praia em Vila Velha (ES), 2014.

Restinga e dunas

A **restinga** ocupa áreas próximas ao mar, a parte mais alta da praia e as **dunas** – montes de areia acumulada e movimentada pela ação dos ventos. Nessa região arenosa há uma vegetação rasteira com arbustos e, em certos locais, algumas árvores. Poucas gramíneas e plantas rasteiras, como o cipó-de-flores, conseguem viver nas dunas. As raízes dessas plantas muitas vezes impedem que a areia ao redor seja levada pelo vento. Veja a figura 4.7.

A vegetação está adaptada a um solo arenoso, de baixa fertilidade e elevada salinidade. As árvores de maior porte são encontradas em pontos mais distantes do mar.

Nas restingas aparecem aves (algumas migratórias, outras permanentes; reveja a figura 4.7), como garças e gaivotas, e mamíferos, como a queixada. Há também caranguejos, lagartos e tartarugas marinhas que fazem a desova na restinga.

Dunas e restingas vêm sendo cada vez mais utilizadas para a construção de moradias, deixando a região mais exposta à erosão pelas ondas do mar e provocando a migração ou a extinção de espécies pela perda de *habitat*.

4.7 Vegetação de restinga na praia do Pontal em Itacaré (BA), 2016. No destaque, andorinha-do-mar (*Sterna paradisaea*; cerca de 35 cm de comprimento), ave migratória em Cururupu (MA), 2016.

Pesca sustentável e as comunidades tradicionais

O extrativismo é a atividade que consiste em retirar do meio ambiente recursos para fins comerciais ou industriais. Esses recursos podem ser de: origem mineral, como a prata, o cobre e o ouro; origem vegetal, como o látex; ou origem animal, como os peixes provenientes da pesca. O extrativismo sustentável busca uma maneira de retirar os recursos do meio ambiente de forma consciente, com a preocupação de que esses recursos não se esgotem.

A pesca sustentável, por sua vez, é uma das mais importantes atividades extrativistas praticadas pelos povos e comunidades tradicionais da Amazônia, da costa do Brasil e de outras regiões. Os peixes capturados servem, sobretudo, de fonte de alimento dessas comunidades. Por isso, a preservação do *habitat* e das espécies é fundamental não somente para o equilíbrio do ecossistema como também para a sobrevivência das pessoas. Veja a figura 4.8.

Gerson Gerloff/Pulsar Imagens

▷ **4.8** Cacique guarani pescando com arco e flecha na aldeia Kouenjú-M'bya em São Miguel das Missões (RS), 2016.

As comunidades pesqueiras no Brasil são formadas por aproximadamente 800 mil trabalhadores que têm na pesca artesanal sua principal, ou única, forma de sustento. Muitos desses pescadores fazem parte de uma cultura conhecida como caiçara. A palavra "caiçara" é de origem tupi-guarani: *caa* significa "galhos" ou "paus" e *içara* significa "armadilha". O termo denomina as comunidades de pescadores tradicionais dos estados de São Paulo, Paraná e sul do estado do Rio de Janeiro.

Em decorrência do vasto conhecimento de pesca que possuem, muitos caiçaras abandonaram a atividade de subsistência e passaram a trabalhar em grandes barcos de pesca comercial.

A proibição da pesca em alguns períodos do ano é chamada defeso. Essa medida foi necessária porque, nas últimas décadas, a intensificação da atividade pesqueira e o uso inadequado de rios e lagos de várzea tiveram como consequência o esgotamento de algumas espécies de animais. Assim, o risco de extinção tornou necessário criar acordos de pesca, que, para serem efetivos, dependem da participação e do empenho da comunidade.

De acordo com o Ministério da Agricultura, Pecuária e Abastecimento, o defeso é uma medida que visa proteger os organismos aquáticos durante as fases mais críticas de seu ciclo de vida, que são:

- época de reprodução;

- período em que o crescimento é maior.

Além de impedir a pesca quando os peixes estão mais vulneráveis, o defeso favorece a sustentabilidade dos estoques pesqueiros.

Contudo, são necessárias outras medidas para proteger os ambientes aquáticos e terrestres. A preservação das culturas indígenas e caiçaras também é uma das maneiras de cuidar do *habitat* e tornar sustentáveis a pesca e outras formas de extrativismo. Considerando ainda o trabalhador que vive exclusivamente da pesca, o governo garante um benefício chamado seguro-defeso para que esses pescadores não sejam prejudicados durante os períodos nos quais a pesca deve estar suspensa.

2 A vida aquática

Um dos aspectos importantes para a vida aquática é a disponibilidade e intensidade da luz no ambiente, uma vez que ela é necessária para a fotossíntese e tem impacto direto na diversidade de organismos.

No ambiente aquático, a intensidade de luz diminui com a profundidade: quanto mais fundo, menor a quantidade de energia luminosa disponível, uma vez que parte dela é refletida na camada superficial da água, parte é absorvida pelos organismos fotossintetizantes das áreas mais superficiais e outra parte é absorvida pela própria água.

A **zona eufótica** ou **fótica** é uma região bem iluminada, que vai da superfície da água até cerca de 200 m de profundidade. Nessa região há muitos organismos fotossintetizantes, como algas, que são produtores na cadeia alimentar. Consequentemente, essa também é uma zona rica em consumidores, como invertebrados e peixes.

Abaixo da zona fótica está a **zona afótica**, cuja intensidade de luz é insuficiente para a realização da fotossíntese e por isso ela não é habitada por algas nem por outros seres fotossintetizantes. Veja a figura 4.9.

▶ **Eufótica:** vem do grego *eu*, "bem", e *phôs*, "luz".

▶ **Afótica:** vem do grego *a*, "sem", e *phôs*, "luz".

Os seres heterotróficos da zona afótica dependem da matéria orgânica vinda da zona eufótica.

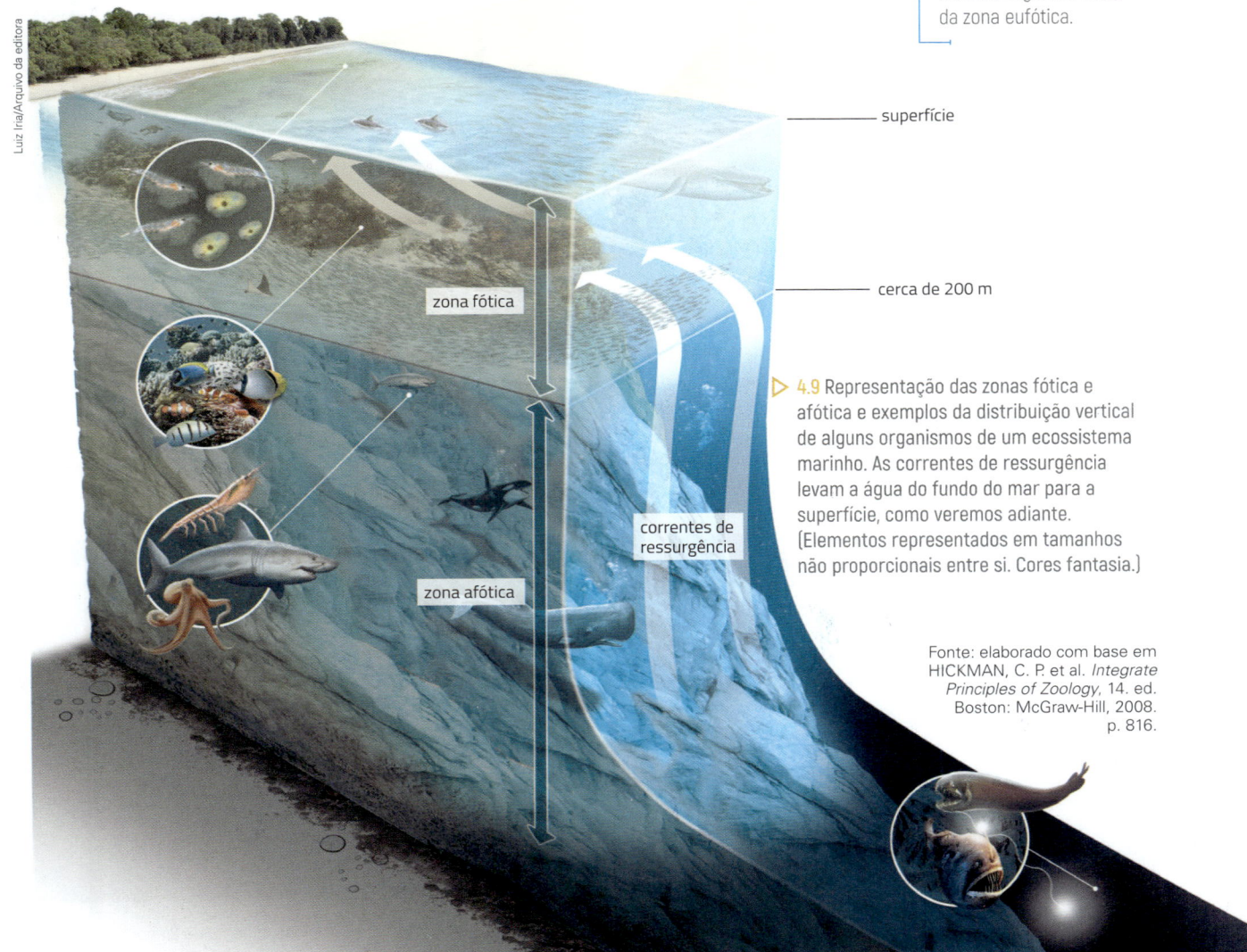

superfície

cerca de 200 m

zona fótica

zona afótica

correntes de ressurgência

▷ **4.9** Representação das zonas fótica e afótica e exemplos da distribuição vertical de alguns organismos de um ecossistema marinho. As correntes de ressurgência levam a água do fundo do mar para a superfície, como veremos adiante. (Elementos representados em tamanhos não proporcionais entre si. Cores fantasia.)

Fonte: elaborado com base em HICKMAN, C. P. et al. *Integrate Principles of Zoology*, 14. ed. Boston: McGraw-Hill, 2008. p. 816.

Luiz Iria/Arquivo da editora

Plâncton, nécton e bentos

O **plâncton** é formado pelo conjunto de seres que, com poder de locomoção limitado, são transportados horizontalmente no meio aquático, sendo, por vezes, arrastados pelas ondas e correntes aquáticas. Alguns exemplos desse conjunto são: algas microscópicas, protozoários, pequenos crustáceos e outros invertebrados, além de larvas de vários animais.

Os organismos microscópios fotossintetizantes, como algumas algas, compõem o **fitoplâncton**, que é a base da cadeia alimentar aquática e da produção de gás oxigênio (necessário para a respiração celular da maioria dos seres vivos). Veja a figura 4.10. Os organismos microscópicos heterotróficos constituem o **zooplâncton**, que se alimenta do fitoplâncton. Veja a figura 4.11. Conforme a profundidade aumenta, a intensidade da luz diminui, tornam-se escassas a população de fitoplâncton e, consequentemente, a de zooplâncton, pela redução da oferta de alimento (fitoplâncton).

> **Plâncton:** vem do grego *plagktós*, "errante".
>
> **Fitoplâncton:** vem do grego *phyton*, "planta", e *plagktós*, "errante".
>
> **Zooplâncton:** vem do grego *zoon*, "animal", e *plagktós*, "errante".

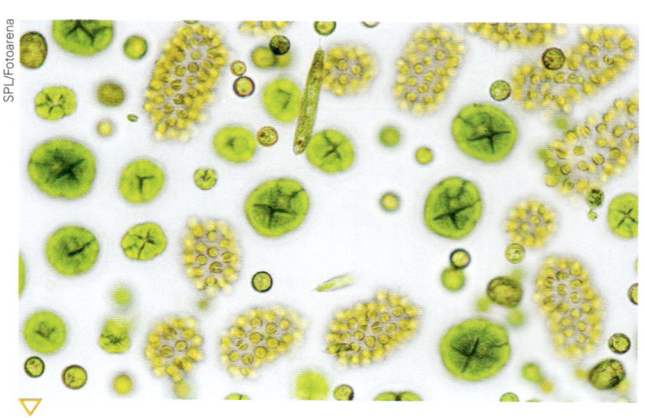

4.10 Organismos fotossintetizantes que fazem parte do fitoplâncton vistos ao microscópio óptico (aumento de cerca de 140 vezes).

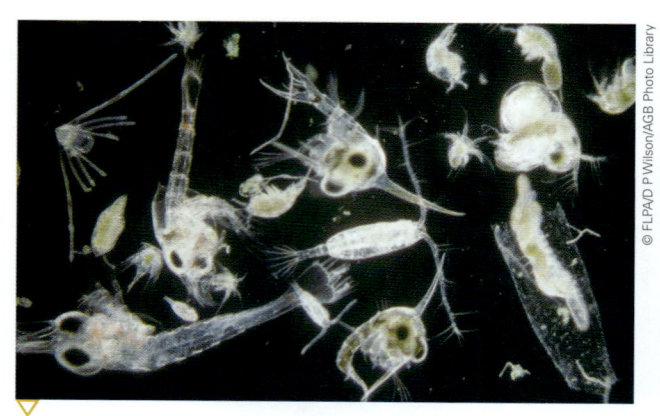

4.11 Organismos que fazem parte do zooplâncton vistos ao microscópio óptico (aumento de cerca de 30 vezes).

O **nécton** inclui os seres capazes de nadar e vencer a força das correntes, como os peixes e os mamíferos aquáticos. Veja a figura 4.12.

O **bentos** é formado pelos seres que vivem no leito do mar ou dos rios e lagos. Alguns são fixos (sésseis), como as esponjas, as cracas e as anêmonas; outros se movem, como as estrelas-do-mar, os siris e os caramujos. Veja a figura 4.13.

> **Nécton:** vem do grego *nekton*, "aquele que nada".
>
> **Bentos:** vem do grego *benthos*, "profundidade".

4.12 Golfinhos-rotadores (*Stenella longirostris*; cerca de 2 m de comprimento) são representantes do nécton.

4.13 Estrela-do-mar (*Oreaster reticulatus*; cerca de 24 cm de diâmetro), uma representante do bentos.

Vida no mar

As regiões do mar onde há maior biodiversidade são as menos profundas, que ficam perto do litoral. Nessas regiões, o ambiente terrestre é a principal fonte de sais minerais da água. Com abundância de luz e sais minerais, as algas do fitoplâncton se reproduzem rapidamente e servem de alimento a muitos consumidores aquáticos e terrestres.

Em algumas regiões costeiras, um outro fator contribui para a ocorrência de muitas algas, peixes e outros seres aquáticos: o fenômeno conhecido como **corrente de ressurgência**. Essa corrente leva os sais minerais existentes no fundo do mar para a superfície oceânica, que é iluminada, aumentando a disponibilidade de nutrientes para os organismos aquáticos dessa região. Reveja a figura 4.9. Um exemplo de região com correntes de ressurgência é Cabo Frio, no estado do Rio de Janeiro. Veja a figura 4.14.

Outras regiões de grande biodiversidade são os **recifes de corais**, que se desenvolvem em águas pouco profundas e quentes (acima de 20 °C) das regiões tropicais e subtropicais. Veja a figura 4.15. No Brasil, os maiores recifes de corais estão em Recife, em Pernambuco, e no arquipélago de Abrolhos, na Bahia. Neles há uma grande variedade de peixes tropicais, caranguejos, tartarugas e aves (atobás, mergulhões, fragatas). Abrolhos é ainda local de acasalamento de baleias jubarte.

Por essas características, a região costeira é uma área propícia para a pesca.

4.14 Praia das Dunas em Cabo Frio (RJ), 2018.

Luciana Whitaker/Pulsar Imagens

Edson Grandisoli/Pulsar Imagens

Andre Dib/Pulsar Imagens

4.15 Vista aérea de recifes de corais (porções escuras no mar) na praia do Mucugê, em Porto Seguro (BA), 2017. Tartarugas e peixes são alguns dos animais que vivem próximos a recifes de corais, onde encontram alimento. No destaque, uma tartaruga-de-pente (*Dermochelys coriacea*; até 1 m de comprimento), fotografada em Fernando de Noronha (PE), 2016.

Os corais obtêm boa parte de seu alimento de algas que vivem dentro de seus corpos e, enquanto isso, fornecem a elas sais minerais e gás carbônico. As algas também auxiliam os corais na transformação dos sais de cálcio da água do mar em carbonato de cálcio, componente-base do esqueleto do coral. Veja a figura 4.16.

4.16 À esquerda, coral-cérebro (*Diploria labyrinthiformis*; cerca de 1 m de diâmetro) vivo. À direita, apenas o esqueleto do coral, composto de carbonato de cálcio.

Nos últimos anos, os pesquisadores perceberam que os corais de grandes áreas estão ficando brancos, o que significa que estão perdendo suas algas e sua sobrevivência está ameaçada. Embora os recifes de corais correspondam a menos de 1% da área dos oceanos, há estimativas de que eles sirvam de abrigo para 2 milhões de espécies de seres vivos. Estudos científicos indicam que o aumento da temperatura da água do mar devido ao aquecimento global pode ser o principal fator que desencadeia o branqueamento dos corais, já que a alga morre quando a temperatura aumenta. Veja a figura 4.17.

4.17 O branqueamento dos corais indica que as algas associadas a eles morreram. Sem essa associação, os corais perdem grande parte do suprimento nutritivo, o que pode levá-los à morte. Na foto, corais do gênero *Sinularia* (colônias com cerca de 15 cm de altura), no mar da Indonésia, próximo da ilha de Sulawesi.

Fora das regiões costeiras, uma grande parte dos nutrientes deposita-se no fundo do mar, onde há pouca ou nenhuma luz. Abaixo de 2 mil metros de profundidade encontra-se a **zona abissal**, sem nenhuma luz. Além da intensidade luminosa, tanto a temperatura como a salinidade diminuem com a profundidade, enquanto a pressão aumenta, o que torna a zona abissal o *habitat* de organismos com adaptações muito específicas a essas condições.

Muitos peixes da região abissal têm, em seu corpo, bactérias que emitem luz (bioluminescência). Isso os ajuda a encontrar alimento, além de facilitar a identificação de machos e fêmeas da mesma espécie. Veja a figura 4.18.

Peter David/Getty Images

▷ **4.18** Peixe abissal (*Himantolophus groenlandicus*; atinge cerca de 50 cm de comprimento). Essa espécie habita profundidades de até 4000 m.

Saiba mais

Quando crescer vou ser... carcinólogo!

Carcinólogos estudam crustáceos. Logo, sabem muito sobre lagostas, camarões, siris, caranguejos, pulga-d'água [...], entre outros animais invertebrados do grupo dos artrópodes, que vivem principalmente em ambientes marinhos.

Esses seres essencialmente das águas tanto podem ser encontrados nas profundezas dos oceanos – nas chamadas fossas abissais – quanto em lagoas temporárias, em pleno deserto. Na verdade, alguns crustáceos também frequentam ambientes terrestres. [...]

Até hoje já foram descobertas cerca de 52 mil espécies de crustáceos. As formas de vida pertencentes a esse grupo são bastante diversas e se tornar um especialista nelas exige muita dedicação: "Quem quiser seguir a carreira precisa ingressar em um curso de graduação na área de Ciências Biológicas, como Biologia ou Oceanografia. Depois disso, na maioria das vezes, é necessário que se faça mestrado, com duração de dois anos, e doutorado, que dura mais quatro anos, explica Marcelo Pinheiro, professor de Zoologia dos Invertebrados do Campus do Litoral Paulista, da Universidade Estadual Paulista (Unesp). [...]

Na verdade, observar, perguntar, pesquisar e tentar responder é, geralmente, o trabalho de um carcinólogo pela vida toda. [...]

Regular a época do ano e as localidades em que o camarão pode ser pescado, por exemplo, é tarefa de carcinólogo.

TURINO, F. Quando crescer vou ser... carcinólogo! *Ciência Hoje das Crianças*, 2012. n. 234, p. 22-23.

Vida na água doce

A expressão "água doce" indica que a quantidade de sais dissolvidos na água é menor do que nos oceanos. Além da menor salinidade, a profundidade média também é menor e as variações de temperatura costumam ser mais intensas, mudando conforme as estações do ano.

A água em movimento nos rios se desloca das regiões mais altas, a partir das nascentes, para as mais baixas. Ao longo desse trajeto, além das variações de condições físicas, como a temperatura, há variações das condições químicas, como teor de gás oxigênio e nutrientes. Veja a figura 4.19.

⊙ **Mundo virtual**

Britannica Escola
https://escola.britannica.com.br/levels/fundamental/article/vida-marinha-nas-regioes-abissais/625727
Explicações sobre a vida marinha nas regiões abissais.
Acesso em: 4 fev. 2019.

▷ **4.19** Vista aérea do encontro das águas entre o rio Solimões (à esquerda) e o rio Negro (à direita) em Manaus (AM), 2015. A água do rio Solimões arrasta parte do solo das margens e por isso é barrenta; já a água do rio Negro é rica em matéria orgânica e por isso tem uma cor bem escura.

Os rios geralmente recebem grandes quantidades de matéria orgânica dos solos das margens, sendo exemplos de matéria orgânica folhas e organismos mortos.

Em sua fauna há insetos que ficam sobre as pedras, voam sobre a água ou nadam. Há também certos invertebrados capazes de se fixar ao substrato (leito do rio ou em pedras), como moluscos e sanguessugas. Veja a figura 4.20.

▷ **4.20** Jacaré-do-pantanal (*Caiman crocodilus yacare*; cerca de 3 m de comprimento) em Cuiabá (MT), 2017. No detalhe, uma sanguessuga (tamanho varia de poucos milímetros até cerca de 15 cm de comprimento), animal do grupo dos anelídeos que se alimenta de sangue de vertebrados, como o jacaré.

Alguns peixes, como o dourado (*Salminus brasiliensis*), nadam contra a correnteza na época de reprodução. Nessa época, conhecida como piracema, muitos peixes costumam formar cardumes, migrando em direção às nascentes dos rios para se reproduzir. Por isso, durante esse período, a pesca é limitada, sendo punida com multas aplicadas pela Polícia Ambiental. Veja a figura 4.21.

4.21 Peixes migrando no rio Juruena, no estado de Mato Grosso, 2014.

Nas partes afastadas da margem, próximo à superfície da água, o produtor é o fitoplâncton, e os peixes são a maioria dos consumidores. Já nas regiões mais profundas e escuras existem apenas seres decompositores e organismos que se alimentam de restos de matéria orgânica originários da superfície.

Próximo às margens de um lago, onde a água é mais rasa, os produtores são o fitoplâncton e algumas plantas aquáticas, como o aguapé e a vitória-régia. Veja a figura 4.22.

A teia alimentar de um lago pode ser formada por fitoplâncton e plantas aquáticas, caramujos, insetos e outros artrópodes, bem como vermes, rãs e garças, entre outros organismos.

4.22 Vitória-régia (*Victoria amazonica*; cerca de 2 m de diâmetro) e sua flor em lago em região do Pantanal (MT). Essa planta apresenta um formato de disco e compartimentos de ar que ajudam na flutuação. Ao fundo é possível ver também aguapés (*Eichhornia crassipes*).

3 Ameaças aos ambientes aquáticos e costeiros

A figura 4.23 mostra um barco pesqueiro equipado com redes de arrasto. Enquanto o barco se desloca, arrasta as redes, capturando peixes e outros animais marinhos indistintamente. Essas grandes redes acabam capturando e provocando a morte de moluscos, crustáceos e peixes pequenos demais para a comercialização, além de outros animais, como tartarugas marinhas.

O Instituto Brasileiro do Meio Ambiente e Recursos Naturais Renováveis (Ibama) proíbe a pesca de arrasto em certas regiões do país.

Outra grande ameaça aos ecossistemas aquáticos é o lançamento de substâncias não biodegradáveis em cursos de água, como metais (veja a figura 4.24), e poluentes que se degradam lentamente, como a maioria dos plásticos e alguns agrotóxicos. Como você já sabe, alguns compostos, como metais e plásticos, tendem a se concentrar ao longo das cadeias alimentares e a intoxicar direta ou indiretamente os organismos.

4.23 Barco pesqueiro com rede de arrasto na baía de Babitonga (SC), em 2016.

4.24 Alagamento de lama vermelha com alumínio em área de empresa mineradora em Barcarena (PA), 2018. A população foi diretamente impactada pelo incidente, pois usava essas águas para recreação, consumo e pesca.

O petróleo também pode causar poluição no ambiente aquático em todas as fases de exploração, desde o refino até seu transporte e distribuição. Além dos vazamentos, são comuns os navios que utilizam água do mar em diferentes atividades e a descartam contaminada por petróleo. Essa mistura de caráter oleoso adere às brânquias dos peixes e dos invertebrados, impedindo sua respiração. Veja a figura 4.25. Além disso, petróleo também se prende às penas das aves e aos pelos dos mamíferos, podendo causar a morte desses animais.

Impregnado por petróleo, o animal perde a capacidade de isolamento térmico, não consegue se proteger do frio e morre, pois a temperatura corporal fica abaixo do normal.

4.25 Caranguejo (carapaça com cerca de 3 cm de largura) caminha em meio ao petróleo na praia de Sinduri, na Coreia do Sul. À direita, uma concha de molusco. Em 2007 houve o derramamento de mais de 10 mil toneladas de petróleo nessa região, sendo considerado o pior desastre ambiental daquele país.

Além disso, uma parte do petróleo espalha-se pela superfície da água e forma uma fina película que diminui a passagem da luz e impede a troca de gases necessária à fotossíntese. Com isso, o fitoplâncton é destruído e muitos consumidores também morrem.

No capítulo 2, você estudou que os gases de enxofre e nitrogênio emitidos por fábricas, usinas à base de carvão ou petróleo, carros e outros veículos podem se combinar com o vapor de água do ar e formar ácidos. Quando chove, a água carrega essas substâncias, tornando-se assim mais ácida que o normal, o que caracteriza a chuva ácida.

A chuva ácida pode prejudicar o crescimento das plantas e danificar as folhas e outras partes dos vegetais, atingir rios e lagos e causar a morte de peixes e de outros organismos aquáticos. Além disso, corrói construções como casas e prédios que contêm calcário.

Os *habitat* marinhos também são prejudicados pela emissão excessiva de gás carbônico na atmosfera. Esse gás se dissolve na água e transforma-se em ácido carbônico, o que aumenta a acidez da água e dificulta, com isso, a formação de conchas e do esqueleto dos corais, constituídos por carbonato de cálcio.

No capítulo 9, você vai estudar como ocorre a formação do petróleo e como é feita a sua extração. Além disso, serão abordados problemas ambientais causados por esse e outros combustíveis fósseis.

Conexões: Ciência e sociedade

A pegada ecológica

O uso racional dos recursos está relacionado ao estilo de vida das pessoas. Ou seja, a alimentação, as roupas, o transporte e as formas de lazer, por exemplo. Tudo o que fazemos no planeta deixa rastro, ou pegadas.

A Pegada Ecológica mostra de maneira aproximada a quantidade média de recursos naturais usada para manter um estilo de vida, e, por isso, é desigual em diferentes populações. Nos países em desenvolvimento, como o Brasil, a média costuma ser muito menor do que aquela dos países desenvolvidos, como os Estados Unidos. Por que isso acontece?

Nos países desenvolvidos, as pessoas costumam ter muito mais acesso a recursos, como a água e combustíveis. Nesses países, as pessoas também compram muito mais produtos, como equipamentos eletrônicos. Assim, é como se um habitante de um país desenvolvido ocupasse uma área muito maior do planeta do que o habitante da América do Sul, por exemplo.

Fontes: elaborado com base em PNUD. *Relatório do Desenvolvimento Humano 2015*: o trabalho como motor do desenvolvimento humano. Nova York: PNUD, 2015. p. 76; IBGE. *Síntese de indicadores sociais*: uma análise das condições de vida da população brasileira. Rio de Janeiro: IBGE, 2015. Disponível em: <http://biblioteca.ibge.gov.br/visualizacao/livros/liv95011.pdf>. Acesso em: 4 fev. 2019.

Cesar Diniz/Pulsar Imagens

4.26 Sempre que possível, é interessante optar por meios de transporte individuais que não poluam, como a bicicleta, ou coletivos, que poluem menos por pessoa, como o ônibus. Na foto, ônibus movido a energia elétrica em São Paulo (SP), 2015.

 Mundo virtual

Acidificação dos oceanos – Greenpeace Brasil
http://www.youtube.com/watch?v=QlQnfT0PRZ8
Animação sobre a acidificação dos oceanos decorrente das emissões excessivas de gás carbônico na atmosfera.

Programa de voluntariado: Abrolhos – ICMBio
http://www.youtube.com/watch?v=uh2-bziQ3fE
Vídeo que mostra o programa de voluntários no Parque Nacional Marinho dos Abrolhos, na Bahia. Por meio do programa é feito o monitoramento da biodiversidade de tartarugas marinhas e corais.
Acesso em: 4 fev. 2019.

ATIVIDADES

Aplique seus conhecimentos

1 ▸ Muitas aves procuram os manguezais para procriar, outras para se alimentar ou descansar durante a migração. Que animais podem ser encontrados nos manguezais e assim servir de alimento para aves migratórias?

2 ▸ Escreva uma crítica para a seguinte afirmativa: Os manguezais são regiões pantanosas, com mau cheiro e sem importância ecológica ou econômica. Por isso, podem ser aterrados e usados para a instalação de moradias ou de fábricas.

3 ▸ Quais características adaptativas permitem que alguns seres vivos habitem costões rochosos, áreas constantemente atingidas pelo impacto das ondas do mar?

4 ▸ Dunas são montes de areia acumulada trazida pelo vento. Formadas por um solo arenoso, seco e quente, as dunas abrigam pequena diversidade de animais e plantas se comparadas às florestas, por exemplo. Que adaptações você esperaria encontrar em animais e plantas que vivem nas dunas?

5 ▸ Um estudante afirmou que o fitoplâncton é a base das cadeias alimentares marinhas, estando presente apenas na zona fótica. Você concorda com a afirmação? Justifique sua resposta.

6 ▸ Você viu neste capítulo que, dependendo do modo como se locomovem, os organismos aquáticos são classificados em três grupos: plâncton, nécton e bentos. Agora, escreva quais grupos citados têm as características abaixo. Identifique também os organismos que pertencem a cada grupo.
a) Seres que vivem no fundo de ambientes aquáticos se movem ou estão associados ao substrato.
b) Seres levados pelas correntes de água.
c) Seres que vivem na coluna de água, se movimentam e vencem as correntes.
d) Algas microscópicas.
e) Peixes e baleias.
f) Esponjas e estrelas-do-mar.

7 ▸ Qual é o efeito do lançamento de petróleo e de materiais não biodegradáveis, como o plástico, no ambiente aquático?

8 ▸ Um biólogo afirmou que a morte de peixes em uma lagoa tinha sido causada pelo lançamento de gases poluentes pelas chaminés de uma indústria da região. A indústria assumiu a responsabilidade apenas pela emissão de gases, alegando que não seria responsável por danos à água da lagoa.

Quem você acha que está com a razão? Justifique sua resposta.

9 ▸ Explique a importância de se proibir a pesca e a captura durante a reprodução de peixes e outros organismos aquáticos.

10 ▸ Por que as regiões de ressurgência são ricas em peixes?

11 ▸ Muitos peixes abissais possuem boca grande e estômago bastante elástico (veja a figura 4.27). Como essas adaptações contribuem para a sua sobrevivência na região abissal?

Danté Fenolio/Science Source/Fotoarena

▷ **4.27** Peixe-víbora (*Chauliodus sloani*; 20 cm a 35 cm de comprimento). Esse animal habita regiões do oceano a cerca de 2 500 metros de profundidade.

Veja o filme (animação) *Procurando Nemo* (Disney/Pixar, 2003, 101 min).

O filme conta a história de um peixe-palhaço que se torna órfão de mãe e cujo pai, Marlin, assume sua educação.

Chega o momento de Nemo ir à escola e o peixinho, desobedecendo seu pai, vai mais longe do que deveria, nas águas distantes do recife de coral onde a comunidade vivia, e é caçado por um mergulhador que o coloca em um aquário. Seu pai, então, empreende uma longa viagem pelo oceano enfrentando todos os medos que tinha de sair das proximidades de sua casa, para achar seu filho. Nessa viagem é ajudado por vários animais, como a "peixinha" Dory, e até por um grupo de tartarugas marinhas. Também enfrenta a travessia pelo meio de um grupo de perigosas águas-vivas.

Enquanto isso, Nemo participa da vida do aquário, onde os seres que ali habitam são tristes e querem voltar para o mar. Depois de ver o filme:

a) Tente identificar os grupos a que pertencem os animais que aparecem no filme.

b) Pesquise que tipo de troca de favores ocorre entre os peixes-palhaços e as anêmonas. Pesquise também como esses peixes conseguem viver entre as anêmonas, que produzem uma toxina em seus tentáculos, sem se queimar.

c) Há uma cena em que o tubarão Bruce sente o cheiro do sangue e vai atrás de Marlin e Dory. Pesquise se tubarões realmente podem sentir o cheiro do sangue.

d) Em um certo momento do filme, uma lula lança jatos de tinta. Por que ela faz isso? Qual a vantagem disso para a lula?

Cada grupo de estudantes vai escolher uma das atividades a seguir para pesquisar em livros, revistas ou *sites* confiáveis (de universidades, centros de pesquisa, etc.). Vocês podem também buscar o apoio de professores de outras disciplinas (Geografia, História, Língua Portuguesa, etc.). Exponham os resultados da pesquisa para a classe e a comunidade escolar (estudantes, professores e funcionários da escola e pais ou responsáveis), com o auxílio de ilustrações, fotos, vídeos, blogues ou mídias eletrônicas em geral. Ao longo do trabalho, cada integrante do grupo deve defender seus pontos de vista com argumentos e respeitando as opiniões dos colegas.

1 ▸ A imagem a seguir mostra uma represa que apresenta o fenômeno da eutrofização. Pesquise o que é eutrofização (ou eutroficação), como ela ocorre e quais são as consequências dessa forma de poluição.

Chico Ferreira/Pulsar Imagens

4.28 Represa Billings com água verde devido à eutrofização em São Bernardo do Campo (SP), 2016.

2 ▸ De Natal (RN) a Salvador (BA), o litoral nordestino apresenta vários pontos de formação de recifes. Porém, essas estruturas são constituídas de camadas de areia compactadas, conchas, argila – e nem tanto de corais. São recifes de pedra, que podem apresentar corais. Veja a figura 4.29.

Em grupo e sob a orientação dos professores de Ciências e de Geografia, escolham um dos temas a seguir para pesquisar.

Ilustrem a pesquisa com fotos (ou vídeos), mapas e desenhos dos animais e das regiões. Verifiquem se na região em que vocês moram há alguma instituição educacional (por exemplo: um museu, um centro de ciências ou uma universidade) que desenvolva atividades relacionadas com o tema da pesquisa e se é possível visitar o local. Outra opção é pesquisar, na internet, *sites* de universidades, museus, etc. que mantenham uma exposição virtual sobre o tema.

a) Recife. A localização da cidade, o clima, as características da água, a origem do próprio nome. Como são as formações de recifes?

b) Atol das Rocas. Localização, extensão, clima, características da água, outras características. Como são as formações de recife? Que seres abrigam?

c) Arquipélago de Abrolhos. Localização, extensão, clima, características da água, outras características. Como são as formações de recife? Que seres abrigam?

Tales Azzi/Pulsar Imagens

▷ **4.29** Piscina natural formada em recife de pedra na praia dos Carneiros, em Tamandaré (PE), 2015.

Aprendendo com a prática

1 ▸ Cada membro do grupo deve ter em mãos lápis, borracha e papel de desenho.

2 ▸ Individualmente, desenhem – sem consultar nenhuma fonte que não seja a memória – um peixe visto na natureza ou em um aquário. Não se esqueçam de indicar o nome das partes principais do corpo do animal (escrevam os nomes de que se lembrarem).

3 ▸ Guardem o desenho e preparem-se para a próxima tarefa: trabalhar com o peixe real.

Material

- Um peixe fresco, que pode ser adquirido em mercados municipais ou em feiras livres. (Peçam ao comerciante um peixe que ainda tenha escamas, barbatanas e órgãos internos intactos.)
- Tesoura
- Luvas de látex
- Pinças de dissecção
- Panos absorventes
- Uma bandeja retangular de plástico (ou uma forma de bolo)
- Lápis, borracha e papel de desenho

① Atenção

É importante usar instrumentos e utensílios limpos e também lavar as mãos antes da atividade, mantendo o animal limpo. Assim, ele poderá ser consumido depois.

Procedimento

1. O professor vai pôr o peixe deitado lateralmente na bandeja. Vocês não devem encostar os dedos no animal. É melhor tocá-lo com uma espátula de madeira.

2. Observem o peixe e façam um desenho que represente todas as características externas observadas. Depois, comparem esse desenho com o que fizeram anteriormente, de memória, e confiram o que faltou desenhar no primeiro.

3. Verifiquem se o peixe está fresco (olhos brilhantes e transparentes, brânquias vermelhas, pele firme e elástica, que não se desmancha ao ser tocada com a espátula, e sem cheiro desagradável).

4. Levantem um dos opérculos (placas que cobrem as brânquias) com a pinça e observem as brânquias do animal. Como elas são? Que cor elas têm? Por que são dessa cor?

5. O professor vai introduzir a pinça pela boca do peixe e mostrar que ela sai pela abertura das brânquias. Por que isso acontece?

6. O professor vai abrir o ventre do peixe com a tesoura e expor os órgãos internos do animal. Procurem identificar alguns órgãos, desenhem o peixe em corte e indiquem com legendas os órgãos que foram identificados pelo grupo.

7. Verifiquem se na região em que vocês moram existe alguma instituição educacional (universidade, museu ou centro de ciências) que trabalhe com peixes ou mantenha uma exposição sobre esses animais. Se for possível, façam uma visita ao local. Outra opção é pesquisar na internet *sites* de universidades, museus, etc. que disponibilizem uma exposição virtual sobre o tema.

Luciana Whitaker/Pulsar Imagens

▷ **4.30** Peixes à venda no mercado municipal em Tucuruí (PA), 2017.

Autoavaliação

1. Que assuntos deste capítulo você achou mais interessantes? Por quê?

2. Quais outros temas ou situações do seu cotidiano se relacionam com os conteúdos estudados neste capítulo?

3. Você buscou sanar suas dúvidas sobre os temas estudados conversando com o professor e com os colegas ao longo do capítulo?

5

Condições de saúde

iStockphoto/Getty Images

5.1 A saúde é um estado físico, mental e emocional.

Pode ser simples descrever os sintomas de uma doença como a gripe: ficamos cansados, com o nariz escorrendo, podemos ter febre e dores de cabeça. Mas como saber se estamos saudáveis em outros momentos?

A saúde pode ser considerada um estado de equilíbrio – físico, mental e emocional – que permite ao ser humano viver bem. Veja a figura 5.1. Quando esse equilíbrio é rompido, é sinal de que estamos doentes. Diversos fatores prejudicam a saúde, como parasitas, má nutrição, falta de saneamento, poluentes, entre outros. Veremos alguns desses fatores neste capítulo; e no capítulo seguinte estudaremos as doenças transmissíveis com mais detalhes.

Além da saúde de cada um, é importante acompanhar a saúde da população como um todo: governo e sociedade podem analisar as condições de saúde de uma comunidade, cidade, estado ou país, e então implementar ações que melhorem a qualidade de vida de todos.

▶ Para começar

1. Que informações os governos podem analisar para avaliar a saúde e a qualidade de vida de uma população?

2. Quais são os programas sociais que atendem as pessoas que moram em sua região? Por que esses programas são importantes?

3. O que é segurança alimentar? Que medidas devem ser tomadas para evitar a desnutrição?

1 Indicadores sociais e econômicos

A qualidade da água, a alimentação adequada, as condições de moradia e o acesso à educação são alguns dos fatores que influenciam nossa saúde. Avaliando esses fatores, chamados **indicadores**, é possível analisar o estado de saúde de uma população e criar medidas para melhorar a vida das pessoas. Veja a figura 5.2.

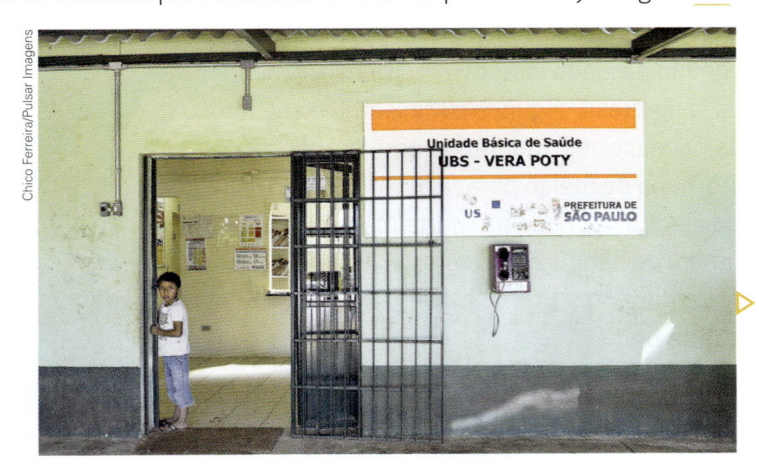

▷ 5.2 A partir da avaliação de indicadores é possível planejar iniciativas – como a construção de postos de saúde – para prestar serviços essenciais à população. Unidade Básica de Saúde (UBS) em São Paulo (SP), 2016.

Conexões: Ciência e sociedade

Combate à pobreza

Em 2017, a vice-secretária-geral da Organização das Nações Unidas (ONU), Amina Mohammed (figura 5.3), afirmou que dar um fim à pobreza é o nosso maior desafio. Para isso é necessário que todos os países atuem em conjunto de modo a combater a desigualdade, a fome e o aquecimento global.

▷ 5.3 Vice-secretária-geral da ONU Amina Mohammed, durante conferência em Nova York (EUA), 2016.

A pobreza é o principal fator a impedir que as pessoas consigam ter acesso às necessidades básicas, como comida, água potável, esgoto, moradia, educação, lazer, saúde e transporte. De acordo com o Instituto Brasileiro de Geografia e Estatística (IBGE), em 2016, 25,4% da população brasileira vivia em situação de pobreza, segundo o critério adotado pelo Banco Mundial (nos países em desenvolvimento, é considerado pobre quem tem disponível menos do que US$ 5,5 por dia).

Há várias medidas que os governos devem tomar para combater a pobreza, como o auxílio às camadas mais pobres e maior acesso à educação, à rede sanitária e ao atendimento médico. Essas iniciativas dependem do trabalho em conjunto entre governo, empresas e sociedade.

Muitos países – como o Brasil, a Colômbia, o México e o Chile – vêm realizando programas de transferência condicionada de renda, voltados a famílias que não têm o mínimo para atender às suas necessidades. Nesses programas, as famílias recebem um pagamento mensal, desde que cumpram algumas exigências, como manter as crianças e os adolescentes na escola, levá-los a consultas médicas e vaciná-los.

Além de programas como esses, é preciso investir em educação e saúde e criar condições para a geração de empregos.

Fontes: elaborado com base em ONUBR. *Nações Unidas pedem "sentido de urgência" para erradicar a pobreza*. Disponível em: <https://nacoesunidas.org/nacoes-unidas-pedem-sentido-de-urgencia-para-erradicar-pobreza>; Agência IBGE. *Um quarto da população vive com menos de R$ 387 por mês*. Disponível em: <https://agenciadenoticias.ibge.gov.br/agencia-noticias/2012-agencia-de-noticias/noticias/18825-um-quarto-da-populacao-vive-com-menos-de-r-387-por-mes.html>. Acesso em: 4 fev. 2019.

Mortalidade infantil

A **taxa de mortalidade infantil** corresponde ao número de crianças que morrem antes de completar 1 ano de idade, em cada mil crianças, em dado período (um ano, por exemplo). Trata-se de um indicador importante para verificar a saúde da população de uma região.

A falta de saneamento básico, de assistência médica à criança e à gestante e a desnutrição são fatores que elevam a taxa de mortalidade infantil. Em razão disso, quanto mais desenvolvida uma região, menor será a taxa de mortalidade infantil.

Nas nações mais desenvolvidas – com melhores condições sociais e econômicas, como é o caso do Japão –, a taxa de mortalidade infantil é muito baixa, menor do que 3 mortes para cada mil nascidos. Já no Brasil, segundo o Ministério da Saúde, em 2015, foi de 13,3 mortes para cada mil nascidos, mantendo uma tendência de queda de 26 anos. Essa taxa, no entanto, varia de região para região de acordo com os recursos e os investimentos de cada estado. A queda da mortalidade infantil se deve, entre outros fatores, ao maior número de habitações com saneamento básico e ao acesso aos serviços de saúde, incluindo melhorias no acompanhamento da saúde de mulheres grávidas e crianças. Veja a figura 5.4.

Em 2016, porém, dados do Ministério da Saúde apontaram um aumento nessa taxa para 14 mortes em cada mil nascidos. Esse aumento foi atribuído pelo ministério a fatores como o surgimento do zika vírus, a partir do final de 2015, a piora nas condições socioeconômicas de parte da população e a redução de adesão às campanhas de vacinação.

5.4 Além do acompanhamento médico das grávidas, é fundamental avaliar o desenvolvimento dos bebês. O trabalho é feito por agentes de saúde. Na foto, médico do exército entregando medicamento para mãe de um bebê de colo em Porto Murtinho (MS), 2016.

Expectativa de vida

O número estimado de anos de vida para uma pessoa desde seu nascimento é conhecido como expectativa média de vida ao nascer ou, simplesmente, **expectativa de vida**. Esse indicador vem aumentando no mundo ao longo do tempo. Isso se deve à melhoria nas condições de saúde, como saneamento básico, campanhas de vacinação e maior atendimento médico, além de novos medicamentos e tratamentos desenvolvidos pelas ciências da saúde. Veja a figura 5.5.

5.5 Médica atendendo paciente e bebê em Unidade Básica de Saúde em Acari (RN), 2014.

No Brasil, em 2017, a expectativa de vida ao nascer era de 76 anos. Lembre-se, no entanto, de que esse indicador é uma média, que varia em função das condições de saúde de diferentes regiões de um mesmo país.

Escolaridade

O **nível de escolaridade** de uma população refere-se ao tempo de estudo das pessoas. A porcentagem de crianças que frequentam a escola e o índice de analfabetismo são importantes indicadores dos padrões de vida de uma população.

Quanto maior o nível de escolaridade de uma população, maior será a sua qualidade de vida e maior o desenvolvimento de um país. Com boa educação e boa saúde, ampliam-se as possibilidades de trabalho e de melhora das condições de vida. Veja a figura 5.6.

O ingresso e a permanência na escola dependem muito de quanto a família ganha: quando a renda familiar é baixa, são frequentes os casos de crianças e adolescentes que deixam de frequentar a escola para trabalhar e ajudar no sustento. No Brasil, o Programa de Erradicação do Trabalho Infantil (Peti) visa proteger crianças e adolescentes menores de 16 anos contra qualquer forma de trabalho, procurando garantir que frequentem a escola.

Fonte dos dados: Tábua completa de mortalidade para o Brasil – IBGE. Disponível em: <ftp://ftp.ibge.gov.br/Tabuas_Completas_de_Mortalidade/Tabuas_Completas_de_Mortalidade_2017/tabua_de_mortalidade_2017_analise.pdf>. Acesso em: 5 fev. 2019.

Você acha importante frequentar a escola? Como isso contribui com seu futuro?

Delfim Martins/Pulsar Imagens

▷ **5.6** Sala de aula com estudantes e professor da etnia Kalapalo, em Querência (MT), 2018.

Analfabetismo

A taxa de analfabetismo vem caindo ao longo dos anos. Veja a figura 5.7. Em 2017, o Brasil ainda tinha 11,5 milhões de analfabetos, de acordo com o IBGE. Em 2005, 11,1% das pessoas com mais de 15 anos não sabiam ler e escrever. Em 2017, essa proporção caiu para 7%.

Fonte dos dados: Pesquisa Nacional por Amostra de Domicílios Contínua - IBGE. Disponível em: <https://biblioteca.ibge.gov.br/visualizacao/livros/liv101576_informativo.pdf>. Acesso em: 5 fev. 2019.

Esse indicador é muito importante, entre outros fatores, porque evidencia a desigualdade na população. As pessoas consideradas analfabetas costumam enfrentar também outros problemas sociais graves, como a fome e o desemprego.

Luciana Whitaker/Pulsar Imagens

▷ **5.7** Menino indígena da etnia Munduruku fazendo dever de casa em Itaituba (PA), 2017.

Saneamento básico

Abastecer as casas com água tratada, coletar e tratar o esgoto, recolher e dar tratamento adequado ao lixo são medidas de saneamento básico que ajudam a evitar muitas doenças, além de ajudar a preservar o ambiente.

Como você viu no 6º ano, o acesso à água tratada e o encaminhamento correto do esgoto impedem que a água e os alimentos sejam contaminados por vírus, bactérias e outros agentes causadores de doenças. Assim, o saneamento básico reduz a ocorrência de doenças e a mortalidade por diarreias e infecções intestinais causadas por parasitas, por exemplo. Veja a figura 5.8.

No próximo capítulo, estudaremos as doenças transmissíveis, o meio pelo qual elas são transmitidas e quais medidas vêm sendo adotadas para preveni-las e combatê-las.

Edson Grandisoli/Pulsar Imagens

5.8 A falta de saneamento básico é um dos fatores de risco para muitas doenças. A foto mostra o despejo de esgoto sem tratamento em uma lagoa em Florianópolis (SC), 2016.

Segundo a Organização Mundial da Saúde (OMS), em 2015, cerca de um quarto da população mundial carecia de encaminhamento correto do esgoto.

No Brasil, em 2016, 45% da população (93,6 milhões de pessoas) não tinha acesso a serviço adequado de esgoto, como coleta com tratamento ou fossa séptica. Veja a figura 5.9. Isso aumenta as chances de rios, lagos e outros reservatórios de água serem poluídos por esgoto não tratado, aumentando também o risco de doenças infecciosas.

Acesso a serviço de esgoto no Brasil

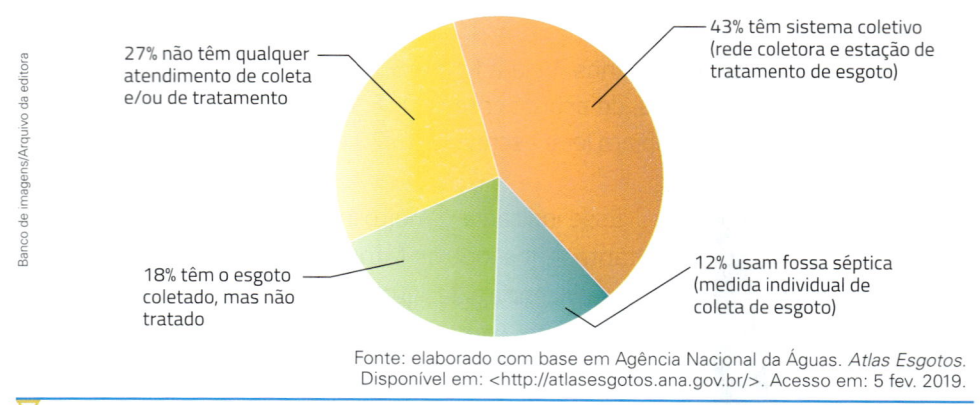

Banco de imagens/Arquivo da editora

- 27% não têm qualquer atendimento de coleta e/ou de tratamento
- 43% têm sistema coletivo (rede coletora e estação de tratamento de esgoto)
- 18% têm o esgoto coletado, mas não tratado
- 12% usam fossa séptica (medida individual de coleta de esgoto)

Fonte: elaborado com base em Agência Nacional da Águas. *Atlas Esgotos*. Disponível em: <http://atlasesgotos.ana.gov.br/>. Acesso em: 5 fev. 2019.

5.9

Fonte dos dados: Agência IBGE Notícias. Disponível em: <https://agenciadenoticias.ibge.gov.br/agencia-noticias/2012-agencia-de-noticias/noticias/18290-abastecimento-diario-de-agua-e-menor-no-nordeste>. Acesso em: 5 fev. 2019.

Em relação ao abastecimento de água, em 2016, 87,3% dos domicílios brasileiros eram atendidos por esse serviço. Porém, em uma parte das moradias o abastecimento não era diário. Ainda em 2016, 86,6% dos domicílios tinham coleta diária de lixo por serviço de limpeza.

Como o lixo é coletado na região onde você mora? Em sua casa, sua família separa o material que pode ser destinado à reciclagem?

Índice de desenvolvimento humano (IDH)

A expectativa de vida associada à renda das pessoas (quanto dinheiro elas ganham) e à educação são usados para definir o chamado **índice de desenvolvimento humano (IDH)** de uma população.

O IDH considera que pessoas com renda suficiente, boa educação e acesso à saúde tendem a viver melhor, ou seja, a ter uma melhor qualidade de vida.

A escala do IDH varia de 0 a 1. Quanto mais próximo de 1, considera-se que maior é o bem-estar da população. Esse índice pode ser calculado para a população de um país e ser usado como indicador de desenvolvimento. Países desenvolvidos têm IDH acima de 0,850. Em 2018, o IDH do Brasil era de 0,759, ocupando a 79ª posição entre 189 países.

A renda é considerada, no cálculo do IDH, a partir do chamado **produto interno bruto (PIB)**. Esse indicador representa a soma de todos os bens e serviços produzidos em determinada região (país, estado ou cidade), durante determinado período (mês, trimestre, ano).

A partir do PIB obtém-se a **renda *per capita*** ou PIB *per capita* ("por cabeça"). A renda *per capita* representa a riqueza (ou a renda) produzida por um país ou região dividida pelo número de habitantes. No entanto, o PIB *per capita* é uma média, e por isso não representa a renda real de cada indivíduo, principalmente nos países menos desenvolvidos, onde ainda há uma enorme desigualdade na distribuição da renda.

Mundo virtual

Desenvolvimento humano e IDH – Programa das Nações Unidas para o Desenvolvimento (PNUD) www.br.undp.org/content/brazil/pt/home/idh0.html
Página da ONU que traz relatórios e outras publicações sobre o IDH no Brasil e no mundo. Acesso em: 5 fev. 2019.

Conexões: Ciência e sociedade

Desigualdade social

A desigualdade social prejudica o desenvolvimento de um país. Pessoas mais pobres, por exemplo, podem não ter condições para concluir os estudos ou podem não ter acesso à nutrição ou a condições sanitárias adequadas, tendo, portanto, uma qualidade de vida mais baixa. Por esses e outros motivos, muitos defendem políticas que garantam programas de suplementação de rendas, bolsas ou financiamento de estudo para as camadas mais pobres da população.

No ano de 2014, o PIB do Brasil estava entre os dez maiores do mundo. No entanto, a distribuição de renda era muito desigual: a renda dos 10% mais ricos era 3,1 vezes o acumulado por 40% das pessoas com menores rendimentos. Essa desigualdade traz diversos problemas sociais e até prejuízos econômicos para o Estado. Veja a figura 5.10.

A redução da desigualdade nos países e entre eles é um dos Objetivos de Desenvolvimento Sustentável da Organização das Nações Unidas (ONU), juntamente com a erradicação da pobreza, a preservação do planeta e o acesso a direitos básicos, como educação, saúde, trabalho, moradia e boas condições de transporte.

5.10 Prédios de luxo ao lado da comunidade carente de Paraisópolis em São Paulo (SP), 2016. Essas construções simbolizam a desigualdade observada frequentemente no Brasil e no mundo.

Fontes: elaborado com base em Programa das Nações Unidas para o Desenvolvimento. *Relatório do Desenvolvimento Humano 2015*: O Trabalho como Motor do Desenvolvimento Humano. PNUD, 2015, p. 76; IBGE. Disponível em: <http://www.fae.br/portal/wp-content/uploads/2016/09/Relat%C3%B3rio-do-Desenvolvimento-Humano.pdf>. Acesso em: 5 fev. 2019.

Discriminação

Etnia é um grupo de indivíduos que compartilham uma mesma cultura (linguagem, tradições, etc.). O Brasil é uma grande mistura de etnias, ou grupos étnicos. Veja na figura 5.11 uma pequena representação dessa diversidade. Só entre os indígenas, por exemplo, estima-se que existam mais de duzentas etnias.

Muitas pessoas de diferentes grupos e etnias sofrem preconceito e discriminação, isto é, são tratadas de forma diferente das demais, de modo negativo, o que prejudica a vida delas e o bem-estar de toda a comunidade.

 5.11 A diversidade cultural, física ou biológica é enriquecedora.

Mundo virtual

Fundação cultural Palmares
www.palmares.gov.br
Instituição pública voltada à preservação e à promoção da cultura afro-brasileira.
Acesso em: 5 fev. 2019.

O **racismo**, por exemplo, é uma forma de discriminação baseada na falsa ideia de que há "raças" superiores a outras. Apesar de a divisão em raças na espécie humana não ter nenhuma base biológica, essas ideias serviram de pretexto para justificar a dominação e a exploração de um grupo por outro. Durante a expansão colonial, por exemplo, os países da Europa que exploraram partes da Ásia, da África e da América se beneficiavam economicamente das terras, negando direitos aos povos colonizados. Além disso, esses países colonizadores consideravam os povos dominados, erradamente, inferiores (uma forma de preconceito), justificando dessa maneira o sofrimento pelo qual os faziam passar – a escravidão, por exemplo. Veja a figura 5.12.

5.12 *Brazil: Slavery* (em tradução livre: "Brasil: escravidão"), de Felch-Riches, 1857 (gravura). Cena de escravizados em plantação brasileira.

Para que o racismo não ocorra nos dias de hoje, esse tipo de discriminação deve ser discutido e criticado nas escolas e em toda a sociedade, além de ser combatido com leis e penas severas. Também é importante que, desde crianças, as pessoas respeitem as diferenças individuais e aprendam a cooperar com os outros.

Pela Constituição brasileira, o racismo é crime sujeito a pena de prisão. O Estatuto da Igualdade Racial, de julho de 2010, prevê que é preciso garantir a todos os indivíduos a igualdade de oportunidades, combatendo a discriminação e a intolerância.

Mulheres e pessoas com deficiências também são exemplos de grupos que sofrem com o preconceito e a discriminação. A discriminação, com ou sem violência física, pode causar danos à saúde física e mental da pessoa atingida e precisa ser combatida por toda a sociedade. A Lei n. 7716, de 1989, decreta que serão punidos "os crimes resultantes de discriminação ou preconceito de raça, cor, etnia, religião ou procedência nacional".

Imagine um ambiente de trabalho em que dois funcionários tenham atividades semelhantes. Os dois são igualmente dedicados e realizam o trabalho com competência, mas um deles ganha R$ 1000,00 e o outro ganha R$ 1300,00. Em sua opinião, essa situação é justa?

Essa é uma das formas de discriminação que ocorre com as mulheres: elas ainda ganham, em média, menos que homens que exercem a mesma função.

É preciso que todos conheçam seus direitos e deveres, a fim de assegurar o respeito ao outro e de incentivar a proteção dos direitos e da liberdade de cada um. Veja a figura 5.13.

Todo cidadão deve ser tratado de forma a conseguir exercer seu potencial. De acordo com o artigo 5º da Constituição federal: "Todos são iguais perante a lei, sem distinção de qualquer natureza".

5.13 Manifestação pelos direitos da mulher no Dia Internacional da Mulher em São Paulo (SP), 2017.

Conexões: Ciência e sociedade

Bullying virtual

É o *bullying* que ocorre em meios eletrônicos, com mensagens [...] ameaçadoras circulando por *e-mails*, *sites*, *blogs* (os diários virtuais), redes sociais e celulares.

É quase uma extensão do que os alunos dizem e fazem na escola, mas com o agravante de que as pessoas envolvidas não estão cara a cara.

Dessa forma, o anonimato pode aumentar a crueldade dos comentários e das ameaças e os efeitos podem ser tão graves ou piores. [...]

Esse tormento que é a agressão pela internet faz com que a criança e o adolescente humilhados não se sintam mais seguros em lugar algum, em momento algum. Marcelo Coutinho, especialista no tema e professor da Fundação Getulio Vargas (FGV), diz que esses estudantes não percebem as armadilhas dos relacionamentos digitais. "Para eles, é tudo real, como se fosse do jeito tradicional, tanto para fazer amigos como para comprar, aprender ou combinar um passeio."

O que é o *bullying* virtual ou *cyberbullying*? *Nova Escola*. Disponível em: <https://novaescola.org.br/conteudo/1424/20-o-que-e-bullying-virtual-ou-cyberbullying>. Acesso em: 6 fev. 2019.

2 Alimentação saudável

O acesso a uma alimentação saudável é um fator fundamental para a manutenção da saúde. Para entender o que é uma alimentação saudável, primeiro vamos ver quais são os nutrientes encontrados nos alimentos.

Os nutrientes

É do alimento que o organismo retira as substâncias (nutrientes) para seu desenvolvimento e crescimento. Os alimentos fornecem a energia necessária para todas as atividades do organismo, como o crescimento e a renovação das células do corpo; as contrações musculares; e a manutenção da temperatura. A energia dos alimentos pode ser medida em **calorias (cal)**. Uma caloria é a quantidade de calor que aumenta a temperatura de 1 g de água em 1 °C.

Para medir a quantidade de energia gerada pelo alimento, costuma-se utilizar a unidade **quilocaloria (kcal)**, que equivale a 1000 cal. Uma maçã, por exemplo, tem cerca de 70 kcal; e uma bola de sorvete, 230 kcal. No dia a dia, porém, referimo-nos às quilocalorias simplesmente como "calorias".

A quantidade diária de energia de que uma pessoa precisa varia de acordo com alguns fatores, como a massa corporal, a idade e, principalmente, a quantidade de energia gasta durante o dia. Praticantes de esporte e gestantes, por exemplo, necessitam de mais energia. Veja a figura 5.14.

Carboidratos

O principal nutriente que fornece energia são os **carboidratos**, também conhecidos como **glicídios** ou **açúcares**. Eles são predominantes no arroz, no pão, no macarrão, no aipim (mandioca), no feijão, na batata e nos alimentos que apresentam açúcar comum (sacarose) em sua composição (doces, balas, bolos, etc.). Veja a figura 5.15.

5.14 Competição feminina de 100 metros rasos na Inglaterra, 2017. Atletas e pessoas que praticam muitas atividades físicas precisam de mais energia, que vem da alimentação. Para atletas com deficiência física isso não é diferente.

S Bardens /British Athletics/Getty Images

5.15 Alimentos ricos em carboidratos: frutas em geral, pão, massas, milho, batata, mel e outros.

Elena Schweitzer/Shutterstock

Denis Pepin/Shutterstock/Glow Images

A importância das fibras

A celulose, encontrada na parede celular das plantas, é um dos componentes das fibras. Embora o ser humano não seja capaz de digerir e aproveitar esse carboidrato, as fibras são importantes na alimentação. Por absorverem água, elas amolecem as fezes e aumentam o seu volume, estimulando as contrações musculares do intestino.

Assim, o consumo de fibras contribui para evitar a prisão de ventre e outros problemas intestinais. Portanto, é importante comer com regularidade alimentos ricos em fibras, como verduras, frutas e legumes (alface, brócolis, maçã, manga, pera, laranja com bagaço, abóbora, cenoura, etc.). Veja a figura 5.16.

5.16 Frutas, verduras e outros vegetais são alimentos ricos em fibras.

Lipídios

Os **lipídios** (gorduras e óleos) formam várias partes da célula e servem de reserva de energia do organismo, sendo encontrados no leite e em seus derivados (manteiga, queijos, etc.), na gema do ovo, em carnes, no azeite, em vegetais ricos em óleos (coco, abacate, etc.) e nos produtos feitos com leite ou ovos. Veja a figura 5.17.

Proteínas

As **proteínas** são as principais substâncias de construção do corpo. Além disso, todas as reações ou transformações químicas do organismo dependem de proteínas especiais, as enzimas.

Os alimentos de origem animal são, em geral, boa fonte de proteínas: ovos, carnes, leite e derivados (queijo, iogurte, etc.). As plantas conhecidas como leguminosas (feijão, soja, ervilha, lentilha, amendoim, etc.) também têm boa quantidade de proteína. Veja a figura 5.18.

5.17 Alguns alimentos ricos em lipídios.

5.18 Alguns alimentos de origem animal ricos em proteínas: carne, peixe, ovos, leite, manteiga, ricota e queijo. Amendoim e avelã, assim como feijões, ervilha, lentilha e grão-de-bico são exemplos de alimentos de origem vegetal ricos em proteínas.

Vitaminas

As **vitaminas** controlam ou regulam várias funções do corpo e por isso são consideradas nutrientes com função reguladora. A quantidade necessária de vitaminas por dia é muito pequena se comparada à da maioria dos outros nutrientes.

Inicialmente, as vitaminas foram identificadas por letras do alfabeto. À medida que se descobria a composição das vitaminas, elas passaram a ser identificadas com nomes que indicam a natureza química de cada uma.

Vamos saber um pouco mais sobre cada vitamina.

- **Vitamina A.** Também chamada de retinol, mantém a pele saudável e age na visão. Quantidades insuficientes dessa vitamina podem provocar problemas na pele e nas unhas. Veja a figura 5.19. A falta dessa vitamina também pode causar a cegueira noturna, um problema que se caracteriza pela dificuldade de enxergar em ambientes pouco iluminados, e até lesões nos olhos e cegueira permanente.

É encontrada na gema do ovo, em laticínios, na margarina, no fígado e nos rins bovinos e suínos. Além disso, o organismo pode fabricar vitamina A a partir do beta-caroteno, uma substância encontrada em verduras com folhas verde-escuras, como o espinafre, e outros alimentos como a cenoura e a manga.

- **Vitaminas do complexo B.** São várias vitaminas (B_1, B_2, B_6, B_{12}, niacina, ácido fólico, entre outras) que agem em muitos processos químicos do corpo, principalmente na respiração celular, responsável pela obtenção de energia.

Nas células nervosas, que precisam de bastante energia, a falta de vitamina B_1 (tiamina) é rapidamente sentida. Ela provoca inflamação nos nervos e problemas musculares, caracterizando uma doença conhecida como beribéri. O feijão, a soja, a ervilha, os miúdos, a carne vermelha, a gema de ovo, o pinhão e os cereais integrais ou enriquecidos são boas fontes de vitamina B_1. Veja a figura 5.20.

De forma geral, são chamadas de miúdos partes como rins, fígado, coração, miolos, etc.

5.19 Alguns problemas nas unhas e na pele podem estar relacionados à falta de vitamina A.

5.20 Alguns alimentos ricos em vitaminas do complexo B.

A falta das vitaminas B$_2$ (riboflavina) e B$_6$ (piridoxina) também prejudica o sistema nervoso e a pele. Essas vitaminas são encontradas na carne, no fígado bovino e suíno, em alguns vegetais folhosos como couve, agrião e espinafre, em ovos, leite e cereais integrais ou enriquecidos.

A falta de niacina (também conhecida como vitamina B$_3$) provoca a pelagra. Essa doença tem como sintomas: diarreia, fraqueza, lesões na pele e no sistema nervoso, como distúrbios mentais. A niacina é encontrada no fígado, em carnes vermelha e branca, no feijão, amendoim, pinhão, couve, café e em cereais integrais ou enriquecidos.

A vitamina B$_{12}$ e o ácido fólico são importantes para a renovação das células do corpo, e a falta deles pode causar anemia (diminuição do número de hemácias no sangue). O ácido fólico está presente em muitos alimentos, principalmente em folhas, no fígado, em ovos, no feijão e nas frutas. Já a vitamina B$_{12}$ é exclusiva de alimentos de origem animal: fígado, miúdos, ovos, carne, queijo, frutos do mar.

- **Vitamina C.** A falta dessa vitamina, também chamada ácido ascórbico, provoca uma doença conhecida como escorbuto, que causa sangramento na pele, na gengiva, nas articulações, entre outros locais. São alimentos ricos em vitamina C: pimentão, brócolis, couve, tomate, acerola, quiuí (*kiwi*), goiaba, caju, manga, laranja, morango, mamão e muitas outras frutas.

- **Vitamina D.** Facilita a absorção e o depósito de sais de cálcio e fósforo nos ossos. Sua falta pode provocar alterações ou deformidades no esqueleto das crianças (raquitismo). A vitamina D é encontrada em alimentos gordurosos: gema de ovo, manteiga, peixes gordurosos (sardinha, atum). É também produzida na pele, pela ação dos raios ultravioleta do Sol. Por isso é importante que as crianças, por estarem em fase de crescimento, tomem sol regularmente. Veja a figura 5.21.

5.21 Expor-se ao sol é importante para a obtenção de vitamina D, porém, não se deve exagerar.

- **Vitamina E.** É encontrada em muitos alimentos, como óleos vegetais, cereais, leguminosas, laticínios, gema de ovo e hortaliças com folhas verdes. Por isso é difícil alguém ter carência de vitamina E. Mas, quando isso acontece, pode causar anemia.

- **Vitamina K.** Além de ser encontrada em muitos alimentos (folhas verdes, batata, gema de ovo, óleo de soja, tomate, fígado, leite), ela é fabricada por bactérias que vivem no intestino grosso. A vitamina K auxilia na coagulação do sangue, evitando sangramentos.

Geralmente, todas as vitaminas de que precisamos podem ser obtidas em quantidade suficiente em uma alimentação equilibrada. Para certas pessoas, porém, o médico pode indicar doses adicionais. Fora esses casos específicos, as pesquisas indicam que não devemos tomar altas doses de vitaminas na forma de suplementos.

A descoberta das vitaminas

Desde a Antiguidade o ser humano já sabia que certos alimentos ajudavam a curar determinadas doenças. No Egito antigo, por exemplo, era sabido que o fígado de boi podia curar a cegueira noturna.

Mas nem sempre era possível descobrir quais alimentos podiam resolver alterações relacionadas à carência de nutrientes ou mesmo identificar que doenças eram essas.

A época conhecida como a Era das Grandes Navegações começou no final do século XV e terminou no início do século XVII. Nessa época, os portugueses, seguidos depois por navegadores espanhóis e outros europeus, com melhores embarcações e instrumentos de navegação, expandiram o comércio com outros continentes e formaram grandes impérios coloniais.

Em determinado momento de viagens muito longas, a dieta passava a ser limitada a carne salgada e bolachas de farinha de trigo ou centeio. A falta de alimentos ricos em vitamina C fazia com que muitos marinheiros morressem depois de sofrer hemorragias nas articulações e nas gengivas.

Em 1747, o médico escocês James Lind (1716-1794) notou que a ingestão de frutas cítricas poderia prevenir esses problemas, mas nem todos aceitaram esse fato, achando que bastava manter a boa higiene e a prática de atividades físicas. Veja a figura 5.22.

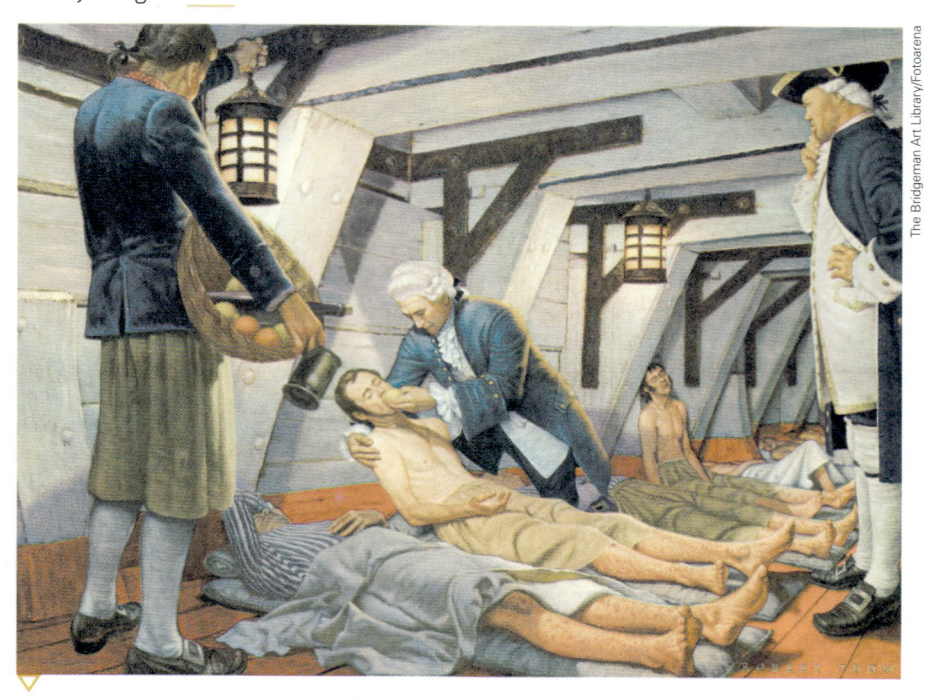

5.22 *James Lind: Conqueror of Scurvy* (em tradução livre: "James Lind: Conquistador do Escorbuto"), de Robert Thom, cerca de 1952 (litografia colorida).

Outro caso foi o de certas regiões da Ásia, onde muitas pessoas alimentavam-se principalmente de arroz polido (sem casca), adquirindo a doença hoje conhecida como beribéri. Em 1884, o médico Kanehiro Takaki observou que entre marinheiros com dieta variada havia muito menos beribéri que entre aqueles que comiam praticamente só arroz. No entanto, Takaki não soube identificar o fator responsável pela doença.

Em 1912, o bioquímico polonês Casimir Funk descobriu um composto presente na casca do arroz que prevenia o beribéri. Foi esse pesquisador que propôs o termo "vitamina" para a substância.

Os estudos em animais e o desenvolvimento de novos instrumentos de análise química possibilitaram, aos poucos, o esclarecimento das estruturas químicas das vitaminas. Esse trabalho foi feito por um grande número de pesquisadores. Essa é uma característica importante da investigação científica: é uma atividade coletiva que ocorre por meio da interação entre grupos de pesquisas formados por muitos pesquisadores, todos discutindo e divulgando os conhecimentos produzidos.

Sais minerais e água

Os **sais minerais** participam de diversas funções do corpo. Por exemplo: cálcio e fósforo formam os ossos e os dentes, além de atuarem no funcionamento de nervos e músculos; sódio, potássio e cloro influenciam no volume de água eliminada ou retida no organismo e também atuam no funcionamento de músculos e nervos.

Vamos conhecer melhor as principais funções de determinados sais minerais.

- **Cálcio e fósforo.** Formam os ossos e os dentes, além de atuarem no funcionamento de nervos e músculos. São encontrados em abundância nos laticínios, nas hortaliças de folhas verdes (brócolis, espinafre) e nos ovos.

- **Sódio, potássio e cloro.** Influenciam no volume de água eliminada ou retida no organismo e atuam nas funções dos músculos e nervos. São encontrados em muitos alimentos: o sódio e o cloro fazem parte do sal de cozinha, e o potássio aparece em grande quantidade nas frutas, nas verduras e no feijão.

- **Ferro.** Forma a <u>hemoglobina</u>, proteína que transporta o oxigênio no sangue. Por isso a deficiência de ferro pode causar fraqueza, mal-estar, cansaço, dificuldade de respirar, entre outros problemas. Esses são os sintomas da anemia, doença comum em crianças subnutridas e pessoas com vermes ou que estejam perdendo sangue pelas fezes. O ferro é encontrado no fígado, em carnes vermelhas, na gema de ovo, no feijão e em hortaliças de folhas verdes.

> **Hemoglobina:** proteína presente nas hemácias (ou glóbulos vermelhos), que fazem parte do sangue.

- **Iodo.** Faz parte dos hormônios produzidos pela glândula tireoide, que controla a produção de energia na célula e o crescimento do corpo. A falta de iodo leva ao mau funcionamento da tireoide, que aumenta exageradamente de tamanho – é o bócio, ou papeira. Veja a figura 5.23. O bócio é comum em regiões onde o solo é pobre em iodo, o que causa a deficiência desse elemento nos alimentos ali produzidos. Para evitar o problema, há uma lei brasileira que obriga a adição de iodo ao sal de cozinha.

- **Flúor.** Participa da formação de ossos e dentes. Existe em todos os alimentos, mas, em muitas cidades, o flúor é adicionado à água encanada como medida auxiliar para a prevenção de cáries.

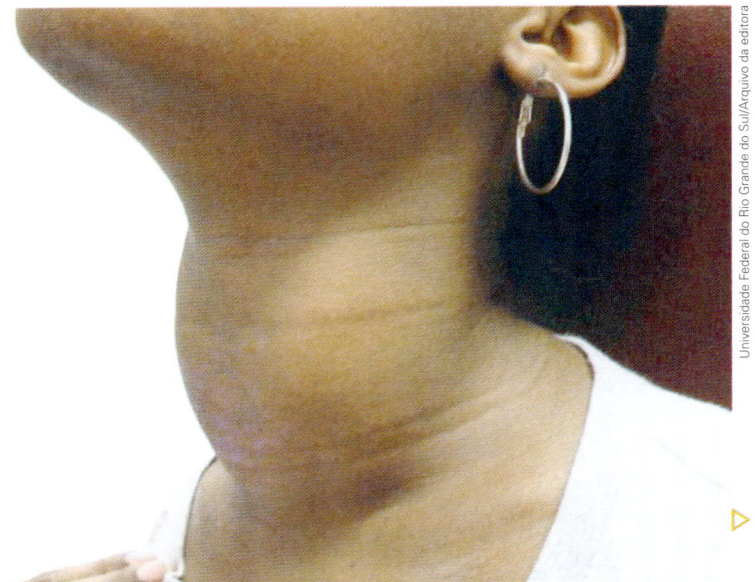

Universidade Federal do Rio Grande do Sul/Arquivo da editora

▷ **5.23** Aumento da glândula tireoide por falta de iodo (bócio).

Finalmente, as transformações químicas necessárias à manutenção da vida somente são possíveis se as substâncias estiverem dissolvidas em água. No sangue, nutrientes e outras substâncias são transportados dissolvidos no plasma, cuja maior parte é água. As substâncias eliminadas pela urina também são dissolvidas em água. Por isso, é importante que nosso corpo esteja sempre bem hidratado. Veja a figura 5.24.

Para uma pessoa obter todos os nutrientes de que necessita a fim de se manter saudável, é preciso ter uma dieta variada. Além de ser diversificada, uma alimentação equilibrada contém quantidades adequadas de calorias e de nutrientes.

5.24 Você toma bastante água ao longo do dia? Durante a prática de exercícios ou em dias quentes, por exemplo, a produção de suor é mais intensa. Nesses casos, é preciso beber líquidos em quantidade suficiente para repor a água perdida pelo organismo.

Conexões: Ciência no dia a dia

Arroz com feijão

As proteínas são formadas pela união química de muitas partes menores, os aminoácidos. Uma única proteína pode conter centenas ou até milhares de aminoácidos.

Existem vinte tipos de aminoácidos. Mas eles podem se agrupar de maneiras muito diferentes, formando todas as proteínas conhecidas.

Dos vinte tipos de aminoácidos que formam as proteínas, nove precisam estar presentes na alimentação do adulto e dez na das crianças. Com esses aminoácidos, chamados de aminoácidos essenciais, o fígado pode fabricar os restantes e completar o total de vinte.

Alimentos de origem animal, como carne, leite e ovos, possuem proteínas completas, também chamadas proteínas de alto valor biológico, isto é, apresentam quantidade adequada de todos os aminoácidos essenciais.

Entretanto, deve-se tomar cuidado com seu consumo em excesso, pois apresentam também altas concentrações de lipídios. Já as proteínas presentes em determinada espécie vegetal não possuem todos os aminoácidos na proporção necessária ao bom funcionamento do nosso organismo, ou seja, um único tipo de vegetal nunca possui todos os aminoácidos essenciais. Porém, uma dieta variada, com mistura adequada de certos vegetais, pode ser uma boa fonte de proteínas. É o caso do arroz com feijão: na quantidade certa – uma parte de feijão para duas partes de arroz –, essa combinação fornece energia (na forma de carboidratos) e também é uma fonte de proteína de boa qualidade e de baixo custo. Esses alimentos se complementam uma vez que os cereais, como o arroz, são ricos em aminoácidos que faltam nas leguminosas, como o feijão, e vice-versa. Veja a figura 5.25.

Isso também vale para outras combinações entre cereais e leguminosas, por exemplo: macarrão com soja, fubá com lentilha, entre outras possibilidades.

5.25 Arroz com feijão e legumes: uma mistura saudável e nutritiva.

Segurança alimentar

Para a Organização das Nações Unidas para Agricultura e Alimentação (FAO), uma população tem bom nível de **segurança alimentar** quando todas as pessoas têm acesso permanente a alimentos com qualidade nutricional e em quantidade adequada para uma vida ativa e saudável. Na ausência dessas condições, ocorre a **insegurança alimentar**.

Em 2017, havia no mundo cerca de 108 milhões de pessoas em situação de grave insegurança alimentar, representando sério risco para a saúde.

Entre a série de medidas que devem ser tomadas pelos governos para garantir a segurança alimentar de uma população estão: disponibilizar alimentos em quantidade e variedade suficientes para atender às necessidades das pessoas e apoiar sistemas de produção agrícola de países menos favorecidos. Veja a figura 5.26. É importante, ainda, combater perdas e desperdício de alimentos ao longo da cadeia de produção e no consumo.

Fonte dos dados: ONUBR, ONU: 108 milhões de pessoas enfrentam grave insegurança alimentar no mundo. Disponível em: <https://nacoesunidas.org/onu-108-milhoes-de-pessoas-enfrentam-grave-inseguranca-alimentar-no-mundo>. Acesso em: 6 fev. 2019

Fábio Gonçalves/Fotoarena

> **5.26** Restaurante popular Jorge Amado em Niterói (RJ). Nesse restaurante, o preço do almoço é de R$ 2,00.

Desnutrição

A **desnutrição** é a falta de algum nutriente na quantidade necessária ao organismo. A falta de recursos para uma alimentação equilibrada ou, ainda, maus hábitos alimentares também podem causar desnutrição. Ingerir a quantidade necessária de calorias ou mesmo quantidades acima do que seria o recomendado não garantem boa saúde. E, ao contrário do que se pensa, pessoas obesas também podem ficar desnutridas. Além disso, algumas pessoas podem ter problemas de absorção de algum nutriente.

Outra causa da desnutrição são os vermes intestinais, cuja incidência é mais elevada principalmente em pessoas que moram em regiões sem saneamento básico. Esses parasitas consomem os nutrientes dos alimentos digeridos e causam problemas no sistema digestório, dificultando a absorção de nutrientes.

A desnutrição pode provocar atraso no desenvolvimento mental e físico, além de enfraquecer as defesas do indivíduo, facilitando o desenvolvimento de doenças infecciosas.

O risco de desnutrição na infância aumenta depois que a criança para de tomar leite materno. Por isso, a Organização Pan-Americana da Saúde (Opas) recomenda que as crianças sejam alimentadas exclusivamente com leite materno até os 6 meses de vida. Esse alimento contém todos os nutrientes e calorias necessários, além de ser isento de bactérias e fornecer anticorpos que protegem o bebê contra infecções. Veja a figura 5.27.

Mundo virtual

Desnutrição, um problema de peso – inVivo (Fiocruz)
www.invivo.fiocruz.br/cgi/cgilua.exe/sys/start.htm?&infoid=193&sid=8
O texto apresenta e discute as causas e os sintomas dos principais tipos de desnutrição. Destaca a questão social como uma das causas desse problema e a importância de uma alimentação rica em nutrientes como meio de recuperação. Acesso em: 6 fev. 2019.

Iryna Inshyna/Shutterstock

5.27 Segundo a Organização Pan-Americana da Saúde, a amamentação deve ser mantida, junto com a introdução de outros alimentos, por até dois anos ou mais.

Obesidade

A **obesidade** é uma doença caracterizada pelo acúmulo excessivo de gordura no corpo de uma pessoa. Embora vários fatores possam contribuir para a obesidade, as principais causas desse problema são o consumo crescente de alimentos muito calóricos, ricos em gorduras saturadas e açúcares, aliado ao sedentarismo, isto é, à pouca atividade física.

Os médicos utilizam vários critérios para verificar se um adulto está obeso ou não. Dados do Ministério da Saúde mostram que a obesidade no Brasil aumentou 60% em dez anos, passando de 11,8% em 2006 para 18,9% em 2016. A porcentagem da população com excesso de peso também subiu de 42,6% para 53,8% no período.

Fonte dos dados: Governo do Brasil. Obesidade cresce 60% em dez anos no Brasil. Disponível em: <www.brasil.gov.br/saude/2017/04/obesidade-cresce-60-em-dez-anos-no-brasil>. Acesso em: 6 fev. 2019.

Pessoas obesas têm maior risco de sofrer ataques cardíacos ou de desenvolver doenças do sistema cardiovascular, como pressão alta. Também estão mais sujeitas a desenvolver diabetes, cálculos biliares (conhecidos popularmente como pedras na vesícula biliar), problemas na coluna e nas articulações, entre outros problemas de saúde. Dados estatísticos indicam ainda que as pessoas obesas vivem, em média, menos anos do que as pessoas não obesas.

Se uma pessoa está obesa, ela deve procurar um médico, que poderá avaliar seu estado de saúde e, entre outras orientações, direcioná-la a profissionais da saúde para a indicação de dietas e atividades físicas.

O aumento da obesidade ou do sobrepeso está ligado a uma mudança nos padrões de consumo: muitas pessoas substituíram parte dos alimentos naturais por alimentos ultraprocessados. Esses alimentos passam por muitas etapas de processamento, com adição de vários ingredientes, como corantes e conservantes.

Biscoitos, sorvetes, chocolates, refrigerantes, salgadinhos, produtos enlatados e embutidos – como salsicha, mortadela, presunto, etc. – geralmente contêm muitas calorias, gorduras, excesso de sal e de açúcar, e podem desencadear ou agravar problemas de saúde, como obesidade, pressão alta, entre outros.

O problema é que os alimentos ultraprocessados são facilmente encontrados nos mercados. A propaganda frequente nos meios de comunicação e a praticidade desses alimentos prontos estimulam o seu consumo excessivo.

No lugar deles, é preferível consumir alimentos não processados (verduras, frutas, ovos, etc.) ou alimentos minimamente processados (que passaram por alterações mínimas, como limpeza, pasteurização, embalagem, resfriamento ou congelamento, etc.), como sucos de frutas, leite e queijos. Veja a figura 5.28.

Pergunte a algum adulto de seu convívio como a alimentação dele mudou desde quando ele era criança. É provável que antes os alimentos ultraprocessados não fossem tão comuns como são hoje.

Fernando Favoretto/Criar Imagem

5.28 Feira livre em São Paulo (SP), 2018. Em feiras livres como essa é possível comprar alimentos frescos, como frutas e outro vegetais.

Conexões: Ciência e sociedade

Cuidado com as fontes de informação!

Nem sempre a informação que você encontra na internet ou em outros meios de comunicação é confiável. E isso vale para diversas dietas e fórmulas para perder peso. Entre outros problemas, alguns produtos e dietas anunciados nos meios de comunicação fazem apenas a pessoa perder água, e não gordura. Assim, há risco de perda de sais minerais e de desidratação, entre outras complicações.

Outro problema é que ninguém consegue passar a vida inteira comendo apenas um tipo de alimento ou um pó que contém os nutrientes necessários, como algumas dietas recomendam, e, após a interrupção da dieta, a pessoa engorda novamente, muitas vezes até mais do que quando a iniciou.

Dietas para emagrecimento e o consumo de suplementos alimentares devem ser recomendados e acompanhados apenas por profissionais da saúde.

 Mundo virtual

Guia alimentar para a população brasileira – Ministério da Saúde
http://portalms.saude.gov.br/promocao-da-saude/alimentacao-e-nutricao/guia-alimentar-para-a-populacao-brasileira
O Guia alimentar traz recomendações para uma alimentação adequada e saudável para a população brasileira. É também um instrumento de apoio às ações governamentais de educação alimentar. Acesso em: 6 fev. 2019.

Herança africana no Brasil

Por volta de 1525, pessoas de diferentes povos da África começaram a ser trazidas contra a vontade ao Brasil pelos europeus. Essas pessoas foram submetidas e obrigadas a trabalhar em engenhos de cana-de-açúcar, em minas e em outros tipos de ocupação, sempre em condições péssimas, sofrendo maus-tratos e sem nenhum tipo de remuneração.

O que os escravocratas – donos de terras ou exploradores da colônia – não previram foi o tamanho da contribuição que os povos de origem africana trariam para a cultura brasileira

5.29 Abará, prato salgado típico da Bahia.

em formação. A sociedade brasileira foi fortemente influenciada pelos costumes africanos na religião, na culinária, nas artes, na música, nos esportes, entre outros diversos segmentos, inclusive no universo da ciência.

Até hoje, alguns pratos de origem africana, como o cuscuz, são muito comuns, principalmente na culinária da Bahia, estado que tem a maior concentração de afrodescendentes do Brasil. Há ainda muitos outros pratos, como o mungunzá, o abará e o quibebe. Veja a figura 5.29.

E a feijoada? Por décadas creditou-se a criação desse saboroso prato aos negros escravizados no Brasil, dizendo-se que eles comiam os restos de porco misturados a grãos de feijão. Muitos historiadores, no entanto, indicam que esse prato foi, na verdade, influenciado pelos portugueses, que criaram o guisado de feijão com carne tão consumido por nós. A diferença é que os portugueses usam mais feijão-branco na composição do prato, já os brasileiros utilizam o feijão-preto e vários tipos de carne de porco e de boi.

A presença da cultura de povos africanos no Brasil também é vista no esporte e nas danças. Um de seus maiores legados é a capoeira, que mistura arte marcial (técnica de luta), esporte, dança e música.

No tempo da escravidão, a prática da capoeira foi perseguida por ser um símbolo de rebeldia e resistência. Depois da abolição, os capoeiristas continuaram sendo reprimidos por duras leis. O código penal de 1890, criado durante o governo do marechal Deodoro da Fonseca, proibia a prática da capoeira em todo o território nacional.

A aceitação da modalidade pela sociedade levou muitos anos para ocorrer. Mas, em 2014, a roda de capoeira recebeu da Organização das Nações Unidas para a Educação, a Ciência e a Cultura (Unesco) o título de Patrimônio Cultural Imaterial da Humanidade. Veja a figura 5.30. Outras manifestações culturais brasileiras que já foram consagradas são o samba de roda do Recôncavo Baiano (BA) e o frevo (PE).

5.30 Crianças moradoras de comunidade quilombola jogando capoeira durante Festa de Cultura Afro, realizada no Dia da Consciência Negra em Araruama (RJ), 2015. A capoeira é uma das contribuições da cultura africana para a cultura brasileira. Misturando artes marciais, dança e música, a capoeira vem ganhando cada vez mais adeptos de diferentes origens.

Após o término da escravidão no Brasil, em 1888, os negros sofreram grande marginalização social, resultando em consequências que atingem essa população até os dias atuais. Apesar dessas desigualdades e das dificuldades enfrentadas pela população negra atualmente, algumas pessoas conseguiram se destacar em diversas áreas, como na ciência. Um exemplo é o físico brasileiro Eunézio Antônio de Souza (Thoróh). Ele lidera uma pesquisa sobre o grafeno, uma forma super-resistente do carbono, que tem diversas aplicações, desde materiais esportivos até preservativos.

Nascida em Salvador, Viviane dos Santos Barbosa é mais uma cientista negra que conseguiu destaque no Brasil. Veja a figura 5.31. Mestre em Engenharia Química pelo departamento de nanotecnologia da Universidade Técnica de Delft, na Holanda, Viviane desenvolveu catalisadores mais eficientes e que emitem menos gases tóxicos.

5.31 Viviane dos Santos Barbosa, cientista brasileira que vive e trabalha na Holanda. Foto de 2016.

Nascida em São Paulo, Joana D'Arc Félix de Souza é doutora em Química Industrial pela Unicamp e professora da Escola Técnica Estadual de Franca (SP). Veja a figura 5.32. Joana desenvolveu vários produtos e tecnologias, como fertilizantes, pele artificial para queimaduras, cimento ósseo para fraturas, etc.

5.32 Joana D'Arc Félix de Souza, doutora em Química Industrial, desenvolveu vários produtos e tecnologias e ganhou vários prêmios por seu trabalho.

E quem não ouviu falar de Martin Luther King (1929-1968), líder do movimento dos direitos civis dos negros nos Estados Unidos e no mundo? Ou de Nelson Mandela (1918-2013), líder sul-africano, defensor dos direitos humanos e ativista contra a segregação racial? E, voltando ao Brasil, de Milton Santos (1926-2001), um dos maiores geógrafos brasileiros? Ou de Abdias Nascimento (1914-2011), artista e cientista social cuja luta em defesa dos direitos dos afro-descendentes lhe rendeu uma indicação ao prêmio Nobel da Paz em 2010? Além desses exemplos, existem muitos outros de pessoas notáveis que lutaram e ainda lutam para mostrar que as qualidades de uma pessoa não têm relação alguma com a cor da sua pele.

Fonte: elaborado com base em CULTURA afro-brasileira. Disponível em: <https://novaescola.org.br/arquivo/africa-brasil/cultura-afro-brasileira.shtml>; MUSEU Afro Brasil. Disponível em: <www.museuafrobrasil.org.br>; GOVERNO DO BRASIL. Cultura afro-brasileira se manifesta na música, religião e culinária. Disponível em: <www.brasil.gov.br/cultura/2009/10/cultura-afro-brasileira-se-manifesta-na-musica-religiao-e-culinaria>; ESCOLA Agrícola de Franca. Dra. Joana Felix – Exemplo de Vida. Disponível em: <www.escolaagricoladefranca.com.br/2017/05/23/dra-joana-felix-exemplo-de-vida>. ABDIAS Nascimento. Disponível em: <www.letras.ufmg.br/literafro/autores/462-abdias-nascimento>. Acessos em: 6 fev. 2019.

ATIVIDADES

Aplique seus conhecimentos

1 ▸ Observe no gráfico abaixo os dados sobre a mortalidade infantil em alguns países do mundo no ano de 2017.

Taxa de mortalidade infantil em 2017

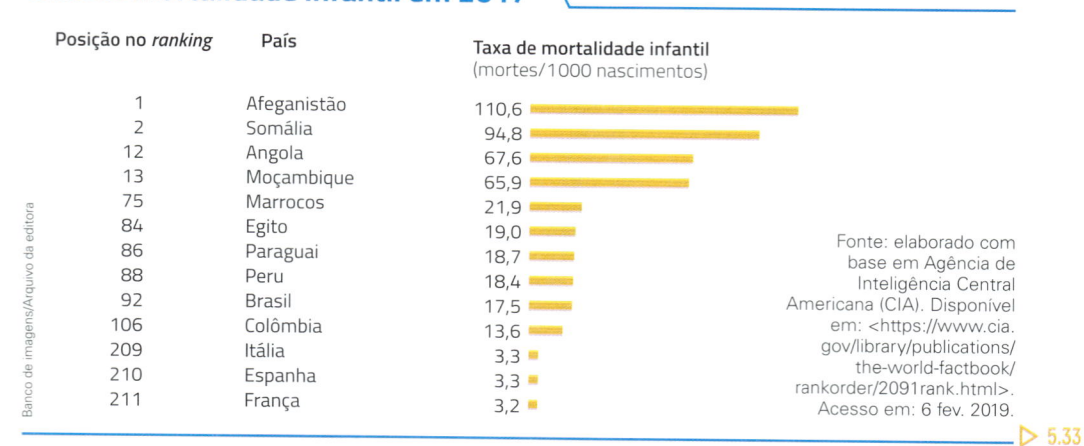

Posição no *ranking*	País	Taxa de mortalidade infantil (mortes/1000 nascimentos)
1	Afeganistão	110,6
2	Somália	94,8
12	Angola	67,6
13	Moçambique	65,9
75	Marrocos	21,9
84	Egito	19,0
86	Paraguai	18,7
88	Peru	18,4
92	Brasil	17,5
106	Colômbia	13,6
209	Itália	3,3
210	Espanha	3,3
211	França	3,2

Fonte: elaborado com base em Agência de Inteligência Central Americana (CIA). Disponível em: <https://www.cia.gov/library/publications/the-world-factbook/rankorder/2091rank.html>. Acesso em: 6 fev. 2019.

▷ 5.33

Banco de imagens/Arquivo da editora

a) O que a taxa de mortalidade infantil indica?

b) Que fatores aumentam a taxa de mortalidade infantil?

c) Se considerarmos apenas esse indicador, quais são os três países mais desenvolvidos entre os representados no gráfico?

2 ▸ O que é IDH? Quais são os três fatores considerados no cálculo desse índice?

3 ▸ Analise o gráfico abaixo e depois responda às questões a seguir.

Expectativa de vida ao nascer – Brasil (1940-2016)

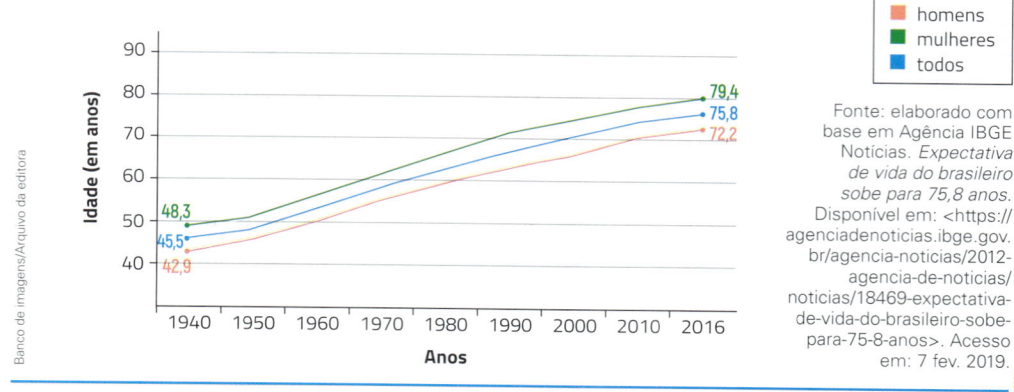

- homens
- mulheres
- todos

Fonte: elaborado com base em Agência IBGE Notícias. *Expectativa de vida do brasileiro sobe para 75,8 anos.* Disponível em: <https://agenciadenoticias.ibge.gov.br/agencia-noticias/2012-agencia-de-noticias/noticias/18469-expectativa-de-vida-do-brasileiro-sobe-para-75-8-anos>. Acesso em: 7 fev. 2019.

▷ 5.34

Banco de imagens/Arquivo da editora

a) O que é expectativa de vida ao nascer?

b) O que vem acontecendo com a expectativa de vida, no Brasil, ao longo do tempo?

c) No Brasil, a expectativa de vida dos homens é igual a das mulheres?

4 ▸ Um estudante afirmou que "açúcar é energia". Explique o que ele quis dizer com isso.

5 ▸ Uma pessoa que precisa emagrecer resolveu diminuir a ingestão de alimentos ricos em carboidratos.

a) Cite alguns alimentos ricos nesse nutriente.

b) Um médico disse que, além dos carboidratos, há outro nutriente que contém muitas calorias. Por isso, indicou ao paciente que diminuísse sua ingestão na dieta. Qual seria esse nutriente e que funções ele tem no organismo?

6 ▸ Quais dos alimentos a seguir são ricos em glicídios (ou carboidratos), lipídios e proteínas, respectivamente: manteiga, batata, clara de ovo, mel, banana, azeite.

7 ▸ Entre os nutrientes mencionados na atividade 6, quais são encontrados nas carnes em geral? E nos queijos?

8 ▸ Um estudante pesou a comida que comeu durante um dia e descobriu que o valor total era 1 kg. Então, ele concluiu que engordou 1 kg. O estudante está certo? Por quê?

9 ▸ O quadro abaixo apresenta a quantidade, em gramas, de alguns nutrientes encontrados em 100 g de parte comestível da banana-prata, crua. O nome de um nutriente foi omitido e está representado pela letra X. Qual é o nutriente indicado por X e qual é a principal função dele no organismo?

Fonte: Tabela Brasileira de Composição de Alimentos – TACO. Disponível em: <http://www.nepa.unicamp.br/taco/contar/taco_4_edicao_ampliada_e_revisada.pdf?arquivo=taco_4_versao_ampliada_e_revisada.pdf>. Acesso em: 6 fev. 2019.

Proteínas	1,3
Lipídios	0,1
X	26,0
Fibra	2,0
Cálcio	8

▽ **5.35** Nutrientes em 100 g de banana-prata.

10 ▸ Quando o camelo fica muito tempo sem comer, suas corcovas diminuem. Você saberia explicar por quê? (Pista: a corcova não é um reservatório de água, como muitos pensam.)

11 ▸ Um adulto com atividades normais precisa de 0,8 gramas de proteína por quilograma de peso. Por que essa quantidade necessária é maior em crianças (pode chegar a 1 grama por quilograma de peso)?

12 ▸ O rato-canguru, um pequeno mamífero dos desertos estadunidenses, não bebe água. De onde vem a água necessária ao organismo dele?

13 ▸ Veja a seguir a quantidade aproximada de quilocalorias em 100 g de alguns alimentos. Os alimentos aparecem em ordem crescente de calorias:

- alface, pepino, agrião, berinjela, chuchu, couve-flor, tomate, brócolis, pimentão: 10 kcal a 30 kcal;
- suco de laranja, mamão, abacaxi: 35 kcal a 50 kcal;
- batata cozida: 52 kcal;
- maçã: 63 kcal;
- feijão: 77 kcal;
- banana-prata: 100 kcal;
- arroz: 128 kcal;
- batata frita: 300 kcal;
- leite em pó desnatado: 362 kcal;
- açúcar: 387 kcal;
- biscoito doce, recheado com chocolate: 472 kcal;
- leite em pó integral: 497 kcal;
- manteiga e margarina: 720 kcal.

a) Que substâncias químicas são as principais responsáveis pelo valor calórico do açúcar comum? E da banana? E da manteiga ou da margarina?

b) Que nutriente confere à manteiga e à margarina um alto valor calórico?

c) Por que o leite integral tem mais calorias do que o desnatado?

d) Por que a batata frita tem mais calorias do que a batata cozida?

e) O açúcar comum é chamado por alguns de "calorias vazias". Tente explicar a razão dessa expressão.

f) Qual desses alimentos é rico em proteínas e pobre em lipídios?

14 ▸ 100 gramas de maçã têm cerca de 65 quilocalorias e a mesma quantidade de banana têm cerca de 98 quilocalorias. Já 100 gramas de bolo de chocolate têm cerca de 450 quilocalorias e 100 gramas de chocolate têm 540 quilocalorias. Apesar de serem muito ricos em calorias, alimentos como o bolo e o chocolate não possuem vários tipos de nutrientes em quantidade adequada. O consumo excessivo desses alimentos sacia o apetite sem satisfazer as necessidades nutricionais do indivíduo.

a) O que pode acontecer se você consumir mais calorias do que gasta?

b) Calcule quantas maçãs você teria de comer para conseguir a mesma quantidade de calorias que se encontram em 100 g de bolo de chocolate.

c) Por que a recomendação de não comer doces antes das refeições é importante?

15 ▸ Observe os ingredientes de uma receita de bolo:

- 3 <u>claras</u> batidas em neve
- 2 xícaras (de chá) de <u>açúcar</u>
- 3 <u>gemas</u>
- 2 xícaras (de chá) de <u>farinha de trigo</u>
- 100 gramas de <u>margarina</u>
- 1 colher (de sobremesa) de fermento químico

a) Que tipos de nutriente estão presentes em maior quantidade em cada produto sublinhado na receita?

b) Que nutrientes importantes para nossa saúde estão praticamente ausentes da receita?

c) Esse bolo tem muitas calorias? Por quê?

16 ▸ Cite alguns fatores que podem provocar a obesidade e alguns problemas de saúde que essa condição pode acarretar.

17 ▸ Qual é a importância do leite materno para o bebê?

18 ▸ Por que nas comunidades mais pobres há maior risco de desnutrição infantil depois que a amamentação é interrompida?

19 ▸ Por que não se deve consumir diariamente apenas um tipo de alimento, mesmo que esse alimento forneça a quantidade total de calorias necessária ao organismo?

20 ▸ Um médico afirmou que, infelizmente, para muitos adolescentes de hoje vale a frase "Come-se muito do que é ruim e pouco do que é bom". Explique o que ele quis dizer com isso.

21 ▸ Por que a segurança alimentar é um indicador da saúde de uma população?

22 ▸ Se uma pessoa ingere diariamente uma quantidade de calorias suficiente para cobrir seu gasto energético, pode-se dizer que a alimentação dela é equilibrada? Por quê?

23 ▸ Há pessoas que, por conta própria, seguem dietas ou ingerem produtos anunciados nos meios de comunicação ou recomendados por pessoas conhecidas. O que você acha disso?

24 ▸ O combate à desnutrição envolve, entre outras medidas, programas de assistência alimentar e de geração de empregos, além da educação alimentar da população. Como a falta de informação sobre nutrição colabora para agravar o problema da desnutrição?

 **De olho no texto**

Os textos a seguir discutem alguns indicadores de saúde. Leia-os com atenção e faça o que se pede.

Texto 1

Saneamento básico no Brasil

O Brasil é um país que teve conquistas sociais importantes nos últimos 20 anos. Entretanto, quando falamos sobre saneamento básico, a realidade nos mostra que estamos longe do ideal. É preciso mais esforço por parte dos governos para que toda a população seja abrangida pelo tratamento.

[...]

A importância do saneamento ultrapassa a questão social, já que impacta a saúde pública, o meio ambiente e a economia do país. Por ser uma estrutura que traz benefícios amplos para a população, deveria possuir mais investimento, mas não é o que se vê.

[...]

Unindo esses dados com as informações sobre as doenças de veiculação hídrica, vemos que o total de internações por diarreia [...] e leptospirose é 4 vezes maior nas piores cidades. É a comprovação de que a saúde pública tem relação direta com medidas preventivas, como um saneamento básico eficiente e universal.

[...]

O saneamento básico no Brasil é um desafio para os governos, que devem intensificar os investimentos públicos em todos os níveis. Porém, a população tem papel fundamental nisso, já que a pressão popular para democratizar os serviços sanitários pode contribuir para melhorar o cenário.

Qual a realidade do saneamento básico no Brasil? Disponível em: <https://www.childfundbrasil.org.br/blog/realidade-do-saneamento-basico-no-brasil>. Acesso em: 7 fev. 2019.

a) Consulte em dicionários o significado das palavras que você não conhece e redija uma definição para essas palavras.

b) Por que o texto afirma que a questão do saneamento não é apenas social?

c) Doenças de veiculação hídrica são aquelas transmitidas pela água contaminada com organismos parasitas. Muitas dessas doenças causam diarreia. Sabendo que 98% do esgoto do município de Franca é tratado e que o município de Ananindeua possui 8,75% de seu esgoto tratado, em qual desses dois locais você esperaria encontrar mais casos de diarreia? Explique.

d) De acordo com o texto, qual é o papel da população na melhoria dos índices de saneamento?

Texto 2

Na adolescência ocorre um rápido desenvolvimento físico. Consequentemente, há também um aumento da necessidade de nutrientes. No entanto, diversos estudos indicam que muitos adolescentes, apesar de saberem o que é uma alimentação saudável, não consideram que sua alimentação seja saudável. Muitos não querem pensar nas consequências de uma má alimentação no futuro e preferem pensar apenas no prazer imediato dado por certos alimentos. Os estudos mostram também que há grande influência do grupo do qual fazem parte, o que os leva a ingerir mais lanches do tipo *fast-food* (comida rápida) do que seria desejável. Finalmente, nos últimos anos, verificou-se um aumento do consumo de biscoitos, refeições prontas e refrigerantes e uma diminuição do consumo de arroz, feijão, peixes e ovos.

O resultado é que, além da obesidade, certas doenças que antes praticamente só se manifestavam em adultos, como a diabetes do tipo II e as doenças cardiovasculares (doenças do coração e dos vasos sanguíneos), aparecem também cada vez mais entre os adolescentes. Outro fator importante para a obesidade é a inatividade física, que pode ser avaliada pelos médicos pelo número de horas em frente a telas de monitores, celulares, televisão ou *videogames*.

Fontes: elaborado com base em FISBERG, M. *Atualização em obesidade na infância e adolescência.* São Paulo: Atheneu, 2004; e LEMOS, M. C.; DALLACOSTA, M. C. Associação Brasileira para o Estudo da Obesidade e da Síndrome Metabólica. Diretrizes brasileiras de obesidade 2016 / ABESO – Associação Brasileira para o Estudo da Obesidade e da Síndrome Metabólica. 4.ed. São Paulo: ABESO, 2016.

5.36 É importante saber equilibrar as atividades de lazer, evitando ficar parado por muito tempo.

a) Lanches e refeições rápidas, como batatas fritas, refrigerantes e chocolates, geralmente são ricos em certos nutrientes e pobres em outros. Identifique alguns nutrientes que podem estar em falta nesses alimentos.

b) Muitos adolescentes passam muito tempo do lazer vendo televisão ou jogando *videogame*. Por que essas atividades em excesso podem prejudicar a saúde?

Leia a tira abaixo, prestando atenção aos conceitos apresentados. Se necessário, releia os conceitos no texto do capítulo.

5.37

BECK, A. *Armandinho*. Disponível em: <https://tirasarmandinho.tumblr.com>. Acesso em: 7 fev. 2019.

a) Quais são os indicadores representados na tira?

b) Como foi feita a distribuição de maçãs entre os personagens da tira? Quais podem ser as consequências dessa distribuição?

Investigue

Faça uma pesquisa sobre os itens a seguir. Você pode pesquisar em livros, revistas, *sites*, etc. Preste atenção se o conteúdo vem de uma fonte confiável, como universidades ou outros centros de pesquisa, por exemplo. Use suas próprias palavras para elaborar a resposta.

1 ▸ Pesquise o que são ações afirmativas e dê um exemplo dessas ações. Escreva uma redação com o que encontrou, expondo as razões pelas quais concorda ou não com essas ações. Leia sua redação na sala e converse com os colegas sobre o tema, escutando e respeitando todas as opiniões.

2 ▸ O que a legislação estipula sobre o trabalho infantil e do adolescente? Você conhece ou já ouviu falar de alguma situação na qual a legislação referente a esse tema foi desrespeitada? O que poderia ser feito nesses casos? Discuta com os colegas.

Trabalho em equipe

Cada grupo de estudantes vai escolher uma das atividades a seguir para pesquisar em livros, revistas ou *sites* confiáveis (de universidades, centros de pesquisa, etc.). Vocês podem buscar o apoio de professores de outras disciplinas (Geografia, História, Língua Portuguesa, etc.). Exponham os resultados da pesquisa para a classe e a comunidade escolar (estudantes, professores e funcionários da escola e pais ou responsáveis), com o auxílio de ilustrações, fotos, vídeos, blogues ou mídias eletrônicas em geral. Ao longo do trabalho, cada integrante do grupo deve defender seus pontos de vista com argumentos e respeitando as opiniões dos colegas.

1 ▸ Qual é a situação dos indicadores abaixo no estado ou no município onde você mora? Compare os dados obtidos com dados do Brasil e de outros estados. Discuta com a turma quais os problemas mais urgentes e o que pode ser feito para melhorar os diferentes indicadores. Vocês podem consultar, por exemplo, os *sites* <www.atlasbrasil. org.br> e <https://cidades.ibge.gov.br>. Acesso em: 6 fev. 2019.

- Taxa de mortalidade infantil e expectativa de vida
- Índice de Desenvolvimento Humano (IDH)
- Abastecimento de água e tratamento de esgoto
- Taxa de escolaridade

2 ▸ Pesquisem personalidades brasileiras afrodescendentes que marcaram a história do Brasil, destacando-se em artes, esportes, ciências, política e na luta pelos direitos humanos e outras questões sociais. Faça um resumo sobre a história de cada uma delas.

3 ▸ Coletem e interpretem dados estatísticos sobre a desnutrição no estado em que vivem. Em seguida, discutam as causas, as possíveis soluções e as medidas que o governo vem tomando para combater esse problema. Se possível, peçam auxílio dos professores de Matemática e de Geografia. O resultado da pesquisa pode ser divulgado na internet, conforme orientação do professor. Não se esqueçam de citar as fontes de todos os dados coletados.

4 ▸ Analisem a embalagem de alguns alimentos e pesquisem as informações nela contidas (valor energético, valores diários de referência, quantidade de nutrientes e de gorduras *trans*, aditivos, data de validade, como o produto deve ser armazenado, etc.). A partir dessas informações, reflitam: Vocês consideram esses alimentos saudáveis? Algum deles tem características que favorecem o desenvolvimento da obesidade, se consumido com frequência?

5 ▸ Elaborem um cardápio de uma semana com uma dieta equilibrada, em que estejam presentes todos os grupos de alimentos. Utilizem comidas típicas da região. Com o auxílio do professor de Geografia, pesquisem os tipos de refeição mais consumidos em sua região. Verifiquem se essas refeições estão equilibradas, isto é, se possuem todos os nutrientes necessários à saúde. Discutam também a qualidade nutritiva das refeições do tipo *fast-food*.

6 ▸ Com auxílio dos professores de Ciências, Língua Portuguesa e Arte, elaborem uma campanha (com cartazes, frases de alerta, letras de música, etc.) para estimular as pessoas a ter uma alimentação equilibrada e evitar o excesso de alimentos ricos em gorduras e açúcares.

Aprendendo com a prática

Atividade 1

Para realizar esta prática, combinem em grupo e com o professor como providenciar o material a seguir. Depois, leiam as orientações.

Material

- Várias tampas de potes ou vários pires
- Um conta-gotas
- Pequenas amostras de vários alimentos: rodela de banana, fatia de pão, arroz cozido, clara de ovo, rodela de aipim (mandioca), biscoitos de cor clara, pedaço de carne crua e de queijo, um pouco de farinha de trigo e amido de milho, pedaço de batata sem casca (crua ou cozida), leite, macarrão cozido, óleo de soja, chocolate, alface, etc.
- Solução de iodo preparada com tintura de iodo (comprada em farmácia) e diluída em água pelo professor, até ficar com cor alaranjada ou castanho-clara

Sinelev/Shutterstock

Shah Rohani/Shutterstock

zkruger/Shutterstock

M. Unal Ozmen/Shutterstock

5.38 Alguns materiais que podem ser utilizados na atividade. (Os elementos representados nas fotografias não estão na mesma proporção.)

Anna Kucherovat/Shutterstock

Deep OV/Shutterstock

Edson Antunes/Arquivo da editora

Procedimento

1 ▸ Ponham um pouco de amido de milho (uma colher de café, por exemplo) sobre uma tampa ou um pires.

2 ▸ Peçam ao professor que pingue duas ou três gotas da solução de iodo diluída por ele. Em outra tampa, ponham um pouco de água e novamente peçam ao professor que pingue duas ou três gotas da solução de iodo. Comparem a cor das duas misturas e anotem os resultados.

3 ▸ Distribuam um pouco de cada alimento nos diversos pires ou tampas e peçam ao professor que pingue duas ou três gotas de solução de iodo sobre cada um. Lavem bem as mãos.

4 ▸ Agora, anotem as cores que aparecem em cada amostra e comparem com a cor obtida na mistura de água e na de amido de milho.

Resultados e discussão

a) Que substância presente nos alimentos provocou a mudança de cor no iodo?

b) Quais alimentos são ricos nessa substância? E em quais deles essa substância está ausente?

Atividade 2

A maneira mais simples de identificar lipídios é observar a formação de manchas gordurosas e translúcidas em uma folha de papel.

Material

- Óleo de cozinha
- Água
- Folha de papel
- Ovo, maionese, manteiga, legumes cozidos

5.39 Alguns materiais necessários para a realização da atividade. (Os elementos representados nas fotografias não estão na mesma proporção.)

Spacezerocom/Shutterstock Coprid/Shutterstock Bborriss.67/Shutterstock

Procedimento

1 ▸ Pingue uma gota de óleo de cozinha em um canto do papel e, no outro canto, uma gota de água. Espere secar e examine contra a luz.

2 ▸ Repita o teste separadamente com: um pouco de clara; um pedaço da gema de um ovo cozido; maionese; manteiga; legumes cozidos (os alimentos sólidos podem ser esfregados com o dedo no papel). Quais alimentos deixam o papel mais translúcido? Faça um relatório dos alimentos com maior concentração de lipídios.

> **① Atenção**
>
> Não ponha o iodo na boca, nos olhos nem dentro do nariz. Ele é usado para desinfetar a pele, mas não pode ser aplicado nas mucosas (tecidos que revestem o interior da boca, do nariz, etc.), muito menos bebido ou ingerido, porque é tóxico.

Autoavaliação

1. Com base no que estudou neste capítulo, você diria que a comunidade em que vive tem bons indicadores de saúde? Como você poderia contribuir para melhorar esses indicadores?

2. Como vimos, a saúde depende do equilíbrio físico, mental e emocional. Que atitudes do seu cotidiano contribuem para o equilíbrio desses três aspectos?

3. Após ter estudado a importância da alimentação saudável, você considera seus hábitos alimentares adequados? O que poderia mudar para melhorá-los?

6

Doenças transmissíveis

Celio Coscia/Fotoarena

▽
6.1 Lavar as mãos depois de usar o banheiro e antes das refeições é uma medida eficaz na prevenção de muitas doenças. Você lava as mãos com frequência?

O ar, a água e o solo podem estar contaminados por microrganismos que provocam doenças. Para se prevenir contra essas doenças, além do saneamento básico, é necessário ter alguns cuidados, como estar em dia com o calendário de vacinação e lavar as mãos antes das refeições e depois de usar o banheiro. Veja a figura 6.1.

▶ **Para começar**

1. Que doenças transmissíveis, veiculadas pelo ar, você conhece? E doenças relacionadas à contaminação da água ou dos alimentos por microrganismos?

2. Além da dengue, você conhece outras doenças que podem ser transmitidas pela picada de insetos?

3. Como a prevenção de doenças é feita em sua comunidade?

4. Qual é a diferença entre vacina e soro? Você se lembra de ter tomado vacinas recentemente?

1 Nossas defesas

Estamos em permanente contato com uma grande quantidade de seres microscópicos que estão no ambiente, e alguns deles causam infecções. Mas nem por isso ficamos doentes o tempo todo, já que o organismo humano é capaz de produzir defesas contra esses microrganismos.

Uma dessas defesas é feita pelos **anticorpos**, proteínas que se ligam aos organismos invasores e ajudam a destruí-los. Observe a figura 6.2.

Além das doenças infecciosas, causadas por microrganismos, existem outros tipos. Um exemplo são as doenças hereditárias, passadas dos pais para os filhos por meio dos genes.

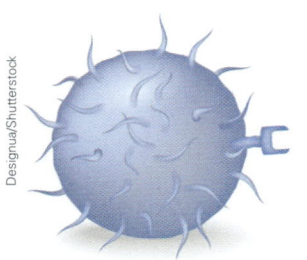
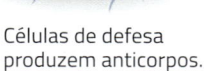
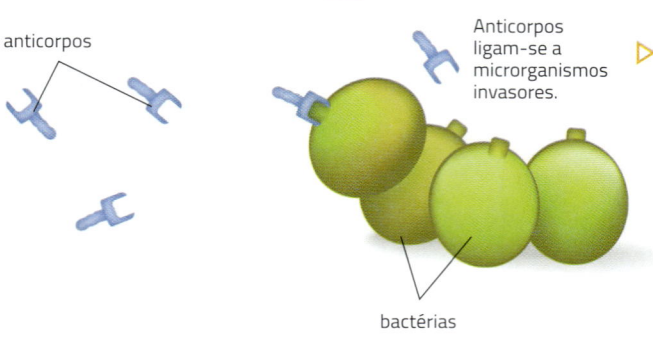

Células de defesa produzem anticorpos.

anticorpos

Anticorpos ligam-se a microrganismos invasores.

bactérias

▷ 6.2 Modelo simplificado de defesa do organismo por meio da produção de anticorpos. (Elementos representados em tamanhos não proporcionais entre si; bactérias medem em torno de 1 µm e são cerca de 10 vezes menores que as outras células. Cores fantasia.)

A reação do organismo, porém, pode não ser imediata e é por isso que ficamos doentes. Em muitos casos, depois de curados, tornamo-nos protegidos e não contraímos a mesma doença. Isso acontece com o sarampo, por exemplo.

Há muitas doenças infecciosas que atingem a espécie humana. Às vezes, como no caso da gripe, elas surgem, espalham-se rapidamente e atingem grande número de pessoas em uma região: são as **epidemias**. Outras vezes, a doença persiste por vários anos em uma região e afeta um número relativamente grande de pessoas: são as **endemias**. Quando a doença se espalha por muitos lugares do planeta, temos uma **pandemia**.

▸ **Epidemia:** vem do grego *epi*, "sobre", e *demos*, "povo".

▸ **Endemia:** vem do grego *en*, "dentro", e *demos*, "povo".

▸ **Pandemia:** vem do grego *pan*, "todo", e *demos*, "povo".

‹Conexões: Ciência e sociedade›

Sífilis volta a ser uma epidemia no Brasil

Transmitida pela bactéria *Treponema pallidum*, a sífilis não escolhe idade, sexo ou classe social. A doença é transmitida principalmente por via sexual, mas gestantes podem passar para o bebê durante a gravidez. Apesar do diagnóstico e do tratamento serem rápidos, os casos da doença aumentaram em 5 000% nos últimos cinco anos.

A falta de tratamento pode causar cegueira, demência, e más formações no caso de fetos. [...]

O aumento dos casos da doença preocupa especialistas. No Brasil, especialmente nos grandes centros urbanos, a infecção dá sinais de avanço rápido e já preocupava as autoridades desde 2000. [...]

Mas esse retorno não é exclusivo no Brasil: a Organização Mundial de Saúde – OMS estima que, a cada ano, quase seis milhões de pessoas são infectadas pela sífilis. Por não ter vivido tanto a epidemia de sífilis nas décadas anteriores, a população mais jovem pode estar se descuidando dos métodos de prevenção – o que é temeroso, pois a única forma de prevenir a sífilis é através do sexo seguro.

Ainda existe muito desconhecimento sobre a doença, não apenas em relação ao risco de contágio como em relação às consequências da infecção. [...]

O diagnóstico é fácil e está disponível em qualquer unidade de saúde. Não há custos, e o resultado fica pronto em apenas dez minutos. O tratamento com penicilina também é rápido. [...]

SOCIEDADE BRASILEIRA DE ANÁLISES CLÍNICAS. Sífilis volta a ser uma epidemia no Brasil.
Disponível em: <http://www.sbac.org.br/noticias/sifilis-volta-a-ser-uma-epidemia-no-brasil>. Acesso em: 4 fev. 2019.

As vacinas

A melhor forma de evitar que doenças transmissíveis se espalhem e atinjam muitas pessoas é por meio da prevenção, e a **vacina** é uma das maneiras mais eficazes de prevenir essas doenças. A vacina não causa a doença, mas estimula a produção de anticorpos. Assim, se houver o contato com aquele microrganismo, estaremos protegidos. As vacinas não protegem apenas um indivíduo, mas toda a comunidade, uma vez que a propagação de doenças transmissíveis fica dificultada quando grande parte da população está vacinada.

Hoje, existem vacinas contra vírus, bactérias e outros parasitas. Elas podem ser fabricadas com partes dos microrganismos, com microrganismos mortos ou com microrganismos atenuados (aqueles que já não podem causar a doença). Veja a figura 6.3.

Por ser um tratamento preventivo, na maioria das vezes, a vacina deve ser aplicada antes de um indivíduo ser infectado. Há vacinas, por exemplo, contra sarampo, rubéola, caxumba, catapora, poliomielite, raiva, gripe, febre amarela e certos tipos de hepatite. Os cientistas estão constantemente pesquisando vacinas contra outras doenças. Por causa da vacinação em massa, a varíola foi erradicada, ou seja, eliminada.

O **Calendário Nacional de Vacinação** contém as vacinas de interesse prioritário. Elas são distribuídas gratuitamente nos postos de vacinação da rede pública. A aplicação é feita de acordo com a faixa etária e considera também profissionais expostos a riscos.

A caderneta de vacinação é um documento em que são registradas as vacinas que a pessoa tomou e a data em que foram aplicadas. Esse documento deve estar sempre atualizado e ser apresentado em consultas médicas e matrículas em escolas, por exemplo. Atualmente, existem aplicativos gratuitos para celular que possibilitam aos adultos acompanhar a própria vacinação e a dos menores de idade sob sua responsabilidade. Veja a figura 6.4.

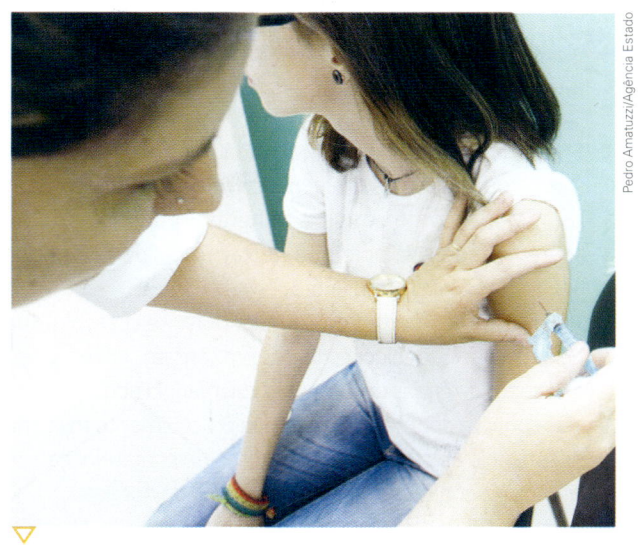

6.3 Menina sendo vacinada contra o papilomavírus humano (HPV) em posto de saúde em Campinas (SP), 2014. Campanhas de vacinação acontecem com frequência em diversos municípios brasileiros para prevenir doenças infecciosas como o HPV, que pode causar câncer de colo de útero.

A vacina contra a gripe, por exemplo, pode ser indicada a profissionais que lidam com muitas pessoas. É o caso de professores e profissionais da área da saúde, como médicos e enfermeiros.

> ⊘ **Atenção**
> Conheça o Calendário Nacional de Vacinação em: <http://portalms.saude.gov.br/saude-de-a-z/vacinacao/vacine-se>. Acesso em: 4 fev. 2019.

6.4 Fique atento à sua saúde. Além do acompanhamento médico, existem aplicativos sobre vacinas, nutrição e atividade física que podem ajudar você a monitorar sua saúde.

A história da vacina

A varíola é uma doença causada por um vírus e transmitida por gotículas de saliva no ar ou por objetos contaminados, como copos e talheres. A doença provoca febre e lesões na pele que deixam cicatrizes e podem até matar. Veja a figura 6.5.

Em algumas partes do mundo, durante o século XVIII, percebeu-se que colocar crianças em contato com o material que saía das feridas de pacientes com varíola podia protegê-las contra a doença. Embora esse procedimento fosse perigoso, pois as crianças corriam risco de contaminação, ele chegou a ser adotado para a prevenção da doença.

Em 1796, o médico inglês Edward Jenner (1749-1823) observou que pessoas não contraíam a varíola ao ordenhar vacas, desde que tivessem adquirido a forma animal da doença, menos perigosa. Jenner usou o termo "varíola da vaca", em latim *variola vaccinae*, que deu origem ao termo "vacina". Ele passou a usar o pus de pacientes com varíola da vaca como forma de prevenir a doença.

Kiril Cachovsk/Lithuanian Mummy Project/Ip Archive/Glow Images

6.5 Múmia de um menino que morreu de varíola em 1654, na Lituânia. O estudo de vestígios como este possibilita aos pesquisadores compreender melhor a doença que matou muitas pessoas ao longo da história.

Em 1904, no Rio de Janeiro, ocorreu a **Revolta da Vacina**, uma manifestação contra a vacinação obrigatória para combater a epidemia de varíola. Na época, a falta de saneamento básico facilitava a disseminação de diversas doenças, principalmente entre a população mais pobre. Veja a figura 6.6. Em 1980, em decorrência da vacinação em massa realizada em todo o mundo, a varíola foi eliminada.

Reprodução/Fundação Biblioteca Nacional, Rio de Janeiro, RJ.

Mundo virtual

Ciência Hoje das Crianças
http://chc.org.br/
a-revolta-da-vacina/
O artigo conta a história da Revolta da Vacina, que ocorreu no Brasil em 1904. Acesso em: 4 fev. 2019.

6.6 A Revolta da Vacina representada em charge feita por Leônidas Freire (1882-1943) e publicada na revista *O Malho* em 1904. Nela está representado o cientista brasileiro Oswaldo Cruz (1872-1917) no centro da imagem.

No Brasil, o Programa Nacional de Imunização, implantado na década de 1970, criou várias campanhas de vacinação contra a poliomielite, o sarampo, a rubéola, entre outras doenças. Atualmente, a rede pública oferece também a vacina contra o HPV (papilomavírus humano), causador de verruga genital e de alguns tipos de câncer, como o de colo do útero. Jovens (meninas de 9 a 14 anos de idade e meninos de 11 a 14 anos) podem receber gratuitamente essa vacina.

Fonte: elaborado com base em UJVARI, S. C. *A história e suas epidemias:* a convivência do homem com os microrganismos. São Paulo: Senac, 2003; SEVCENKO, N. *A Revolta da Vacina.* São Paulo: Cosac Naify, 2010.

Outros medicamentos

Você já teve de tomar uma medicação conhecida como **antibiótico**? Esses medicamentos são muito eficientes contra as bactérias, mas não produzem efeito algum contra os vírus. Há alguns medicamentos específicos contra certos tipos de vírus, como o do herpes, o da gripe e o da aids. São chamados de **antivirais**.

Outra defesa contra doenças transmissíveis, como a raiva, é o **soro terapêutico**. O soro contém anticorpos capazes de inativar substâncias tóxicas. A produção do soro pode ser feita com animais, como cavalos. Veja a figura 6.7.

Ilustrações: Mauro Nakata/Arquivo da editora

1. O animal recebe vírus mortos, ou partes de vírus, e produz anticorpos contra eles.

3. O soro é indicado para pessoas que já tenham contraído o vírus, pois assim o organismo consegue combatê-lo mais rapidamente. Contudo, o soro não proporciona defesa permanente, como ocorre com a maioria das vacinas.

2. Posteriormente, parte de seu sangue é retirada e usada na produção do soro.

Existem também soros produzidos para neutralizar certas substâncias tóxicas. Por exemplo, quando uma pessoa é picada por uma serpente peçonhenta, é dado a ela o soro antiofídico.

▽ **6.7** Representação esquemática da produção de soros com cavalos. (Elementos representados em tamanhos não proporcionais entre si. Cores fantasia.)

Conexões: Ciência e sociedade

Saiba quais doenças voltaram a ameaçar o Brasil

Os primeiros sinais de queda nas coberturas vacinais em todo o país começaram a aparecer ainda em 2016. De lá para cá, doenças já erradicadas voltaram a ser motivo de preocupação entre autoridades sanitárias e profissionais de saúde. Amazonas, Roraima, Rio Grande do Sul, Rondônia e Rio de Janeiro são alguns dos estados que já confirmaram casos de sarampo este ano [2018]. Em 2016, o Brasil recebeu da Organização Pan-Americana de Saúde (Opas) o certificado de eliminação da circulação do vírus.

Dados do Ministério da Saúde mostram que a aplicação de todas as vacinas do calendário adulto está abaixo da meta no Brasil – incluindo a dose que protege contra o sarampo. Entre as crianças, a situação não é muito diferente – em 2017, apenas a BCG [bacilo de Calmette-Guérin], que protege contra a tuberculose e é aplicada ainda na maternidade, atingia a meta de 90% de imunização. Em 312 municípios, menos de 50% das crianças foram vacinadas contra a poliomielite. Apesar de erradicada no país desde 1990, a doença ainda é endêmica em três países – Nigéria, Afeganistão e Paquistão.

O grupo de doenças pode voltar a circular no Brasil caso a cobertura vacinal, sobretudo entre crianças, não aumente. O alerta é da Sociedade Brasileira de Imunizações (Sbim), que defende uma taxa de imunização de 95% do público-alvo. O próprio Ministério da Saúde, por meio de comunicado, destacou que as baixas coberturas vacinais identificadas em todo o país acendem o que chamou de "luz vermelha".

[...]

LABOISSIÈRE, P. Saiba quais doenças voltaram a ameaçar o Brasil. *Agência Brasil*. Disponível em: <http://agenciabrasil.ebc.com.br/saude/noticia/2018-07/saiba-quais-doencas-voltaram-ameacar-o-brasil>. Acesso em: 4 fev. 2019.

2 Doenças causadas por vírus

Os vírus são parasitas que obrigatoriamente precisam de outros seres vivos para sobreviver, como bactérias, protozoários, algas, plantas e animais. Muitas doenças causadas por vírus (viroses) – como a gripe, o resfriado, a poliomielite, o sarampo, a rubéola, a caxumba ou parotidite e a catapora – são transmitidas de uma pessoa para outra por meio de espirro, tosse ou fala, que espalham gotículas no ar. A transmissão dessas doenças pode ocorrer também por meio de água ou alimentos contaminados com a saliva de pessoas infectadas. Com exceção do resfriado, há vacinas eficazes contra essas doenças.

Outras viroses, como a dengue, a zika, a chikungunya e a febre amarela, são transmitidas por mosquitos, enquanto a raiva é transmitida por mordidas de animais infectados. Vamos conhecer com mais detalhes algumas viroses.

> Essa é uma das razões pelas quais temos de manter alguns cuidados pessoais. É importante usar copos e talheres limpos, além de lavar as mãos com frequência.

> Vamos estudar no 8º ano a aids – causada por vírus – e outras infecções sexualmente transmissíveis.

⊘ Atenção

As informações apresentadas neste capítulo têm o objetivo de ajudar as pessoas a conhecer melhor as doenças relacionadas com os vírus. Contudo, elas não substituem a consulta ao médico nem devem ser usadas para diagnóstico, tratamento ou prevenção de doenças.

Gripe e resfriado

A **gripe** e o **resfriado** são causados por vírus diferentes. Veja a figura 6.8. No entanto, alguns de seus sintomas são semelhantes: coriza, nariz entupido, tosse e espirro; em geral, a febre só aparece nos casos de gripe.

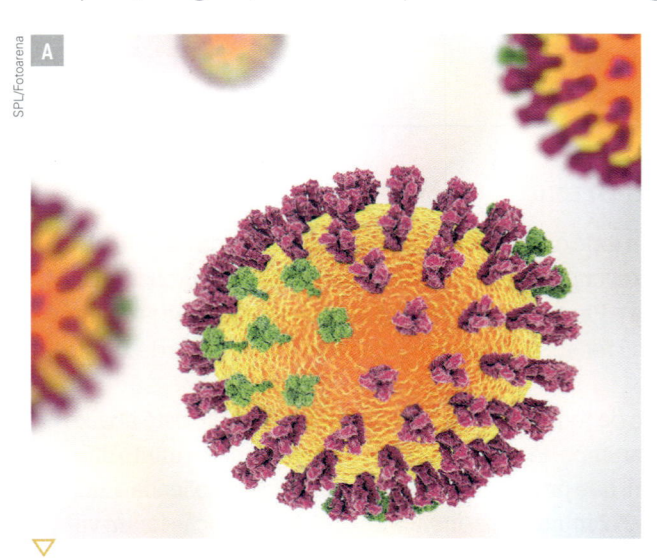
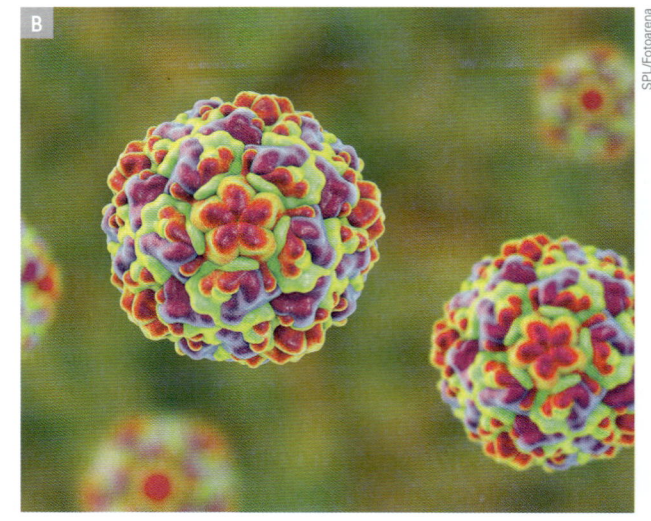

▽ 6.8 Embora sejam comumente confundidas pelas pessoas por causa dos sintomas, a gripe e o resfriado são doenças causadas por tipos de vírus diferentes. Em **A**, representação artística de um tipo de vírus influenza que causa a gripe. Em **B**, representação artística de um tipo de vírus que causa o resfriado. (Os vírus têm cerca de 130 nanômetros (nm) ou 0,00013 mm de diâmetro. Cores fantasia.)

Nos dois casos, a transmissão se dá quando os vírus de uma pessoa infectada são espalhados por gotículas eliminadas pelas vias respiratórias durante a fala, o espirro ou a tosse. Veja a figura 6.9, na próxima página. O contágio acontece também quando se leva a mão ao nariz ou à boca depois de ter tocado em uma superfície contaminada com o vírus.

Por essa razão, medidas de higiene, como lavar as mãos com frequência e usar lenços ao espirrar ou tossir, podem evitar essas infecções virais. Veja a figura 6.10.

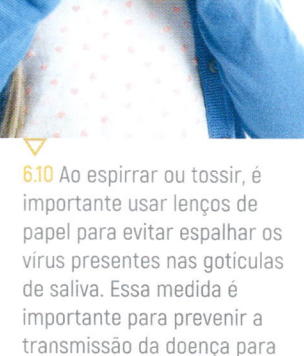

▷ **6.9** As gotículas contaminadas por vírus podem ficar em superfícies, como objetos pessoais.

▽ **6.10** Ao espirrar ou tossir, é importante usar lenços de papel para evitar espalhar os vírus presentes nas gotículas de saliva. Essa medida é importante para prevenir a transmissão da doença para outras pessoas.

A gripe também é conhecida como **influenza**, porque antigamente se acreditava que a doença era provocada por influência dos corpos celestes. A vacina contra a gripe oferece uma proteção limitada, de cerca de um ano. Isso acontece porque os vírus da gripe sofrem muitas mudanças em seu material genético, ou seja, mutações. Assim, depois de um ano, novos vírus mutantes já estarão no ambiente e não serão mais combatidos pelas mesmas vacinas. Você vai ver mais sobre mutações no 9º ano.

O governo fornece gratuitamente a vacina para maiores de 60 anos, crianças de seis meses até menores de cinco anos, profissionais da área da saúde, professores das redes pública e privada, entre outros. Veja a figura 6.11.

A **gripe A** (H1N1), que ficou conhecida como gripe suína, é uma doença respiratória causada pelo vírus influenza tipo A subtipo H1N1. A gripe A teve origem em abril de 2009 no México e de lá se espalhou para o resto do mundo.

O vírus H1N1 é transmitido de pessoa para pessoa da mesma forma que a gripe comum.

Os sintomas da gripe A são semelhantes aos da gripe comum, porém podem ser mais graves, com febre alta repentina, tosse, espirro, coriza, dor de cabeça e garganta, dor nos músculos e nas articulações, fraqueza. Pode haver diarreia, náuseas, vômitos e dificuldade na respiração.

Para se prevenir contra a infecção, é importante evitar o contato direto com pessoas doentes, lavar as mãos com frequência e procurar logo atendimento médico quando há suspeita da gripe A. Os medicamentos contra o vírus H1N1 só devem ser tomados com prescrição médica após uma consulta.

Não há vacina contra resfriado, pois há mais de duzentos tipos diferentes de agentes que causam a doença. Entretanto, ao longo da vida da pessoa, ela vai acumulando imunidade contra os diferentes tipos de vírus causadores do resfriado. Por isso, uma criança fica mais frequentemente resfriada que um adulto.

Lavar as mãos com água e sabão é uma medida simples e eficiente para ajudar na prevenção da gripe e do resfriado.

Veja os grupos em: <http://portalms.saude.gov.br/noticias/agencia-saude/43002-vacinacao-contra-gripe-comeca-na-proxima-segunda-feira-em-todo-o-pais>. Acesso em: 5 fev. 2019.

6.11 Adulto recebendo a dose anual da vacinação da Campanha Nacional de Vacinação contra a Influenza, na cidade do Rio de Janeiro (RJ), 2018.

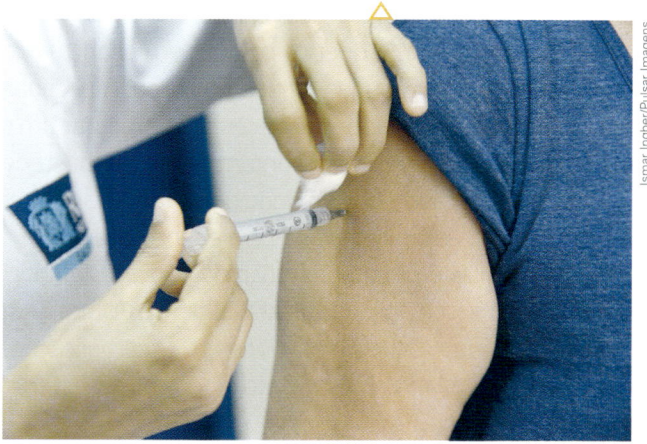

Poliomielite

Na maioria das pessoas, a poliomielite causa apenas febre e mal-estar. Em algumas, porém, pode atacar o sistema nervoso e provocar paralisia ou até mesmo levar à morte (o nome "poliomielite" vem do grego *poliós* = cinzento; *mielos* = medula; *ite* = inflamação, uma vez que o vírus ataca as células na parte cinzenta da medula).

O vírus é transmitido por meio de água ou alimentos contaminados ou por contato com a saliva ou fezes de um doente. Para evitar a doença, é muito importante as crianças serem vacinadas na época recomendada pelo médico. Também são importantes o saneamento básico e as medidas de higiene para evitar a propagação do vírus.

Com as campanhas de vacinação, o número de casos de pólio caiu mais de 95% no mundo todo. Mas, mesmo sendo considerada oficialmente erradicada em muitos países (como no Brasil), não se pode garantir que o vírus tenha sido extinto. Além disso, como o vírus ainda existe ao redor do mundo, pode reaparecer em países onde já está erradicado. Por isso, a vacinação deve continuar. Veja a figura 6.12.

6.12 Campanha de vacinação contra paralisia infantil e sarampo realizada em agosto de 2018 e promovida pela Prefeitura de Torrinha (SP).

Sarampo, rubéola, catapora e caxumba

O sarampo, a rubéola, a catapora e a caxumba são doenças virais comuns em crianças. Elas geralmente se curam sozinhas depois de alguns dias, mas podem ter algumas complicações que exigem cuidados médicos. Todas elas podem ser prevenidas por meio de vacinação.

O **sarampo** acomete principalmente crianças de até 10 anos de idade. Elas apresentam tosse, febre alta e manchas vermelhas no corpo, mas geralmente são curadas naturalmente em poucos dias. Veja a figura 6.13. Mas, sobretudo em crianças com problemas de nutrição, podem ocorrer complicações. Nesses casos, a criança deve ter atendimento médico imediato. A transmissão se dá pela eliminação do vírus pelas vias respiratórias. A prevenção é feita com vacina (vacina tríplice viral contra sarampo, rubéola e caxumba).

A **rubéola** também é típica de crianças. Seus sintomas são semelhantes aos da gripe, além de aparecerem manchas rosa na pele, menores que as do sarampo. A doença geralmente passa naturalmente, mas, em mulheres grávidas, o vírus pode passar através da placenta e provocar problemas no feto, como surdez.

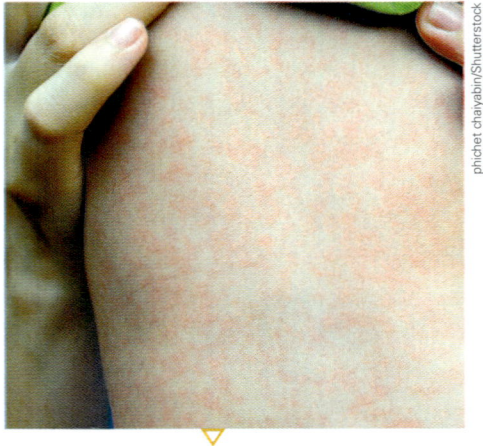

6.13 O sarampo é uma doença viral que deve ser prevenida com vacinação. Na foto, pele com manchas típicas da doença.

A **catapora** é uma doença comum em crianças. Entre os sintomas estão febre, enjoo, vômitos e pequenas bolhas no corpo. A pessoa geralmente melhora sozinha em poucos dias, mas pode ser necessário procurar um médico. As bolhas não devem ser coçadas, pois pode haver contaminação por bactérias.

Em alguns casos, o vírus pode permanecer anos sem efeito, mas provocar sintomas no adulto, como bolhas na pele e febre alta.

A **caxumba** é uma inflamação da parótida (glândula salivar situada à frente da orelha). Daí o nome **parotidite** para a doença. A cura é espontânea, mas o doente deve ficar em repouso. Em adultos, pode haver complicações em outros órgãos, como os testículos e os ovários (nesse caso, pode causar esterilidade). A vacinação é a melhor medida preventiva.

Dengue

Essa virose é causada por um vírus transmitido principalmente pela picada do mosquito *Aedes aegypti* (figura 6.14). O mosquito não causa a doença, mas sim transmite o vírus e por isso é chamado de **vetor**.

Os sintomas mais comuns da dengue são febre alta, mal-estar, muito cansaço, dores de cabeça, nos olhos, nos músculos e nas articulações, além de vômito, diarreia e vermelhidão no corpo.

Pessoas com suspeita de dengue devem procurar atendimento médico imediato, porque os vômitos e a diarreia provocam rápida desidratação. Além de repouso e reposição de sais e líquidos, o médico pode indicar remédios para baixar a febre.

Martin Dohrn/Science Photo Library/Latinstock
Fabio Colombini/Acervo do fotógrafo

▷ 6.14 *Aedes aegypti* (cerca de 5 mm de comprimento), mosquito transmissor da dengue. No detalhe, larva do mosquito (1 mm a 6 mm de comprimento, conforme estágio larval).

O mosquito vetor da dengue põe ovos em água parada. Por isso, é necessário que a população não deixe água acumulada em vasos de plantas, garrafas, etc. É preciso também que, nas regiões mais atingidas pela dengue, sejam feitas campanhas de educação e conscientização da população, com material educativo, como o da figura 6.15. Outra medida promovida pela saúde pública é o uso de produtos que matam as larvas ou os insetos adultos.

Combate ao mosquito *Aedes aegypti*

Marcus Penna/Arquivo da editora

LIXO	 Coloque o lixo em sacos plásticos e mantenha a lixeira bem fechada. Não jogue lixo em terrenos baldios.	 Jogue no lixo todo objeto que possa acumular água, como embalagens usadas, potes, latas, copos, garrafas vazias.	 Mantenha o saco de lixo bem fechado e fora do alcance de animais até o recolhimento pelo serviço de limpeza urbana.
PLANTAS E JARDINS	 Encha de areia até a borda os pratinhos dos vasos de planta.	 Se você não colocou areia e acumulou água no pratinho da planta, lave-o com escova, água e sabão. Faça isso uma vez por semana.	 Se você tiver vasos de plantas aquáticas, troque a água e lave o vaso, principalmente por dentro, com escova, água e sabão, pelo menos uma vez por semana.
CAIXAS-D'ÁGUA, CALHAS E LAJES	 Não deixe a água da chuva acumulada sobre a laje.	 Remova folhas, galhos e tudo o que possa impedir a água de correr pelas calhas.	 Mantenha a caixa-d'água sempre bem fechada com tampa adequada.
TONÉIS E DEPÓSITOS DE ÁGUA	 Mantenha bem tampados tonéis e barris de água.	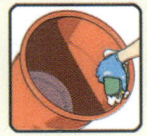 Lave semanalmente, por dentro, com escova e sabão, os tanques utilizados para armazenar água.	 Lave, principalmente por dentro, com escova e sabão, os utensílios usados para guardar água em casa, como jarras, garrafas, potes, baldes, etc.

▽ 6.15 O combate ao mosquito *Aedes aegypti* é a principal forma de controlar a dengue, a febre amarela, a chikungunya e a zika. Pneus velhos devem ser entregues ao serviço de limpeza urbana ou guardados em local coberto para evitar o acúmulo de água.

Fonte: elaborado com base em MINISTÉRIO DA SAÚDE. Disponível em: <http://portalms.saude.gov.br>. Acesso em: 5 fev. 2019.

Febre amarela, chikungunya, zika

A **febre amarela** ocorre nas regiões de matas (febre amarela silvestre), onde é transmitida por mosquitos dos gêneros *Haemagogus* e *Sabethes*. No entanto, se uma pessoa contaminada na região de mata voltar para a cidade, há o risco de transmissão do vírus para outras pessoas através do mosquito *Aedes aegypti*. Essa condição caracteriza a febre amarela urbana. O último caso de febre amarela urbana no Brasil ocorreu em 1942.

Além dos seres humanos, muitas espécies de macacos são sensíveis à febre amarela, especialmente os bugios, que, assim como as pessoas, podem morrer em decorrência da doença. Outros macacos podem ter a doença, como os saguis e os macacos-prego, mas geralmente são mais resistentes e sobrevivem. A morte de macacos é investigada para determinar onde o vírus da febre amarela está circulando. O objetivo dessa investigação é imunizar as pessoas que vivem ou frequentam esses locais.

Com medo da infecção, algumas pessoas mataram macacos durante a epidemia de febre amarela em 2017 e 2018. Os macacos, no entanto, não transmitem a doença, e, ao fazerem isso, as pessoas acabam por dificultar a identificação dos focos de febre amarela. Veja a figura 6.16.

Mundo virtual

Dengue: vírus e vetor – Fundação Oswaldo Cruz
http://www.ioc.fiocruz.br/dengue/
Informações sobre dengue.
Acesso em: 5 fev. 2019.

6.16 Campanha do Instituto Chico Mendes de Conservação da Biodiversidade (ICMBio) e do Ministério da Saúde para conscientizar as pessoas a não culpar os macacos pela epidemia de febre amarela em 2017 e 2018.

O doente apresenta febre, vômito (muitas vezes com sangue), dor no estômago e lesões no fígado que podem levar à morte.

Para saber se a pessoa está com febre amarela é necessário fazer um exame de sangue que se chama sorologia. Esse exame vai dosar os anticorpos que a pessoa tem contra o vírus da febre amarela.

Atualmente não existe um tratamento que cure a febre amarela. O que se faz é compensar as alterações que o organismo apresenta em decorrência da doença, como manter a hidratação e repor sangue perdido, por exemplo. Em pouco mais de uma semana, a pessoa vai desenvolver anticorpos que se encarregarão de destruir o vírus, possibilitando que o paciente se recupere.

A febre amarela pode ser prevenida por uma dose única da vacina, que garante imunidade contra a doença por toda a vida, ou pela dose fracionada, que protege por oito anos. Em 2018, a vacinação estava indicada em todo o Brasil.

A **chikungunya** (ou chikungunha), transmitida por mosquitos do gênero *Aedes*, provoca febre alta, dor nas articulações, dor de cabeça e erupções na pele que duram, em média, de 3 a 10 dias, mas as dores nas articulações podem persistir por meses ou anos.

O mosquito *Aedes aegypti* pode transmitir também o vírus da **zika**. Os sintomas são manchas na pele e, às vezes, febre baixa e dores nos músculos e nas articulações. O problema maior ocorre com as mulheres grávidas: o vírus pode passar para o embrião e afetar o desenvolvimento do encéfalo, entre outros problemas.

A prevenção e o combate a essas doenças são semelhantes às medidas que devem ser tomadas contra a dengue. Reveja a figura 6.15.

Mundo virtual

Dengue, chikungunya e zika – Ministério da Saúde http://combateaedes. saude.gov.br/pt/ Informações sobre dengue, chikungunya e zika. Acesso em: 5 fev. 2019.

Raiva (ou hidrofobia)

O vírus da **raiva** ataca o sistema nervoso. É transmitido por mordidas de morcegos que se alimentam de sangue ou por mordidas de cães, gatos ou ratos contaminados. A saliva desses animais, quando contaminados pelo vírus da raiva, também pode transmitir a doença. Se não houver atendimento médico rápido, a raiva pode ser fatal.

Se uma pessoa tocar em um animal que possa estar contaminado, deve procurar o serviço de saúde mais próximo. Se for mordida, deve lavar a ferida com água e sabão e procurar o posto de saúde mais próximo para receber a vacina e o soro antirrábico, antes que os sintomas da doença (dor de cabeça e contrações musculares, entre outros) se manifestem. A raiva também causa dificuldade de engolir água e por isso também é conhecida como **hidrofobia**.

É muito importante manter em dia a carteira de vacinação de cães, gatos e outros animais de estimação, seguindo sempre as instruções do médico veterinário. Veja a figura 6.17.

▶ **Hidrofobia:** vem de *hidro*, "água", e *fobia*, "medo".

CAMPANHA DE VACINAÇÃO **CONTRA A RAIVA** DIA 27 DE MAIO DAS 08H ÀS 17H

CONFIRA OS LOCAIS DE VACINAÇÃO E LEVE SEUS ANIMAIS AO POSTO MAIS PRÓXIMO DE SUA RESIDÊNCIA.

Reprodução/Prefeitura Petrolândia

6.17 Animais domésticos devem ser vacinados contra a raiva e outras doenças. A vacinação anual contra a raiva é obrigatória por lei. Cartaz de Petrolândia (PE), 2017.

3 Doenças causadas por bactérias

As bactérias que causam doenças são chamadas **bactérias patogênicas**. Elas podem ser transmitidas de diversas maneiras:

- por gotículas de saliva contaminadas espalhadas no ar por espirro, tosse ou fala – é o caso da tuberculose, da meningite bacteriana, de alguns casos de pneumonia, da hanseníase, entre outras;

- por contato com alimento, água ou objetos contaminados – é o caso da cólera, da leptospirose, do botulismo e das diarreias causadas por bactérias;

- por picada de pulgas e carrapatos, bem como de outros artrópodes contaminados – é o caso da peste bubônica (transmitida por pulgas, que também infectam ratos) e da febre maculosa (transmitida pela picada de determinados carrapatos);

- por contato sexual – como a sífilis e outras.

As infecções transmitidas pelo contato sexual serão estudadas no 8º ano.

Mauricio Simonetti/Pulsar Imagens

6.18 Avenida alagada na cidade de São Paulo (SP), em 2018. Enchentes contribuem para a propagação de doenças como a leptospirose.

Leptospirose

A **leptospirose** é transmitida por meio da água e de alimentos contaminados pela urina de animais portadores da bactéria, principalmente o rato. Precisa ser tratada com rapidez, porque a doença pode ser fatal. O risco de contrair leptospirose aumenta no período das enchentes, principalmente em populações sem saneamento básico adequado e expostas à urina de ratos. Veja a figura 6.18.

Além de medidas públicas em relação ao saneamento básico e ao controle de ratos, podemos realizar algumas ações para afastar esses animais, como manter a limpeza da residência, em especial da cozinha, e manter os alimentos bem guardados, além de descartar adequadamente o lixo doméstico.

Sempre que possível, colabore com os adultos para a arrumação e limpeza de sua casa.

Cólera

A **cólera** (ou o cólera) é uma doença provocada por uma bactéria chamada *Vibrio cholerae*. O contágio ocorre pela ingestão de alimentos e água contaminados ou pelo contato com fezes ou vômito de pessoas infectadas.

A bactéria se instala no intestino humano e provoca diarreia intensa, podendo levar à morte por desidratação.

Para prevenir doenças como a cólera, os alimentos devem ser protegidos contra moscas e outros animais. Frutas, verduras e legumes, quando comidos crus, devem ser devidamente higienizados. Esses alimentos devem ser lavados em água corrente e colocados em um recipiente com água. Deve-se adicionar ao recipiente uma solução de hipoclorito de sódio, que pode ser adquirido em mercados, feiras ou sacolões. Veja a figura 6.19. As instruções sobre a quantidade de produto que deve ser usada estão no rótulo, que indica também o tempo em que os alimentos devem ficar de molho. Embora seja comum a higienização com vinagre, esse procedimento não é tão eficiente para eliminar os microrganismos.

Na tela

A história da cólera
http://www.youtube.
com/watch?v=
OvA2QyTiPag&t=20s
Esta animação conta a história de um menino e seu pai, que adoeceu por conta da cólera.
Acesso em: 5 fev. 2019.

ESB Professional/Shutterstock

6.19 Alimentos consumidos crus devem ser higienizados com água corrente e solução de hipoclorito de sódio.

Antes de preparar os alimentos ou comê-los, é preciso sempre lavar as mãos. Diante de tantas doenças que podem ser evitadas com hábitos de higiene, você não acha que é importante lavar as mãos antes das refeições, ao chegar da rua e depois de ir ao banheiro?

É fundamental também que as autoridades competentes melhorem as condições de saneamento básico da população, fornecendo água tratada e rede de esgoto.

Conexões: Ciência e saúde

Diarreia: risco de desidratação

Algumas formas de diarreia são causadas por bactérias, vírus ou outros microrganismos transmitidos por água e alimentos contaminados. Essa forma de contaminação é mais frequente em regiões mais pobres e sem água tratada nem rede de esgotos ou fossas sépticas.

A pessoa com diarreia sente cólicas e as fezes, mais líquidas, são eliminadas com mais frequência. Embora as diarreias leves parem espontaneamente em muitos casos, é necessário repor a água e os sais minerais do corpo. Isso é muito importante, especialmente para crianças pequenas e idosos, que correm maior risco de desidratação, o que pode levar à morte. Por isso é preciso procurar o médico ou a unidade de saúde. Para repor a água e os sais minerais, os postos de saúde fornecem o soro de reidratação oral e as instruções corretas para seu uso.

Se houver sinais de desidratação, se a diarreia for intensa ou durar mais de 24 horas ou, ainda, se a pessoa tiver febre, vômitos ou eliminar sangue nas fezes, é preciso procurar assistência médica urgentemente.

Fonte: elaborado com base em BIBLIOTECA VIRTUAL EM SAÚDE. Diarreia e desidratação. Disponível em: <http://bvsms.saude.gov.br/bvs/dicas/214_diarreia.html>. Acesso em: 5 fev. 2019.

Tuberculose, pneumonia e tétano

A **tuberculose** é causada pela bactéria conhecida como bacilo de Koch (*Mycobacterium tuberculosis*) e compromete, em geral, os pulmões. Por isso o doente apresenta tosse persistente.

As medidas preventivas incluem vacinação das crianças – a vacina é a BCG (bacilo de Calmette-Guérin) – e melhorias das condições de vida da população mais pobre. O tratamento é feito com antibióticos.

A **pneumonia** bacteriana (há também formas causadas por outros agentes) ataca os pulmões e começa, em geral, com febre alta, dor no peito ou nas costas e tosse com expectoração. Apenas o médico pode diagnosticar a doença e deve ser consultado para iniciar o tratamento com antibióticos. O doente deve ficar em repouso.

A pneumonia é mais perigosa para as pessoas idosas, pois nessa etapa da vida as defesas do organismo, e particularmente as do sistema respiratório, diminuem.

O **tétano** é causado pelo bacilo *Clostridium tetani*. A bactéria penetra no organismo por ferimentos na pele, ao entrar em contato com solo ou objetos contaminados. O doente apresenta dor de cabeça, febre e contrações musculares. A vacinação é essencial na prevenção. O soro antitetânico deve ser aplicado em casos de ferimento suspeito, como aqueles mais profundos e que não foram limpos corretamente. Veja a figura 6.20.

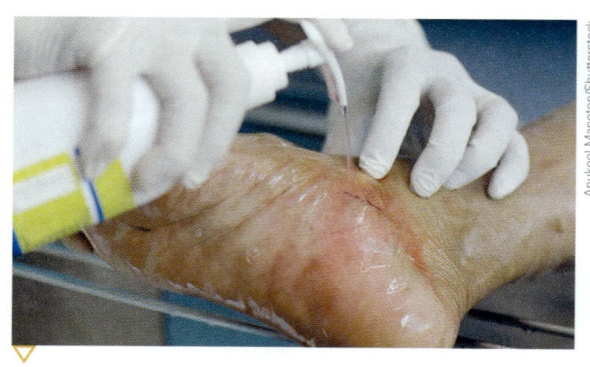

6.20 A higienização adequada de ferimentos pode ajudar a evitar o tétano.

Febre maculosa

A **febre maculosa** é a doença causada por uma bactéria do gênero *Rickettsia*, transmitida ao ser humano por carrapatos. Os locais onde as pessoas podem contrair a doença estão relacionados, em geral, à presença de capivaras que abrigam os carrapatos. Veja a figura 6.21. Com a substituição das matas nativas por plantações, as capivaras passaram a se multiplicar além do normal e ocupar as bacias dos rios, se aproximando muito das pessoas.

A febre maculosa não é uma doença comum, mas é muito grave. Começa com febre, dor de cabeça (principalmente atrás dos olhos) e dores pelo corpo. Em seguida, pode ocorrer vermelhidão na pele. Se o paciente não for tratado em tempo, a doença pode chegar aos órgãos internos, como pulmões, cérebro e rins, levando a pessoa à morte.

Não existe nenhuma vacina para prevenir a doença. O ideal é que as pessoas evitem as regiões identificadas pela vigilância como áreas de transmissão para febre maculosa. Se alguém precisa entrar em áreas com carrapatos, deve usar roupas claras e que protejam braços e pernas e botas de cano alto (inclusive fechando as pernas das calças nas botas com fita adesiva). A cada quatro horas, a pessoa deve examinar as roupas com cuidado e todo o corpo depois de tirar as roupas.

6.21 Capivaras na represa de Guarapiranga em São Paulo (SP), 2018 (medem cerca de 1,2 m de comprimento). No detalhe, o carrapato-estrela (*Amblyomma cajennense*; cerca de 3 mm de comprimento), que pode transmitir a bactéria causadora da febre maculosa.

A vigilância epidemiológica é um conjunto de medidas com o objetivo de conhecer, detectar e prevenir fatores e problemas relacionados à saúde individual e coletiva.

Uma pessoa com febre que tenha tido contato com carrapatos ou entrado em regiões com capivaras nos quinze dias anteriores precisa procurar um serviço de saúde e informar sobre esse contato para que sejam solicitados os exames necessários. O tratamento deve ser aplicado imediatamente.

Hanseníase

A hanseníase é uma doença crônica, causada pela bactéria *Mycobacterium leprae*. A doença atinge principalmente a pele e os nervos periféricos, podendo levar à incapacidade física. Sua ocorrência é de notificação e investigação obrigatórias. A doença pode acometer tanto homens como mulheres, de qualquer idade. Entretanto, é necessário um longo período de exposição para o contágio, e apenas uma pequena parcela da população infectada adoece.

A bactéria é transmitida principalmente pelas vias aéreas superiores, pelo contato próximo e prolongado de uma pessoa suscetível com um doente não tratado. Seu período de incubação pode levar em média de 2 a 7 anos.

Não existe vacina para prevenção, mas sim tratamento com medicamentos distribuídos gratuitamente nas unidades de saúde. O Brasil é o segundo país com maior número de casos de hanseníase, ficando atrás somente da Índia. Veicular informações corretas é a melhor forma de combater a doença e os preconceitos a ela associados.

Conexões: Ciência e saúde

Doenças emergentes

Alguns vírus, bactérias e outros agentes causadores de doenças transmissíveis circulam em animais ou populações humanas que vivem em áreas isoladas e que, no contato com outros grupos (como em viagens, por exemplo), podem se espalhar para outros locais. Por isso, eles são chamados emergentes, pois saem ou emergem de seu ambiente natural, espalhando-se por áreas onde não eram conhecidas.

As doenças emergentes podem surgir quando uma população entra em contato com animais silvestres portadores dos vírus ou outros agentes patogênicos devido à destruição do *habitat* desses animais e a ocupação deles por populações humanas.

Um exemplo de doença emergente é a pneumonia asiática ou Sars (sigla, em inglês, para síndrome respiratória aguda grave), causada por um vírus que surgiu em 2002 na China, atingindo outras partes do mundo em 2003. Veja a figura 6.22.

6.22 Agentes de saúde desinfetam estação de trem na China, em 2003, para controlar a Sars.

A transmissão se dá principalmente por gotículas liberadas por espirro ou tosse dos portadores do vírus. Provoca febre alta, tosse, falta de ar e dor de cabeça e no resto do corpo, entre outros sintomas, podendo levar à morte.

Atualmente, a pneumonia asiática está sob controle e não há novos casos de transmissão. Isso não quer dizer que ela não possa retornar, passando a ser o que se chama doença ressurgente ou reemergente.

Fonte: elaborado com base em UJVARI, S. C. *A história e suas epidemias:* a convivência do homem com os microrganismos. 2. ed. São Paulo: Senac, 2003; GRECO, D. Ética, saúde e pobreza: as doenças emergentes no século XXI. *Revista Bioética*, Brasília, v. 7, n. 2, nov. 2009. Disponível em: <http://revistabioetica.cfm.org.br/index.php/revista_bioetica/article/view/311>. Acesso em: 5 fev. 2019.

4 Doenças causadas por protozoários

Alguns protozoários parasitas causam sérias doenças em seres humanos. Muitas delas são endemias.

Algumas dessas doenças são causadas por picadas de mosquitos (é o caso da malária e da leishmaniose) ou de percevejos (doença de Chagas); outras, por alimentos ou água contaminados (amebíase, toxoplasmose); outras, ainda, por contato sexual.

Doença de Chagas

Essa doença é causada pelo protozoário *Trypanosoma cruzi*, descoberto em 1909 pelo cientista brasileiro Carlos Chagas (1879-1934), do Instituto Oswaldo Cruz, no Rio de Janeiro (RJ). O termo *cruzi* é uma homenagem ao cientista brasileiro Oswaldo Cruz (1872-1917), um dos pioneiros no estudo das doenças tropicais no Brasil e responsável por campanhas de erradicação de doenças, como a peste bubônica (causada por uma bactéria). Veja a figura 6.23.

O *Trypanosoma cruzi* é um protozoário que se locomove por meio de flagelos, estruturas em forma de filamento que se agitam como chicotes. Ele pode ser transmitido pelo inseto conhecido como barbeiro, um tipo de percevejo. Veja as figuras 6.23 e 6.24.

O protozoário também pode ser transmitido por transfusão de sangue infectado ou por alimentos contaminados pelas fezes do barbeiro; pode ocorrer ainda a transmissão ao feto, pela mãe contaminada.

O inseto vetor da doença de Chagas se alimenta de sangue e é chamado de barbeiro porque geralmente pica o rosto das pessoas. Ele pode adquirir o protozoário ao sugar o sangue infectado de cães, gatos, animais silvestres (como tatus, gambás e roedores) ou de uma pessoa doente. Ao mesmo tempo em que pica a pessoa, o barbeiro elimina fezes contaminadas. Quando o indivíduo se coça, o protozoário penetra na ferida e chega ao sangue, podendo atingir vários órgãos, como o coração e o cérebro.

6.23 Carlos Chagas descobriu não só o parasita da doença de Chagas, como também seu ciclo de vida e seu agente transmissor, o barbeiro (abaixo), inseto do gênero *Triatoma* (cerca de 2 cm de comprimento).

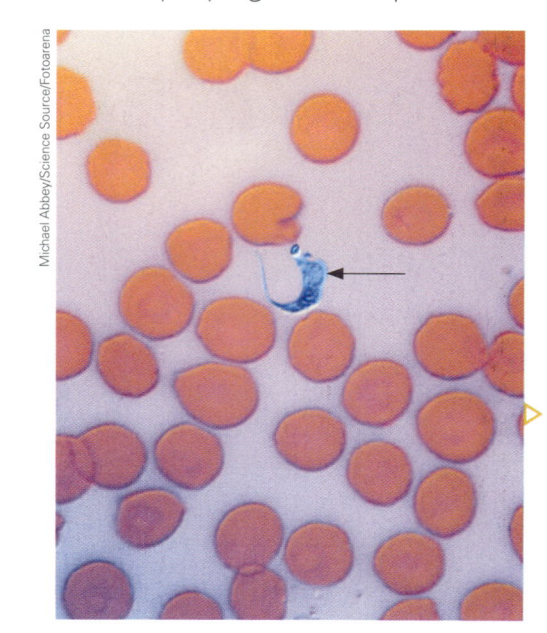

6.24 Agente causador da doença de Chagas, *Trypanosoma cruzi* (apontado pela seta; cerca de 0,002 cm de comprimento, fora o flagelo) entre células vermelhas do sangue ao microscópio de luz.

Veja o ciclo da doença de Chagas na figura 6.25.

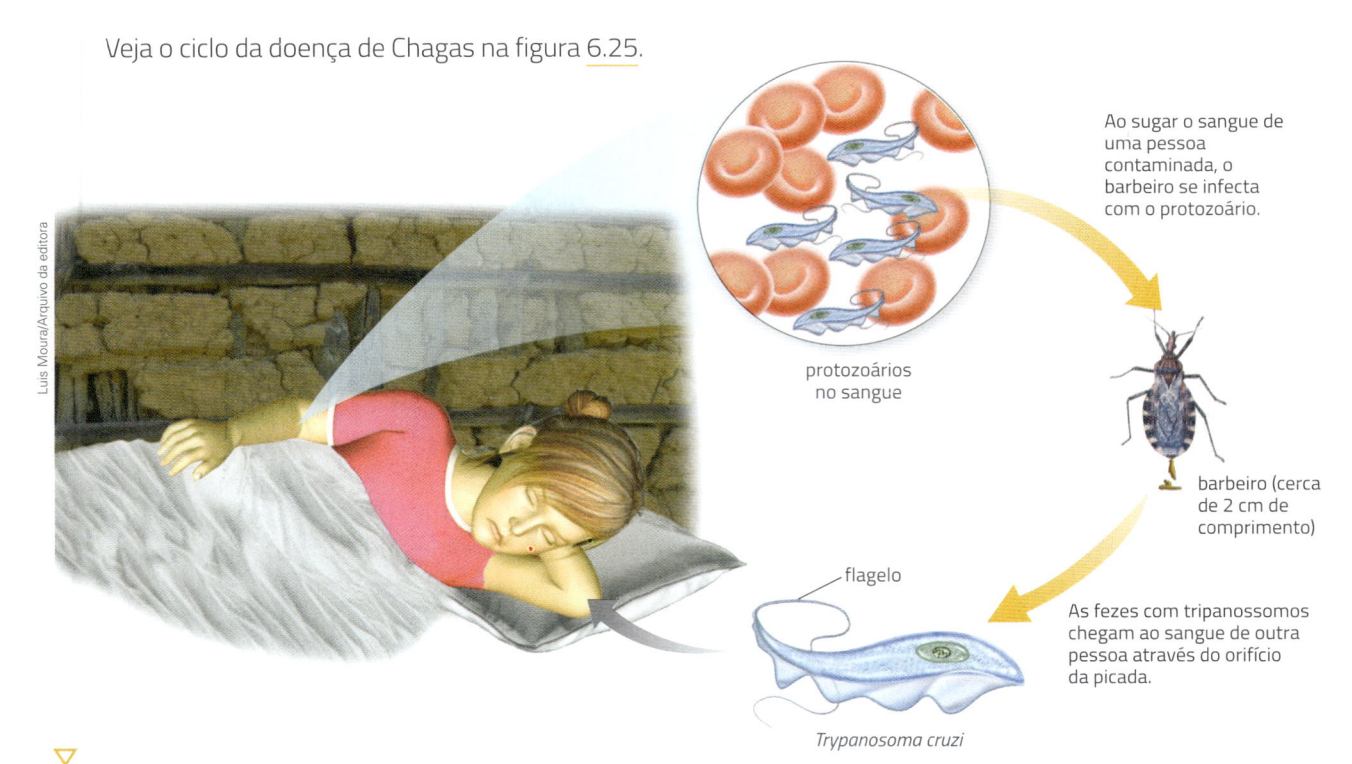

Ao sugar o sangue de uma pessoa contaminada, o barbeiro se infecta com o protozoário.

protozoários no sangue

barbeiro (cerca de 2 cm de comprimento)

As fezes com tripanossomos chegam ao sangue de outra pessoa através do orifício da picada.

flagelo

Trypanosoma cruzi

▽

6.25 Representação esquemática do ciclo da doença de Chagas. Depois de picar uma pessoa contaminada, o inseto adquire o protozoário (microscópico), podendo infectar outras pessoas. (Elementos representados em tamanhos não proporcionais entre si. Cores fantasia.)

Um dos ambientes em que o barbeiro se abriga são as frestas das paredes das casas de sapé (cobertas com palha) ou de pau a pique, construídas com barro socado sobre uma armação de varas e troncos.

O controle da doença de Chagas é feito com ações conjuntas do governo. É preciso pesquisar a presença do percevejo transmissor nas habitações em situação de risco e eliminá-lo com inseticida. A construção de casas de alvenaria pode evitar a presença do inseto, ajudando no combate dele.

É preciso também manter a fiscalização dos bancos de sangue para evitar a transmissão por transfusão e em transplante de órgãos. O protozoário pode ainda contaminar alimentos por meio das fezes do barbeiro, e também passar através da placenta (da gestante para o feto) ou pelo leite materno, contaminando o recém-nascido.

Leishmaniose

Existe mais de uma forma de **leishmaniose**. No Brasil e em outros países da América Latina, são comuns a leishmaniose tegumentar americana e a leishmaniose visceral. A primeira provoca feridas na pele e nas mucosas da boca e do nariz. A segunda ataca vários órgãos internos e diminui muito a capacidade do organismo de reagir a infecções, porque prejudica o sistema imunitário.

A pessoa infectada pela leishmaniose visceral apresenta febre baixa, anemia, aumento do volume abdominal e emagrecimento. Muitas vezes a doença é confundida com leucemia, um tipo de câncer. Com a demora no tratamento, a leishmaniose visceral pode levar a pessoa à morte.

Para saber se o ser humano está com leishmaniose, é necessário fazer um exame de sangue (teste rápido) ou da medula óssea (onde é possível identificar o protozoário).

 Mundo virtual

Leishmaniose visceral
http://portalms.saude.gov.br/saude-de-a-z/leishmaniose-visceral
Saiba mais informações sobre a leishmaniose visceral.
Acesso em: 6 fev. 2019.

O causador dessas doenças é um protozoário flagelado do gênero *Leishmania*. Ele é transmitido pela picada de certos tipos de mosquito, conhecidos como mosquitos-palha ou biriguis. Veja a figura 6.26. Esse inseto coloca ovos em regiões úmidas, como galinheiros, ou terrenos cobertos de folhas. Essa é uma das razões pelas quais devemos manter sempre limpas as áreas próximas de nossas casas.

Os cães domésticos também podem ser infectados pela leishmaniose. Os animais doentes emagrecem muito e apresentam descamação na pele e feridas que não cicatrizam. A identificação da doença em cães é feita com o teste rápido de sangue.

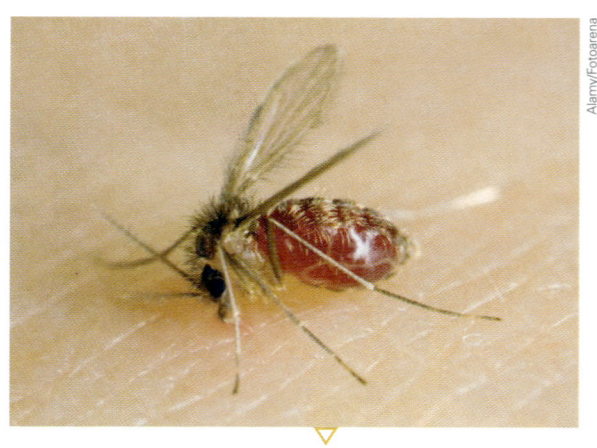

6.26 Mosquito-palha (gênero *Lutzomyia*, cerca de 0,5 cm de comprimento).

A prevenção da leishmaniose é feita com o controle dos mosquitos por meio da limpeza rigorosa das casas e dos quintais. É necessário também evitar as picadas, por meio do uso de telas, repelentes e mosquiteiros. Os cães podem usar coleiras repelentes. O Sistema Único de Saúde (SUS) oferece diagnóstico e tratamento gratuitos contra a leishmaniose humana.

⟨ Conexões: Ciência e tecnologia ⟩

Pesquisa avalia vacina para cachorros no combate a leishmaniose

[...]

A pesquisa foi feita em uma área no Sudeste do Brasil, que é considerada altamente endêmica da leishmaniose. Antes da intervenção, os cães infectados foram abatidos e os restantes receberam três doses da vacina com o intervalo de 21 dias entre cada. Um ano após, outra dose de reforço imunológico foi aplicada. Para verificação dos resultados da pesquisa, foram feitos exames clínicos e pesquisa de anticorpos específicos em todos os cães de ambos os grupos.

Após os experimentos com os cães, notou-se que a vacina é segura para aplicação, após uma reação positiva dos animais, com a exceção de 11% que tiveram efeitos colaterais que duraram somente 4 dias. Além disso, os anticorpos que combateriam a doença começaram a ter resposta nos animais que receberam as doses, tendo alta com 1 mês após a aplicação.

FIOCRUZ BAHIA. Pesquisa avalia vacina para cachorros no combate a leishmaniose. Disponível em: <https://portal.fiocruz.br/noticia/pesquisa-avalia-vacina-para-cachorros-no-combate-leishmaniose>. Acesso em: 5 fev. 2019.

Toxoplasmose

A **toxoplasmose** é uma doença infecciosa causada pelo protozoário *Toxoplasma gondii*, que infecta grande variedade de aves e mamíferos, incluindo o ser humano. Veja a figura 6.27.

O contágio pode ocorrer principalmente de três maneiras: pela ingestão de carne crua ou malcozida de animais parasitados, sobretudo porco, boi e carneiro; pela ingestão de água e alimentos contaminados com cistos, muitas vezes provenientes das fezes de gatos; ou quando mulheres contaminadas passam o protozoário para o embrião até o sexto mês de gestação. Não é transmitida diretamente de um indivíduo a outro, exceto na gestação.

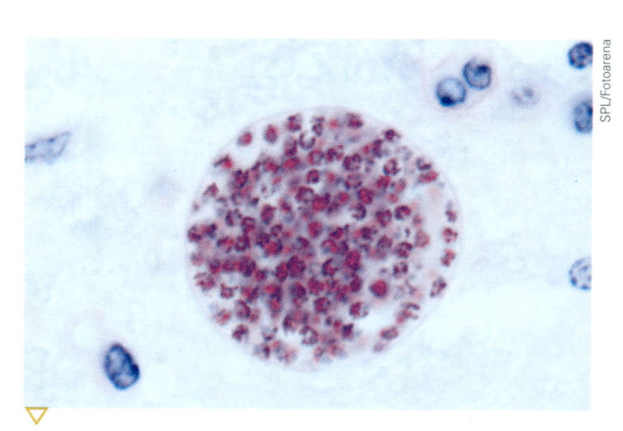

6.27 Cisto com *Toxoplasma gondii* visto ao microscópio de luz (mede entre 5 μm e 50 μm; colorido artificialmente). Esse protozoário não possui estrutura de locomoção.

Em alguns casos, o doente não apresenta sintomas; em outros, há febre e aumento dos linfonodos. Em geral, a doença desaparece sem nenhuma consequência para o organismo, mas pode haver lesões nos olhos e em outros órgãos. A prevenção consiste em evitar o consumo de carne malcozida, lavar as mãos depois do contato com animais ou com a terra por onde eles passaram e alimentar os animais domésticos com comida cozida ou ração.

Mulheres grávidas que desenvolvem a doença correm risco de transmiti-la ao feto, que poderá apresentar lesões no cérebro e em outros órgãos. A mulher que pretende engravidar deve realizar um exame específico para a doença. Se ela convive com gatos, deve avisar o médico, para que ele possa orientá-la devidamente.

Amebíase

É causada pela *Entamoeba histolytica*, um protozoário que apresenta pseudópodes, ou seja, expansões da célula que auxiliam na captura de alimento e na locomoção. Veja a figura 6.28. O ser humano se contamina ao ingerir alimentos ou água com cistos eliminados nas fezes de indivíduos portadores da ameba. Também pode ser transmitida pelo contato direto de mãos contaminadas.

No intestino grosso, o cisto libera as amebas que invadem a mucosa intestinal e provocam feridas e diarreia. Às vezes, as amebas atingem o fígado ou outros órgãos e provocam lesões. Como os cistos são eliminados pelas fezes, são importantes os hábitos de higiene pessoal (lavar bem as mãos e os alimentos) e os serviços de saneamento básico (privada, fossa séptica ou tratamento do esgoto). A doença pode ser curada com medicamentos.

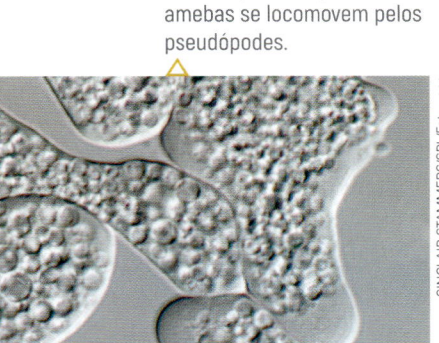

6.28 *Entamoeba histolytica* ao microscópio de luz (mede entre 15 µm e 60 µm). As amebas se locomovem pelos pseudópodes.

SINCLAIR STAMMERS/SPL/Fotoarena

Malária

Conhecida também como maleita, impaludismo ou sezão, essa doença é muito comum na região amazônica e em algumas áreas da região Nordeste.

A malária é causada pelo plasmódio, protozoário transmitido de pessoas doentes para pessoas sadias pela picada de mosquitos do gênero *Anopheles*. O parasita se reproduz nas hemácias (ou glóbulos vermelhos) do sangue. Quando estão repletas de plasmódios, as hemácias se rompem e liberam os parasitas, que poderão infeccionar novas células. Esse rompimento causa febre e outros sintomas na pessoa infectada.

Há medicamentos contra a doença, e o tratamento das pessoas com malária ajuda a combater a transmissão a outras pessoas. Mas é fundamental também eliminar o mosquito transmissor e suas larvas, assim como usar telas protetoras em portas, janelas e camas.

A transmissão pode ocorrer ainda por transfusão do sangue contaminado pelo protozoário, uso compartilhado de seringas e agulhas contaminadas e da mãe para o bebê na hora do parto, caso a mãe esteja infectada.

 **Mundo virtual**

Situação epidemiológica da malária
http://portalarquivos2.
saude.gov.br/images/
pdf/2018/agosto/30/3.%20
c%20-%20malaria_CIT_30_
ago_2018_cassiopeterka.pdf
Saiba mais sobre a situação da malária no Brasil.
Acesso em: 27 mar. 2019.

Malária e doença de Chagas – Ministério da Saúde
http://portalms.saude.
gov.br/saude-de-a-z/
malaria
http://portalms.saude.
gov.br/saude-de-a-z/
doenca-de-chagas
As páginas contêm informações sobre a malária e a doença de Chagas.
Acesso em: 5 fev. 2019.

5 Verminoses (helmintíases)

Como vimos no capítulo 5, nem todas as moradias no Brasil dispõem de abastecimento de água, rede de esgotos ou fossa séptica. Essa situação é uma ameaça à saúde das pessoas, pois muitas doenças são transmitidas por solo, água ou alimentos contaminados. Entre elas estão as doenças causadas por alguns vermes ou, mais apropriadamente, por helmintos (*helmins*, "verme"). Veja a figura 6.29.

Todas as doenças causadas por helmintos devem ser combatidas por meio de tratamento dos doentes, saneamento básico adequado e medidas de higiene pessoal. Outras medidas são específicas de cada verminose, como veremos a seguir.

Teníase e cisticercose

As **tênias**, ou **solitárias**, são platelmintos parasitas que passam parte de seu ciclo de vida no intestino delgado humano e provocam uma doença chamada **teníase**. Algumas espécies de tênia são parasitas também de bois, enquanto outras são parasitas de porcos.

A tênia é formada por uma cabeça, com a qual o animal se prende à parede interna do intestino do hospedeiro, e grande número de segmentos corporais. A maioria delas mede entre 3 m e 8 m de comprimento e tem a aparência de uma longa fita.

As tênias são hermafroditas e realizam autofecundação, isto é, os gametas masculinos e femininos de uma mesma tênia se fundem e formam os ovos. Após a fecundação, os segmentos maduros, cheios de ovos, se desprendem do corpo do verme e saem com as fezes do doente, que é chamado **hospedeiro**. Observe o ciclo de vida da tênia na figura 6.30.

Tratamentos médicos não são suficientes para eliminar muitas doenças, como as causadas por helmintos. Para isso, é fundamental melhorar as condições de vida, habitação e assistência de água e esgoto das pessoas.

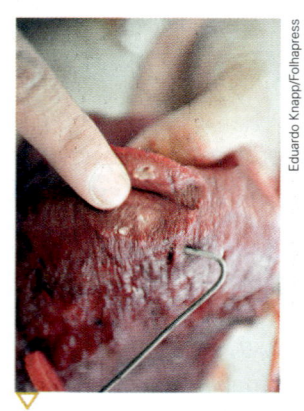

6.29 Carne contaminada com parasitas. Nem sempre é possível identificar a contaminação dos alimentos. Por isso, temos de nos certificar de sua origem.

▶ **Tênia:** deriva do termo grego *tainia*, "fita".

Pessoa ingere carne malcozida contaminada por larvas.

hospedeiro definitivo (espécie humana)

hospedeiro intermediário (porco)

Porco ingere alimento contaminado por ovos de tênia.

ovo liberado (diâmetro = 0,05 mm)

Partes da tênia são liberadas com as fezes.

detalhe do intestino humano

tênia adulta

6.30 Representação esquemática do ciclo de vida da tênia. (Elementos representados em tamanhos não proporcionais entre si. Cores fantasia.)

Sem instalações sanitárias adequadas, as fezes com os ovos de tênia contaminam a água e os vegetais. Quando os ovos são acidentalmente ingeridos por um porco (no caso da *Taenia solium*) ou um boi (no caso da *Taenia saginata*), deles saem larvas que se instalam nos músculos do animal. Reveja a figura 6.30.

O cozimento da carne destrói a estrutura que daria origem à tênia, chamada **cisticerco**. Mas quando uma pessoa come carne contaminada, crua ou malcozida, o helminto atinge o intestino delgado, onde passa a se desenvolver. Às vezes, a pessoa contaminada não apresenta sintomas; outras vezes, sente dor no abdome e fraqueza, além de perder peso.

Quando os ovos da tênia que tem o porco como hospedeiro intermediário (*Taenia solium*) são ingeridos por uma pessoa, as larvas podem se instalar nos músculos, no cérebro, no coração, nos olhos e em outros órgãos. Elas formam os cisticercos, que provocam lesões sérias se não forem removidos (por cirurgia) ou destruídos (por medicamentos). Essa doença é conhecida como **cisticercose**.

Entre as medidas específicas de combate à teníase e à cisticercose estão:

- fiscalização da carne nos abatedouros;
- ingestão de carne bem passada;
- hábitos de higiene pessoal, como lavar sempre as mãos antes de manipular alimentos, depois das evacuações e antes das refeições.

Esquistossomose

O **esquistossomo** (*Schistosoma mansoni*) é o platelminto causador da **esquistossomose**. No Brasil, essa doença tem maior incidência (número de casos) na região Nordeste e no norte de Minas Gerais, mas também há registros de casos em outras regiões.

Esses animais parasitas vivem nas veias do fígado e do intestino delgado do ser humano. Entre outros sintomas, podem provocar diarreia, problemas no fígado, pâncreas, baço e intestino, além de dores no abdome. A barriga da pessoa doente costuma ficar muito dilatada por causa do acúmulo de líquido (plasma do sangue).

Quando a fêmea põe os ovos, eles são eliminados com as fezes do doente e podem contaminar o ambiente. Acompanhe o ciclo do esquistossomo na figura 6.31.

Como você pôde observar na figura 6.30, a tênia passa por dois hospedeiros durante seu ciclo. Um deles é o boi ou o porco. Esses animais são chamados hospedeiros intermediários, porque abrigam a larva do verme. O outro é o ser humano, denominado hospedeiro definitivo, porque aloja o verme já adulto.

⊕ Mundo virtual

Teníase/cisticercose – Ministério da Saúde
http://bvsms.saude.gov.br/bvs/publicacoes/doencas_infecciosas_parasitaria_guia_bolso.pdf
Na página 387 do livro *Doenças infecciosas e parasitárias: guia de bolso*, há informações detalhadas sobre a teníase e a cisticercose, além de orientações quanto a diagnóstico, tratamento e prevenção. O livro é produzido pelo Ministério da Saúde.
Acesso em: 5 fev. 2019.

Essa doença também é conhecida como esquistossomíase, xistose ou doença do caramujo, e está presente em vários países da América Latina e da África, em regiões sem saneamento básico adequado.

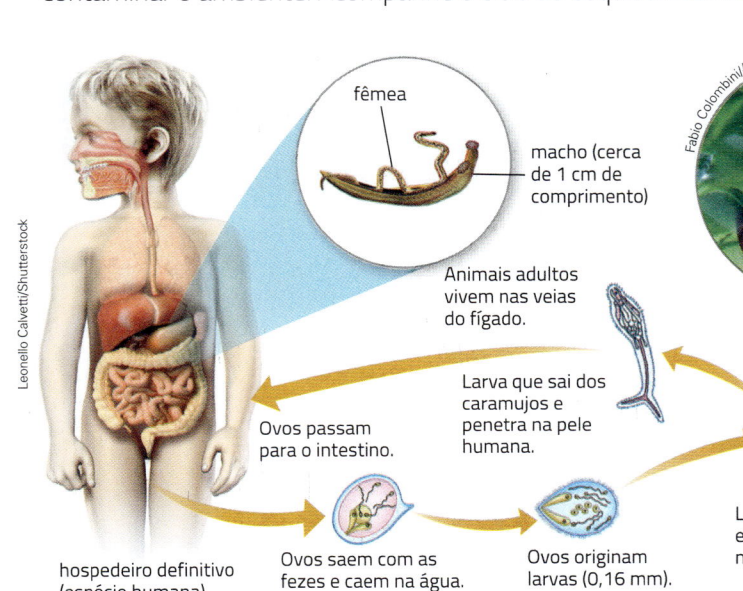

fêmea

macho (cerca de 1 cm de comprimento)

Animais adultos vivem nas veias do fígado.

Larva que sai dos caramujos e penetra na pele humana.

Ovos passam para o intestino.

Ovos saem com as fezes e caem na água.

Ovos originam larvas (0,16 mm).

hospedeiro definitivo (espécie humana)

hospedeiro intermediário (caramujo *Biomphalaria*; a concha tem cerca de 4 cm de diâmetro.)

Larva penetra no caramujo e se reproduz, originando novas larvas.

Leonello Calvetti/Shutterstock

Fábio Colombini/Acervo do fotógrafo

Ilustrações: Luis Moura/Arquivo da editora

▷ **6.31** Representação esquemática simplificada do ciclo da esquistossomose. (Elementos representados em tamanhos não proporcionais entre si. Cores fantasia.)

Quando os ovos atingem a água doce, eles originam pequenas larvas, que penetram no corpo de caramujos do gênero *Biomphalaria*, multiplicam-se e desenvolvem-se. Depois de saírem dos caramujos, as larvas podem penetrar no corpo humano através da pele das pessoas que entram na água contaminada de rios, lagoas ou riachos.

Estimativas indicam que cerca de 1,5 milhão de pessoas estejam infectadas com o esquistossomo no país, principalmente em alguns estados do Nordeste e Sudeste, onde a doença é endêmica.

Os vermes da esquistossomose podem ser eliminados com o uso de medicamentos. Entre as medidas específicas de combate à esquistossomose estão:

- identificação dos locais com potencial de transmissão;
- combate ao caramujo com produtos químicos ou controle biológico compatível com a legislação ambiental em vigor, utilizando, por exemplo, peixes que se alimentam do caramujo;
- campanhas de informação e conscientização da população, alertando sobre a doença e seu modo de transmissão.

> O local da pele em que as larvas penetram coça, fica vermelho e dolorido. Por isso os ambientes onde elas vivem são conhecidos como lagoas de coceira. Evite entrar em rios, lagos e lagoas que você não conhece.

Ascaridíase

A **ascaridíase** é provocada pelo nematoide *Ascaris lumbricoides*, nome científico da popular **lombriga**.

As lombrigas medem entre 15 cm e 40 cm de comprimento e quando adultas vivem no intestino delgado humano. Veja a figura 6.32.

Os ovos da lombriga saem com as fezes da pessoa infestada e, quando não há saneamento básico, podem chegar ao solo e contaminar a água e os alimentos. As crianças, que costumam levar à boca as mãos sujas de terra, contaminam-se mais facilmente.

A infestação por lombrigas pode causar vários sintomas, como lesões nos pulmões, cólicas abdominais, enjoo, falta de disposição e fraqueza. Pode ocorrer também perda de peso, entre outros problemas.

Se não for tratada, a pessoa contaminada pode ter o intestino obstruído e até morrer. O diagnóstico definitivo se dá pela constatação de ovos do verme nas fezes. Há medicamentos que matam os vermes.

Entre as medidas específicas de combate à ascaridíase estão:
- uso de água tratada para beber e preparar alimentos;
- evitar que crianças levem objetos à boca, principalmente aqueles que foram pegos do chão.

6.32 Profissional da saúde segura uma lombriga usada para pesquisas.

Clouds Hill Imaging LTD/Science Photo Library/Latinstock

Ancilostomose

A **ancilostomose** ou **ancilostomíase** pode ser causada por duas espécies de nematoides: o **ancilóstomo** (*Ancylostoma duodenale*) e o **necátor** (*Necator americanus*). Esses nematoides são muito semelhantes e medem entre 8 mm e 18 mm de comprimento. É a verminose mais comum depois da ascaridíase, sendo encontrada principalmente em áreas de clima úmido e quente em que não há saneamento básico e as pessoas andam descalças.

O verme entra pela pele exposta, atinge a circulação e se desenvolve na parede do intestino delgado, perfurando o tecido dela. Ele se alimenta do sangue, fazendo com que o doente fique com a pele muito pálida ou amarelada, daí o termo "amarelão" para essa doença. A doença também causa falta de ar e outros sintomas que podem levar à morte.

A contaminação pelos vermes do "amarelão" pode ser evitada com o uso constante de calçados especialmente em regiões com focos da doença, além das medidas gerais de prevenção de verminoses.

Enterobíase

A **enterobíase** ou **oxiuríase** é provocada pelo nematódeo *Enterobius vermicularis* ou *Oxyurus vermicularis*, conhecido como **oxiúro**. O macho mede cerca de 5 mm de comprimento, e a fêmea, 1 cm. Ambos se desenvolvem no intestino grosso.

Depois de fecundada, a fêmea dirige-se para a região em torno do ânus, onde deposita seus ovos; o sintoma mais frequente é uma coceira nessa região, em geral à noite, provocada pela movimentação da fêmea.

A transmissão pode ocorrer de um indivíduo para outro (inalação ou ingestão de ovos pela poeira ou pelos alimentos) ou por autoinfestação, quando, após coçar o ânus, a pessoa (em geral crianças) leva a mão à boca ou contamina alimentos com os ovos que ficam sob as unhas. Os ovos também podem ser encontrados nas roupas de cama, nas toalhas, no chão e nos objetos de casa, sendo frequentes as pequenas epidemias em uma residência. Pequenas infestações não apresentam sintomas, mas, quando o número de vermes é muito grande, podem ocorrer inflamação intestinal, perturbação do sono e congestão da região anal.

A prevenção deve ser feita com medidas de higiene, como limpeza das unhas e do corpo, uso de privadas e lavatórios, troca e lavagem semanal, em água fervente, da roupa de dormir e da de cama. O tratamento deve ser feito com vermífugos.

Larva migrans cutânea

Algumas espécies de nematódeos que parasitam o intestino de cães e gatos (*Ancylostoma braziliensis* e *Ancylostoma caninum*) produzem larvas que podem penetrar na epiderme humana e deslocar-se através dela, abrindo túneis (que lembram o traçado de um mapa) e provocando intensa coceira (figura 6.33). Essa doença é chamada **larva migrans cutânea**, bicho-geográfico, dermatite pruriginosa ou bicho-das-praias (pois é comum em praias poluídas por fezes de cães e gatos).

A prevenção pode ser feita ao impedir o acesso de animais a praias e tanques de areia em escolas e parques onde crianças brincam. É preciso realizar exames periódicos nos animais para verificar se estão contaminados e eliminar o verme com medicamentos. O ideal também é usar chinelos na praia e sentar-se em cadeiras ou toalhas, de modo a evitar o contato da pele com a areia. Há medicamentos que matam as larvas.

6.33 Lesão de pele causada por bicho-geográfico (a larva mede aproximadamente 0,8 mm). A presença das fezes de cães e gatos em praias pode levar à contaminação de pessoas pela larva migrans cutânea.

St. Bartholomew's Hospital/SPL/Latinstock

Volodymyr Burdiak/Shutterstock

Filariose

O nematoide conhecido como **filária** (*Wuchereria bancrofti*) pode viver nos vasos linfáticos humanos, causando uma doença chamada **filariose** ou **elefantíase**. Os vasos linfáticos têm a função de drenar o excesso de líquido que sai do sangue, banhar as células com ele e devolvê-lo ao sangue após esse processo. O líquido que circula nos vasos linfáticos chama-se linfa.

A presença de filárias nesses vasos origina inflamações que podem obstruir a circulação da linfa. Isso ocorre principalmente nos membros inferiores, como as pernas, que ficam inchadas e deformadas.

As larvas produzidas pelas fêmeas migram dos vasos linfáticos para o sangue. Quando mosquitos do gênero *Culex* sugam o sangue de indivíduos parasitados, os insetos adquirem as larvas, que continuam se desenvolvendo no corpo deles.

Há medicamentos que combatem os vermes, mas é difícil reverter as lesões e deformações provocadas pela filária. A prevenção à filariose é feita por:

- tratamento dos doentes (eliminando, assim, os focos de contaminação);
- combate ao mosquito e a suas larvas;
- saneamento ambiental, com a drenagem das águas pluviais;
- redução do contato entre os seres humanos e o mosquito com a instalação de telas nas portas e nas janelas das casas e o uso de telas mosquiteiras.

6 Doenças causadas por fungos

Estudamos no 6º ano que os fungos são importantes, junto com as bactérias, no processo de decomposição. Vimos ainda que algumas espécies podem ser usadas pelo ser humano na produção de alimentos, como pães e queijos.

Porém, a grande capacidade de os fungos decomporem a matéria orgânica pode nos causar problemas: os fungos destroem alimentos estocados, roupas, papéis, couro e muitos outros produtos. Ingerir alimentos contaminados por fungos pode causar problemas de saúde. Os fungos também podem causar doenças, tanto em plantas como em animais.

Muitos fungos vivem em nossa pele e mucosas sem causar maiores danos. Em certas circunstâncias, porém, os fungos podem se reproduzir rapidamente e provocar infecções, conhecidas como micoses. O uso abusivo de antibióticos, o calor e o acúmulo de suor ou de umidade são fatores que favorecem a instalação de micoses.

As micoses mais comuns ocorrem na pele, no cabelo, na unha e nos pelos. Veja a figura 6.34. Algumas micoses podem atingir órgãos internos, como os pulmões. Em geral, as que provocam infecções mais graves atacam pessoas com deficiência nas defesas do corpo, como os portadores de HIV.

Como os fungos se desenvolvem melhor no calor e na umidade, após o banho, é importante enxugar-se bem, principalmente entre os dedos dos pés e na virilha. Evite emprestar ou pedir emprestado chuteiras, sapatos, meias e calções e procure não ficar muito tempo de tênis. Se observar coceira, descamação ou pequenas vesículas na pele, em especial nos pés, ou mudança na pele, procure o médico.

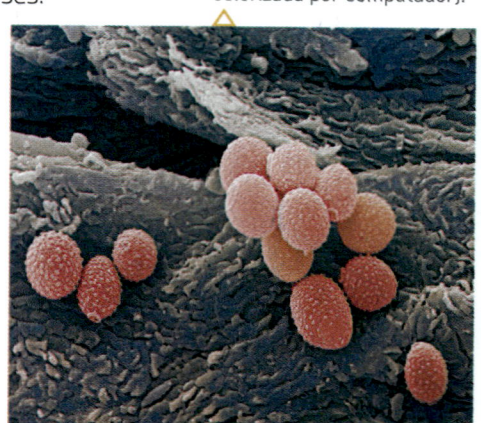

6.34 Esporos do fungo conhecido como pé de atleta sobre a pele (microscópio eletrônico, aumento de cerca de 2 mil vezes; imagem colorizada por computador).

Science Photo Library/Latinstock

ATIVIDADES

Aplique seus conhecimentos

1 ▸ Por que algumas doenças provocadas por vírus não afetam a mesma pessoa mais de uma vez?

2 ▸ Identifique as afirmativas corretas.

(   ) O soro serve para uma pessoa se prevenir de uma doença durante o resto da vida.

(   ) Para se prevenir contra a poliomielite, é preciso tomar uma vacina.

(   ) A vacina contém anticorpos.

(   ) A vacina estimula a produção de anticorpos.

3 ▸ Embora a reciclagem de materiais seja fundamental para reduzir o volume de lixo, precisamos ter alguns cuidados com os resíduos separados para a coleta seletiva. Observe a figura 6.35 e responda: Quais doenças podem ser evitadas com esse cuidado?

▷ **6.35** Garrafas de vidro com o gargalo voltado para baixo.

Fernando Favoretto/Criar Imagem

4 ▸ Na figura 6.36 estão representados vírus da varíola. A varíola é uma virose transmitida por gotículas de saliva dos portadores do vírus ou pelo uso de objetos contaminados. A doença foi erradicada em 1980, mas alguns vírus foram preservados em laboratório. Qual foi a principal medida que tornou possível a erradicação da varíola?

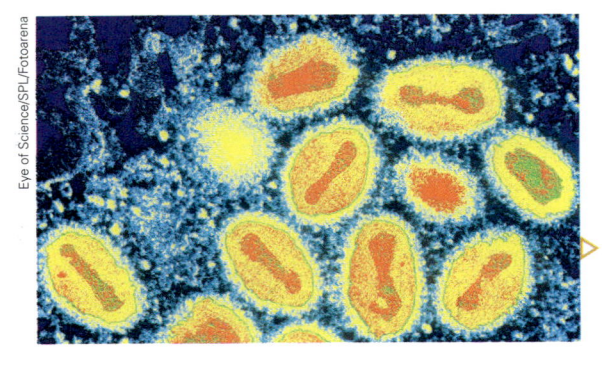

Eye of Science/SPL/Fotoarena

▷ **6.36** Vírus da varíola vistos ao microscópio eletrônico (aumento de cerca de 29 000 vezes; coloridos articialmente).

5 ▸ Hoje, quando um novo vírus surge, ele tem mais chance de se espalhar pelo mundo do que antigamente. Você sabe explicar por quê?

6 ▸ Uma bactéria conhecida como salmonela pode provocar infecções intestinais, com diarreia, vômitos e febre. O doente precisa receber tratamento médico rapidamente. A doença pode ser contraída ao ingerir ovo malcozido e contaminado com a bactéria ou quando se lava mal as mãos antes de cozinhar, por exemplo.

Alguns cientistas vêm tentando usar certos vírus para combater essa bactéria. Explique por que essa tentativa pode dar certo.

7 ▸ O cientista Louis Pasteur costumava cultivar os microrganismos que lhe interessavam. Para isso, conseguia uma amostra do microrganismo – dos ferimentos de um animal doente, por exemplo – e a colocava em um balão de vidro contendo um líquido com substâncias que serviam de alimento para o microrganismo (açúcares, gordura, proteínas, etc.). Nesse caldo rico em alimentos, o microrganismo se multiplicava e Pasteur podia, assim, estudá-lo à vontade. Entretanto, ele não conseguiu cultivar desse modo o microrganismo causador da raiva. Explique por que Pasteur não obteve sucesso nesse caso.

8 ▸ Neste capítulo, você aprendeu como ocorre a transmissão da esquistossomose. Agora, numere os acontecimentos abaixo na sequência correta do ciclo do parasita. Comece pela fase do ovo no intestino humano.

( ) ovo no intestino humano   ( ) vermes adultos no sangue   ( ) larva penetra na pele

( ) larva penetra no caramujo   ( ) ovos na água   ( ) larva sai do caramujo

9 ▸ Relacione os termos a seguir com as frases correspondentes. (Dica: um termo pode valer para mais de uma frase, e vice-versa!)

a) Tênia   **c)** Ancilóstomo   **e)** Oxiúro

b) Lombriga   **d)** Filária   **f)** Esquistossomo

( ) Esse verme pode nos deixar doentes quando comemos carne malcozida e contaminada com cisticercos.

( ) A larva desse verme pode sair de um caramujo e penetrar no organismo humano pela pele.

( ) Esse verme pode viver nas veias do fígado e do intestino do ser humano.

( ) Esse verme produz a doença conhecida como ascaridíase.

( ) A larva desse verme sai do ovo no solo e penetra no corpo humano através da pele.

( ) A picada de certos mosquitos pode transmitir a larva desse verme.

( ) Produz uma doença conhecida também como "amarelão".

( ) Andar calçado ajuda a evitar a doença causada por esse verme.

( ) A doença causada por esse verme pode ser evitada com o combate ao mosquito transmissor.

( ) Essa verminose pode ser causada pela ingestão de cisticercos.

( ) Essa verminose pode ser combatida pela criação de peixes que se alimentam de certas espécies de caramujos.

( ) Esse verme causa uma doença conhecida popularmente como elefantíase.

10 ▸ No gráfico abaixo podemos ver a porcentagem de esgoto que passa por tratamento (linha com quadradinhos, IN046) e de esgoto despejado diretamente na natureza (linha com círculos, IN056) no Brasil, entre 2006 e 2016.

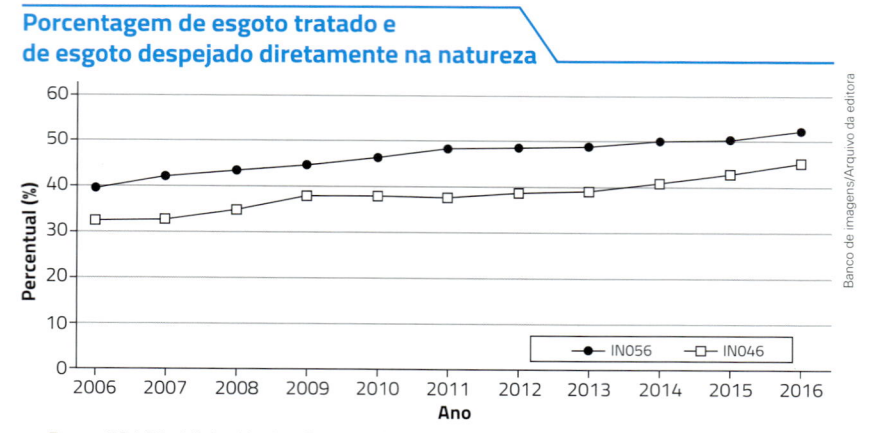

Porcentagem de esgoto tratado e de esgoto despejado diretamente na natureza

Fonte: BRASIL. Ministério das Cidades. Secretaria Nacional de Saneamento Ambiental – SNSA. *Sistema Nacional de Informações sobre Saneamento:* Diagnóstico dos Serviços de Água e Esgotos – 2016. Brasília: SNSA/MCIDADES, 2018. p. 81. Disponível em <http://etes-sustentaveis.org/wp-content/uploads/2018/03/Diagnostico_AE2016.pdf>. Acesso em: 5 fev. 2019.

▷ 6.37

a) Qual é a porcentagem da população com acesso a esgoto tratado em 2006? E em 2016?

b) Em qual ano da série histórica você esperaria encontrar maior número de casos de doenças como a cólera? Por quê?

c) Estima-se que cada real investido em saneamento básico economiza 9 reais em gastos com saúde. Explique por que isso acontece.

11 ▸ Uma pessoa que vive na mesma casa em que outra que teve malária também contraiu a doença. Ao saber disso, um vizinho comentou que foi por falta de higiene e que essa pessoa não devia ter usado os mesmos objetos (copos, pratos, etc.) da outra, que esteve doente.

Você concorda com essa opinião? Por quê?

12 ▸ Indique as afirmativas verdadeiras.

( ) A instalação de rede de esgotos ajuda a evitar a esquistossomose.

( ) Uma pessoa pode contrair ascaridíase se ingerir ovos do parasita em alimentos mal lavados.

( ) A carne de porco contaminada e malcozida pode transmitir a cisticercose.

( ) A tênia é um parasita do intestino humano.

( ) A transfusão de sangue favorece a transmissão da teníase.

( ) Para ajudar a prevenir a cisticercose, é importante tomar água tratada e não comer verduras nem frutas mal lavadas.

( ) O combate ao caramujo transmissor ajuda a evitar a teníase.

( ) Andar calçado ajuda a prevenir a ancilostomose nas regiões com focos da doença.

13 ▸ Um abatedouro foi fechado pela Inspeção Federal da Delegacia do Ministério da Agricultura e teve mais de 600 kg de carne apreendidos. O dono do abatedouro protestou, dizendo que em seu estabelecimento as carnes ficavam sob refrigeração constante e que, portanto, não havia nenhuma carne estragada. Com base no que você aprendeu neste capítulo, explique qual pode ter sido o problema.

14 ▸ Você acaba de estudar várias doenças transmissíveis, entre elas, a cólera, a doença de Chagas, a dengue, a raiva e a malária. Elabore um quadro comparativo para essas doenças, que contenha as seguintes informações:

a) Forma de transmissão (picadas de insetos, mordidas de animais contaminados ou ingestão de água e alimentos contaminados).

b) Agente causador (vírus, bactérias ou protozoários).

c) Principais medidas preventivas.

De olho na notícia

Notícia 1

Leia o trecho de uma notícia de maio de 2017.

O Ministério da Saúde acompanha os dados do último boletim epidemiológico que aponta redução de 90,3% dos casos de dengue; 95,3% de zika e 68,1% de chikungunya em relação ao mesmo período de 2016. Vale ressaltar, no entanto, que o período de maior incidência das três doenças segue até o fim de maio. Portanto, todos os esforços de prevenção e combate ao *Aedes aegypti* devem ser mantidos.

A participação da população nesse processo é fundamental. [...]

Prevenção e combate – dengue, chikungunya e zika. Disponível em: <http://combateaedes.saude.gov.br/pt/noticias/908-casos-de-dengue-no-brasil-caem-90-em-2017>. Acesso em: 6 fev. 2019.

a) Qual é a relação do *Aedes aegypti* com a dengue, a zika e a chikungunya?

b) Ao ler a notícia, cinco estudantes criaram algumas hipóteses para explicar a redução nos casos de dengue, zika e chikungunya. Avalie as afirmações de cada um, explicando as hipóteses inválidas.

• João concluiu que aumentaram os índices de tratamento de esgoto no Brasil, por isso o número de casos de dengue diminuiu tanto.

• Letícia relacionou o controle do inseto barbeiro à diminuição de casos de dengue, zika e chikungunya.

• Rodrigo supôs que o número de casos diminuiu porque a reprodução do mosquito *Aedes aegypti* foi controlada.

• Maria considerou que as pessoas doentes devem ter sido medicadas com antibióticos e por isso deixaram de transmitir as doenças mencionadas.

• Carlos afirmou que a participação da população no combate aos criadouros de mosquito contribuiu para a diminuição dos casos das doenças.

Notícia 2

Neste capítulo, você viu que a vacinação é uma medida essencial de saúde individual e coletiva. No entanto, nos últimos anos, determinados fatores fizeram com que algumas pessoas deixassem de se vacinar ou de vacinar seus filhos. Entre esses fatores estão a falta da percepção de risco de doenças praticamente eliminadas, a falta de informação sobre a importância da vacinação e ainda o medo sem fundamento de alguns efeitos colaterais. Leia a notícia a seguir e responda às questões.

O movimento antivacinas no mundo

Nos EUA as autoridades de saúde têm um problema com as famílias que se recusam a vacinar seus filhos. O sarampo foi declarado erradicado em 2000 entretanto em 2014 surgiram 23 surtos com 668 infectados. No final da década de 1970, a coqueluche estava limitada a mil casos por ano; mas apenas na Califórnia em 2014 houve uma epidemia com quase 10 000 pacientes e mais de 18 000 em todo o país em 2015.

[...]

Este movimento antivacinas começou com força nos EUA em 1988, quando uma revista científica de prestígio publicou um estudo que relacionava o **autismo** com as vacinas, investigação que foi desacreditada em múltiplas ocasiões por toda a comunidade científica.

[...]

E na Europa, os antivacinas também estão muito presentes. [...] Por esta razão, as leis de vacinação estão sendo reforçadas em toda Europa, onde a queda da imunização tem causado um aumento de doenças como o sarampo, a catapora e a caxumba, como assegurou o Centro Europeu para a Prevenção e Controle de Doenças (ECDC). A Itália, por exemplo, aprovou uma lei que estabelece a vacinação obrigatória para crianças de 0 a 6 anos e penalidades aos pais que não cumprirem o calendário.

[...]

> **Autismo:** também conhecido como Transtornos do Espectro Autista (TEA), é uma condição permanente que faz com que a pessoa tenha problemas no desenvolvimento da linguagem e de interação social, entre outros. O diagnóstico da criança com autismo ocorre a partir dos 18 meses de vida.

GARCÍA, C. Movimento antivacina: mãe prefere ir para a prisão a imunizar seu filho. *El País*. 3 out. 2017. Disponível em: <https://brasil.elpais.com/brasil/2017/10/02/ciencia/1506938178_101257.html>. Acesso em: 14 mar. 2019.

a) O movimento antivacinas é formado por grupos de pessoas que se recusam a tomar vacinas e a vacinar seus filhos. De acordo com o texto, como esse movimento começou?

b) De acordo com o texto, o movimento antivacinas se justifica?

c) Qual foi a consequência desse movimento em locais como os Estados Unidos e a Europa?

d) O que está sendo feito para evitar que as pessoas deixem de tomar vacinas? Você concorda com essas medidas?

De olho no texto

O texto a seguir traz trechos de uma entrevista do Instituto de Comunicação e Informação Científica e Tecnológica em Saúde com o professor Igor Sacramento. Leia-o e responda às questões.

Fake news e saúde

[...]

Em um momento tão crucial para a saúde da população, diversas notícias falsas dificultam a adesão da população à vacinação contra a febre amarela. O *site* "Boatos" listou as sete mentiras sobre a febre amarela "que sempre enganam os menos informados", tais como "Febre amarela é uma farsa criada para vender vacinas" ou "Médico de Sorocaba diz que vacina paralisa o fígado" ou "Própolis espanta o mosquito da febre amarela", são alguns exemplos que circulam nas mídias sociais, [...] causando muita confusão e fazendo com que algumas pessoas fiquem em dúvida se devem ou não se vacinar.

[...]

Qual o impacto das *fake news* na campanha de vacinação da febre amarela?

Os boatos, como informações concorrentes às oficiais, existem desde sempre. Eles fazem parte das redes de comunicação de uma sociedade, produzindo as práticas de difamação de pessoas e a desconfiança das instituições, de imaginação de histórias e circulação de narrativas amplamente disseminadas mas sem localização de origem possível. No lugar de um responsável, um pseudônimo, quando muito. Em geral, era assim porque se dizia ser assim.

[...]

O impacto das chamadas *fake news* na campanha de vacinação da febre amarela ainda não foi mensurado, mas temos uma reação popular complexa: ao mesmo tempo que vemos as filas aumentando, há uma crescente desconfiança em relação ao fracionamento (o termo leva as pessoas a crerem que se trata de algo menor, fragmentado, ineficiente, ruim) e à própria vacina, que poderia fazer mal e até levar à morte. Essas notícias se espalham com muita força nas redes sociais *on-line* [...]

[...]

É possível mudar o jogo?

As pessoas buscam cada vez mais formas alternativas, concorrentes, menores, não oficiais de informação, de modo que atenda às suas crenças e posicionamentos. Isso não é diferente em relação à saúde. As pessoas buscam informações que reforcem seus preceitos.

[...]

Vivemos um contexto de máxima visibilidade, de excesso de circulação informacional, de uma enorme disposição para a polêmica, para o debate, para o comentário, para o compartilhamento, para a curtida [...]. A integração e o diálogo são desafios para o campo da comunicação na saúde, assim como são para uma sociedade democrática.

[...]

PORTELA, G. Febre amarela: pesquisador da Fiocruz fala sobre notícias falsas e pós-verdades em saúde. Disponível em: <https://agencia.fiocruz.br/febre-amarela-pesquisador-da-fiocruz-fala-sobre-noticias-falsas-e-pos-verdades-em-saude>. Acesso em: 6 fev. 2019.

a) Consulte em dicionários o significado das palavras que você não conhece e redija uma definição para essas palavras.

b) A expressão *fake news* vem do inglês e significa notícias falsas. Explique com suas palavras o significado dessa expressão.

c) O trecho discute o impacto das *fake news* na troca de informações sobre uma doença. Qual é o agente causador dessa doença? Como ela é transmitida e como pode ser combatida?

d) De que forma as *fake news* podem atrapalhar o controle da doença mencionada pelo texto?

e) Você já recebeu *fake news* sobre saúde em alguma mídia social? Discuta com um colega sobre o que pode ser feito para que essas *fake news* não se espalhem.

Investigue

Faça uma pesquisa sobre os itens a seguir. Você pode pesquisar em livros, revistas, *sites*, etc. Preste atenção se o conteúdo vem de uma fonte confiável, como universidades ou outros centros de pesquisa. Use suas próprias palavras para elaborar a resposta.

1 ▸ Pesquise sobre as indicações existentes para se tomar a vacina contra a gripe e por que ela deve ser repetida todo ano. Após a pesquisa, imagine uma situação na qual um conhecido se recusa a tomar vacinas consideradas obrigatórias pelo governo. Elabore uma redação defendendo a vacinação para convencer essa pessoa.

2 ▸ O que são doenças negligenciadas? Construa um texto argumentando sobre os problemas de não investir em pesquisas sobre doenças que afetam milhões de pessoas.

Cada grupo de estudantes vai escolher uma das atividades a seguir para pesquisar em livros, revistas ou *sites* confiáveis (de universidades, centros de pesquisa, etc.). Vocês podem buscar o apoio de professores de outras disciplinas (Geografia, História, Língua Portuguesa, etc.). Exponham os resultados da pesquisa para a classe e a comunidade escolar (estudantes, professores e funcionários da escola e pais ou responsáveis), com o auxílio de ilustrações, fotos, vídeos, blogues ou mídias eletrônicas em geral. Ao longo do trabalho, cada integrante do grupo deve defender seus pontos de vista com argumentos e respeitando as opiniões dos colegas.

1 ▸ Depois de conseguirem um calendário básico de vacinação (que pode ser obtido no portal do Ministério da Saúde ou em postos de saúde), façam um resumo das doenças prevenidas por vacinas que constam no calendário. Elaborem também argumentos defendendo a importância da vacinação para a saúde do indivíduo e da população.

2 ▸ Com o auxílio dos professores de Ciências e de História, pesquisem (em livros, na internet, etc.) as principais epidemias e pandemias de gripe que ocorreram no século XX: quando e onde começaram e o número de mortes que provocaram. Pesquisem também as consequências sociais dessas epidemias.

3 ▸ Escolham uma das doenças seguintes para pesquisar: raiva, dengue, febre amarela, chikungunya, zika, cólera, tuberculose, leptospirose, hanseníase, doença de Chagas, malária, leishmaniose, teníase e cisticercose, esquistossomose, ascaridíase, ancilostomose.

Procurem dados atualizados sobre o modo de transmissão dessa doença, sua incidência no Brasil, os sintomas, o tratamento, as medidas preventivas e que providências governamentais estão sendo feitas para controlar a doença. Com a ajuda do professor de Geografia, confeccionem mapas do Brasil com as áreas de maior incidência dessa doença.

Importante: pesquisem também se há ocorrências da doença no município e no estado em que vocês vivem e, em caso positivo, pesquisem se está havendo uma epidemia, se é uma doença endêmica e o que está sendo feito para combatê-la. Elaborem ainda uma campanha de combate a ela. A campanha deve incluir pequenos textos, escritos em linguagem acessível a leigos, sobre as formas de transmissão, os cuidados para a prevenção, etc. Podem ser criados cartazes, frases de alerta (*slogans*), figuras, letras de música, entre outros. Não se esqueçam de avisar que o diagnóstico e o tratamento de uma doença devem ser orientados por médicos. Se possível, convidem um médico para dar uma palestra sobre a doença. Depois, apresentem o trabalho para a classe e a comunidade escolar. Há ainda a opção de construir um blogue, conforme as orientações do professor.

◣ ⟨ **Aprendendo com a prática** ⟩

Atividade 1

Antes de realizar a atividade prática com a orientação do professor, siga os procedimentos necessários para a observação de microrganismos ao microscópio.

Material

- Um microscópio
- Lâminas e lamínulas
- Um conta-gotas
- Um pequeno chumaço de algodão
- Papel absorvente
- Folhas de alface não lavadas
- Água filtrada em carvão ativado, que remove o cloro
- Vidro de conserva com tampa

Procedimento

1 ▸ Mergulhe as folhas de alface no vidro de conserva com a água filtrada sem cloro. Tampe o vidro e deixe-o em um local iluminado por cerca de três dias.

2 ▸ Com o conta-gotas, pingue uma gota da água do vidro sobre uma lâmina de microscópio. Ponha alguns fiapos de algodão sobre a gota de água e cubra tudo com uma lamínula. Com o papel absorvente, retire o excesso de água ao redor da lamínula. Os fiapos diminuem o movimento de um microrganismo que pode aparecer no meio de cultura e se desloca muito rapidamente.

3 ▸ Com a ajuda do professor, observe ao microscópio o material que você preparou. Use primeiro as lentes de menor aumento e depois as de maior aumento e tente identificar alguns seres vivos que se encontram na cultura.

Resultados e conclusão

Agora, faça o que se pede.

a) Desenhe o que você observou.

b) Observe as fotos abaixo. Algum microrganismo que você observou é parecido com os que estão nas fotos? Em caso afirmativo, pesquise algumas características desses organismos e redija um relatório a ser entregue ao professor. As imagens são vistas ao microscópio.

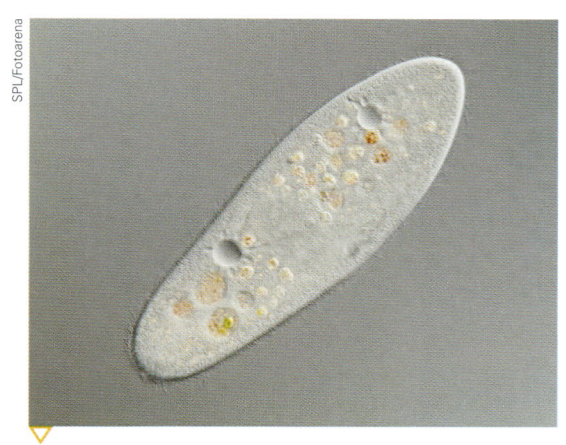

6.38 Paramécio (mede entre 50 μm e 300 μm).

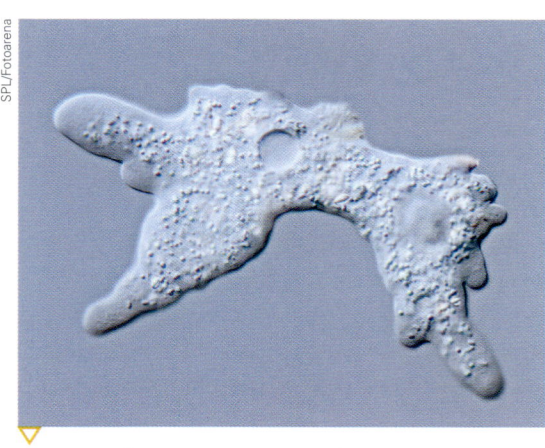

6.39 Ameba (mede cerca de 500 μm).

c) Considerando os resultados obtidos, por que é importante higienizar frutas, legumes e verduras antes de consumi-las?

Atividade 2

Veja o que é necessário para a execução desta atividade, que deve ser realizada sob a supervisão do professor. Siga as orientações a seguir.

Material

- Uma laranja
- Uma fatia de pão de fôrma
- Uma tigela de vidro em que caiba a laranja
- Um pires
- Palitos de madeira
- Um pouco de água (uma xícara de café, por exemplo)
- Microscópio, lâminas e lamínulas
- Luvas descartáveis

Procedimento

1 ▸ Ponha a laranja na tigela de vidro e guarde-a em um local escuro e quente. Umedeça a fatia de pão e coloque-a sobre o pires, que deverá ser guardado em local escuro e quente também.

2 ▸ Observe diariamente a laranja e o pão. Quando começarem a mofar, usando as luvas, colha um pouco do mofo com o palito.

3 ▸ Espalhe o mofo sobre as lâminas de vidro. Pingue uma gota de água, cubra com a lamínula e examine as lâminas ao microscópio.

Resultados e discussão

Agora, faça o que se pede.

a) Desenhe o que você pôde observar e identifique as partes do mofo.

b) Explique como o mofo apareceu no pão e na laranja.

c) Por que foi preciso umedecer o pão?

d) Por que o mofo se desenvolveu na laranja e no pão, mas não no vidro da tigela ou no pires?

e) Considerando o resultado obtido, por que é importante secar bem a região entre os dedos para evitar micoses?

Autoavaliação

1. Você teve dificuldade para compreender algum tema estudado no capítulo? O que fez para superar essa dificuldade?

2. Você entendeu a importância de tomar vacinas de acordo com as campanhas do Ministério da Saúde? Elabore uma justificativa para essa importância usando as próprias palavras ou debata com os colegas sobre o assunto.

3. Retomando o que você estudou sobre as doenças, avalie áreas do seu município onde elas podem estar presentes. Proponha medidas que poderiam ser tomadas para evitá-las.

Perigo na água parada

O *Aedes aegypti* é um mosquito encontrado em centros urbanos. Pode transmitir doenças como a dengue, a chikungunya e a zika. Atualmente, a melhor maneira de prevenir essas doenças é justamente por meio do combate aos criadouros de mosquitos, controlando sua população.

Ciclo de vida

O ciclo de vida do *A. aegypti* pode ser dividido em quatro fases: ovo, larva, pupa e mosquito adulto. Os ovos (cerca de 0,4 mm) são depositados pela fêmea adulta (cerca de 5 mm de comprimento) em locais de água parada; as larvas (1 mm a 6 mm de comprimento, conforme o estágio larval) eclodem dos ovos e vivem no meio aquático até se transformarem em pupas e, depois, em adultos. Os indivíduos adultos vivem cerca de 30 dias.

Elementos representados em tamanhos não proporcionais entre si. Cores fantasia.

Após cerca de três dias, surge o mosquito adulto. Apenas as fêmeas infectadas pelos vírus transmitem as doenças. Enquanto suga o sangue, o *A. aegypti* costuma levantar o último par de pernas.

1 ovos — A fêmea adulta do *A. aegypti* deposita ovos em locais com água parada.

2 larva — Assim que as larvas eclodem, elas vivem e se alimentam na água, nutrindo-se de substâncias orgânicas.

3 pupa — A larva sofre metamorfose.

4 mosquito adulto — asas — aparelho sugador

Número de casos prováveis de dengue, chikungunya e zika no Brasil

Casos prováveis			
	Dengue	Chikungunya	Zika
2011	507 798	–	–
2012	286 011	–	–
2013	1 452 489	–	–
2014	591 080	2 761	–
2015	1 638 058	36 254	–
2016	1 483 623	276 821	215 795
2017	209 702	179 657	16 040
set./2018	203 157	74 932	7 208

Fonte: elaborado com base em MINISTÉRIO DA SAÚDE. *Boletins epidemiológicos*. Disponível em: <http://portalms.saude.gov.br/boletins-epidemiologicos>. Acesso em: 6 fev. 2019.

As doenças

As três doenças transmitidas pelo *A. aegypti* são perigosas para a saúde humana, em especial se não forem tratadas rapidamente e de maneira adequada. Em mulheres grávidas, a infecção pelo vírus da zika aumenta o risco de a criança nascer com microcefalia, condição em que o cérebro não se desenvolve de maneira adequada.

Por essas razões, é importante ficar atento à saúde do próprio corpo e consultar o médico caso apresente sintomas.

Além disso, podemos adotar medidas simples de combate à proliferação do mosquito, como a produção de armadilhas com garrafas PET.

Ilustrações: Mauro Nakata/Arquivo da editora

Outras formas de combater o *A. aegypti*

Além do combate aos criadouros contendo água parada, outros métodos podem ser aplicados para controlar a proliferação dos mosquitos em diferentes fases. Conheça alguns exemplos a seguir.

A nebulização de inseticida pode ser feita apenas por agentes do governo, pois se usa um produto tóxico. É uma forma comum de controlar a população do mosquito em locais com muitos casos das doenças. No entanto, além dos problemas ambientais, o uso contínuo de um mesmo inseticida pode deixar de ser efetivo após certo tempo, como você verá no 9º ano.

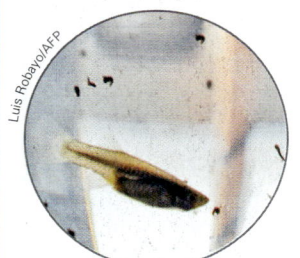

O controle de larvas do mosquito pode ser feito por peixes que se alimentam delas, como é o caso do barrigudinho (*Poecilia reticulata*; cerca de 6 cm de comprimento). Essa forma de combate é conhecida como controle biológico.

Armadilhas para capturar e matar o *A. aegypti* podem ser feitas com materiais reaproveitados, como garrafas PET. Esse método é efetivo apenas se realizado coletivamente. Além disso, a armadilha pode atrair mais mosquitos, por isso, a recomendação de algumas instituições de pesquisa é evitar usá-la.

Em casos de determinadas doenças, como a dengue, a chikungunya e a zika, é obrigatória a notificação aos órgãos governamentais de saúde. Isso é importante para traçar estratégias de controle de epidemias e para conhecer as áreas afetadas, direcionando medidas de saúde.

 **Consulte**

Conheça mais informações sobre o *Aedes aegypti*:

· **Dengue, Chikungunya e Zika**
http://combateaedes.saude.gov.br/pt/tira-duvidas

· **Combate ao mosquito *Aedes aegypti***
http://www.ans.gov.br/prevencao-e-combate/combate-ao-mosquito-aedes-aegypti

· **Armadilha letal para mosquitos**
http://www.faperj.br/downloads/mosquiterica.pdf
Acessos em: 6 fev. 2019.

Propondo uma solução

Com os colegas, escolha um dos projetos a seguir para desenvolver.

- **Planejar e construir um novo equipamento de captura:** estabeleçam estratégias para interferir em algum momento do ciclo de vida do *A. aegypti*. Entre outros aspectos, levem em conta quais serão os materiais necessários, as etapas de construção e como será utilizado (armadilha, uso manual, etc.).
- **Divulgação de informações sobre dengue, chikungunya e zika:** escolham uma forma de divulgar (*sites*, blogues, vídeos, áudios, cartazes, campanha, rádio da escola, etc.) métodos individuais e coletivos de prevenir o contato com o *A. aegypti*. Se possível, estabeleçam um canal de comunicação com o sistema de saúde do seu município para divulgar informações sobre casos das doenças, bem como as regiões afetadas (também é possível fornecer dados de casos existentes na escola e em regiões próximas).

Na prática

1. Como foi feita a divisão de tarefas no grupo?
2. O equipamento construído funcionou conforme esperado?
3. A divulgação teve o impacto esperado? As pessoas se conscientizaram sobre o papel da população no combate às doenças?
4. Quais foram as dificuldades encontradas na execução do projeto?
5. O que vocês aprenderam com essa experiência?

Xilogravura *Fábrica de locomotivas*, de autor desconhecido, 1864.

UNIDADE 3

Máquinas, calor e novas tecnologias

Máquinas são dispositivos criados para executar trabalho e que, durante a história, passaram por muitas transformações. Na Revolução Industrial, por volta do século XVIII, as máquinas transformaram a produção e a vida das pessoas e, até hoje, causam grande impacto no mundo do trabalho e nos hábitos da sociedade. Infelizmente, os benefícios proporcionados por essas mudanças são acompanhados por desequilíbrios sociais e ambientais.

1 ▸ Com o desenvolvimento de novas tecnologias, muitas profissões são criadas, enquanto outras deixam de existir. Como você imagina que o mundo do trabalho vai mudar nos próximos anos?

2 ▸ Telefones celulares são usados para fazer pesquisas, assistir a vídeos, ouvir música e tirar e enviar fotos. Você usa celular? Quais os benefícios e os problemas trazidos por essa tecnologia? Que cuidados devemos ter na comunicação virtual com pessoas que conhecemos e com as que não conhecemos pessoalmente?

Máquinas simples

Blaine Harring/Corbis/Getty Images

7.1 Mulher praticando atividade esportiva conhecida como tirolesa na região de Riviera Maya, no México. A tirolesa é composta de um sistema de cabos e polias.

Bicicletas, motores e várias ferramentas elétricas dependem de roldanas, ou polias, para funcionar. A polia é uma roda que gira em torno de um eixo e tem um canal por onde passa uma corda, ou dentes, onde se encaixam correntes. Nas bicicletas, por exemplo, as duas roldanas são ligadas por correntes, formando as engrenagens que fazem com que as pedaladas movimentem os pneus.

Sistemas formados por polias são indispensáveis em vários tipos de serviços, como resgates em acidentes em que a vítima precisa ser suspensa. Elas também são usadas em alguns esportes, como a escalada, o rapel e a tirolesa, e em muitas outras atividades do dia a dia. Veja a figura 7.1.

> **▶ Para começar**
>
> 1. Onde é possível observar roldanas e alavancas em funcionamento no seu cotidiano?
>
> 2. De que forma esses instrumentos nos ajudam no dia a dia?

1 Força e trabalho

No dia a dia, a palavra força tem vários significados. Muitas vezes ela é usada no sentido de esforço muscular, por exemplo, em um puxão, como você pode ver na situação que aparece na figura 7.2.

▷ 7.2 Você já brincou de cabo de guerra? Nessa brincadeira, o lado que aplicar a maior força na corda vence a disputa.

Em Física, podemos conceituar **força** como qualquer agente que pode deformar um objeto ou modificar o movimento de um corpo, alterando sua velocidade ou direção.

Na figura 7.3, a garota empurra a mesa, fazendo com que ela se desloque. Ela mudou a mesa de posição aplicando uma força. Por causa do deslocamento da mesa, dizemos que a força aplicada pela menina realizou um **trabalho**.

▽ 7.3 Ao arrastar a mesa, dizemos que a força aplicada pela menina realiza um trabalho. (Elementos representados em tamanhos não proporcionais entre si. Cores fantasia.)

De uma forma simplificada, podemos dizer que o trabalho depende da força aplicada e do deslocamento do objeto. Quanto maior a força usada para puxar, empurrar ou levantar um objeto, maior será o trabalho realizado. O trabalho também será maior quanto maior a distância percorrida pelo objeto ao ser puxado, empurrado ou suspenso. Em outras palavras, o trabalho é o resultado da multiplicação da força pelo deslocamento.

Como veremos a seguir, as máquinas simples modificam a força que a pessoa tem de fazer ao realizar uma atividade ou trabalho e, com isso, facilitam diversas tarefas.

2 Alavancas, roldanas e outras máquinas simples

Quando se fala em "máquina", talvez você pense em uma máquina de lavar, um liquidificador, o motor de um carro ou um computador. Mas uma tesoura, um carrinho de mão e um alicate também são máquinas (ou **máquinas mecânicas**) que facilitam nossas atividades.

Todas as máquinas mecânicas são adaptações ou combinações de dispositivos chamados **máquinas simples**, que você estudará a seguir. As combinações de máquinas simples são chamadas **máquinas complexas**.

Alavancas

Uma **alavanca** é uma barra, uma haste de madeira ou outro material resistente que pode se mover sobre um **ponto fixo**, também conhecido como **ponto de apoio**. As alavancas são muito úteis para mover objetos pesados.

Veja a figura 7.4. Observe que a pessoa da figura aplica uma força a determinada distância do ponto fixo, com intuito de vencer o peso da rocha, que está a outra distância do mesmo ponto. Chamamos **força potente** ou **força motriz** a força capaz de produzir movimento e **força resistente** a força capaz de se opor ao movimento, que, no caso da figura, está associada ao peso da rocha (as setas indicam o sentido das forças).

O físico inglês Isaac Newton (1642-1727) explicou que os corpos se atraem mutuamente por uma força chamada força gravitacional ou força da gravidade. A Terra exerce uma força gravitacional sobre os corpos. Essa força é chamada **peso** e é dirigida para o centro da Terra.

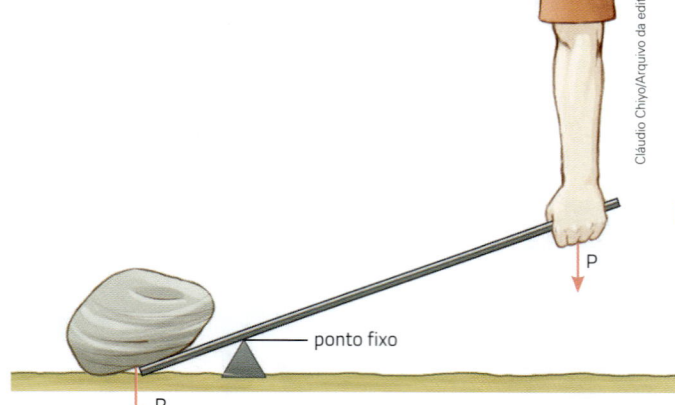

Cláudio Chiyo/Arquivo da editora

▷ 7.4 Esquema que mostra como a alavanca é posicionada sobre um ponto fixo e usada para deslocar corpos. A pessoa aplica uma força, chamada força potente (P), para deslocar um objeto, associado a uma força resistente (R). (Elementos representados em tamanhos não proporcionais entre si. Cores fantasia.)

A alavanca representada na figura 7.4 é chamada **alavanca interfixa**, porque o ponto fixo fica entre (inter) a força potente e a força resistente. O que você acha que vai acontecer se a pessoa afastar um pouco o ponto fixo da extremidade em que está a pedra? Para constatar o que acontece, realize a atividade a seguir.

Você vai precisar de uma régua rígida (que não se dobre facilmente) de cerca de 30 centímetros de comprimento, alguns livros e uma borracha que sirva de ponto de apoio para a régua. Veja a figura 7.5.

Fernando Favoretto/Criar Imagem

7.5 Alavanca utilizando régua e borracha. Observe que o ◁ ponto de apoio está bem perto do ponto de contato da alavanca com os livros.

Produza uma montagem semelhante e teste se é fácil levantar a pilha de livros nessa situação. Depois, afaste um pouco a borracha (ponto fixo) da extremidade onde estão os livros e repita o teste. Afaste mais um pouco a borracha e repita a tentativa.

À medida que você afasta o ponto fixo dos livros, tem de fazer cada vez mais força para levantá-los. Ou seja, em uma mesma alavanca, a força aplicada terá de ser maior à medida que afastamos o ponto fixo da carga.

No caso da alavanca da figura 7.4, isso também acontece: quanto mais perto o ponto fixo estiver da rocha, menos força será necessária para movê-la. Com a alavanca, portanto, fazemos menos força para levantar a rocha. Além disso, observe que, com a alavanca, a força aplicada é dirigida para baixo, enquanto a força que faríamos para levantar a rocha sem a alavanca seria dirigida para cima.

Mas será que com o uso de uma alavanca o trabalho realizado é menor do que sem a alavanca?

No exemplo da figura 7.4, a força exercida pela pessoa (força potente) é menor do que o peso da pedra (força resistente), mas a distância percorrida pela extremidade pressionada da alavanca é maior do que a distância de deslocamento da pedra ao ser levantada. Veja isso na figura 7.6.

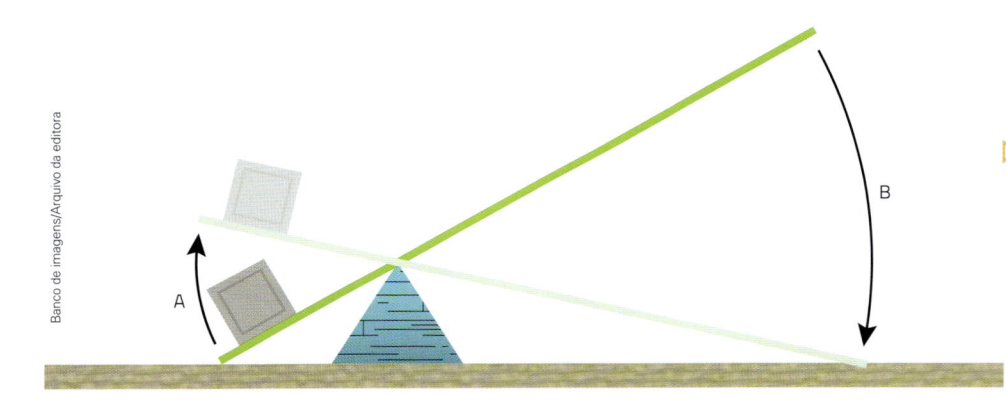

▷ 7.6 Observe que o deslocamento da caixa (A) é menor que o deslocamento da extremidade pressionada da alavanca (B), onde a força potente é aplicada. (Elementos representados em tamanhos não proporcionais entre si. Cores fantasia.)

Sendo assim, o trabalho realizado por um braço da alavanca é igual ao trabalho realizado pelo outro braço, pois, como vimos, o trabalho é o resultado da multiplicação da força pelo deslocamento. Dessa maneira, apesar de a força aplicada ser menor que o peso do bloco, o deslocamento da extremidade pressionada é proporcionalmente maior.

Na figura 7.7 podem ser vistos alguns instrumentos que funcionam como alavancas interfixas. Confira a posição das forças aplicadas em relação ao ponto fixo.

Veja que, apesar de o trabalho ser o mesmo, o uso da alavanca é vantajoso porque a força que precisa ser aplicada pela pessoa é menor.

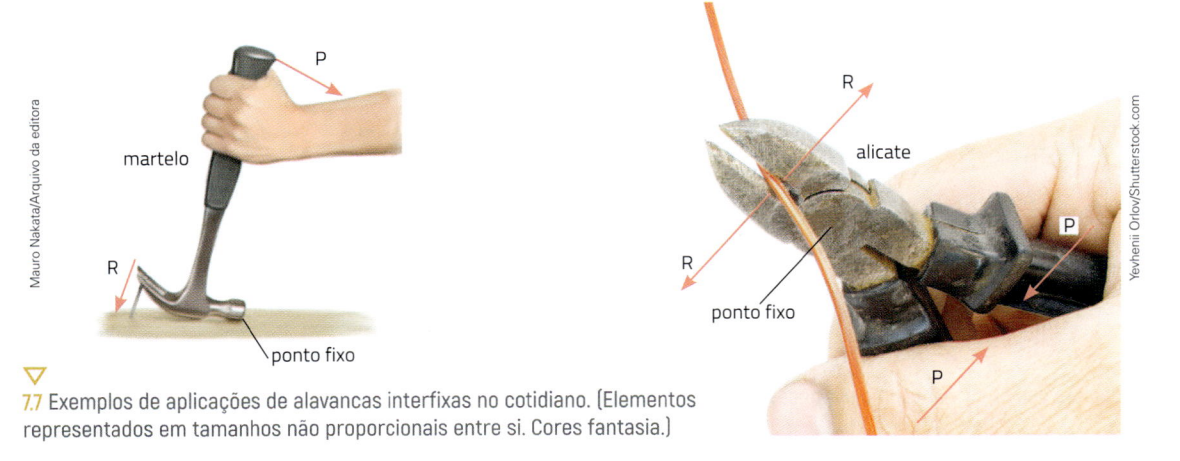

▽ 7.7 Exemplos de aplicações de alavancas interfixas no cotidiano. (Elementos representados em tamanhos não proporcionais entre si. Cores fantasia.)

Vamos conhecer agora outro tipo de alavanca. A figura 7.8 mostra **alavancas inter-resistentes**. Nesse tipo de alavanca, a força resistente está entre o ponto fixo e a força potente.

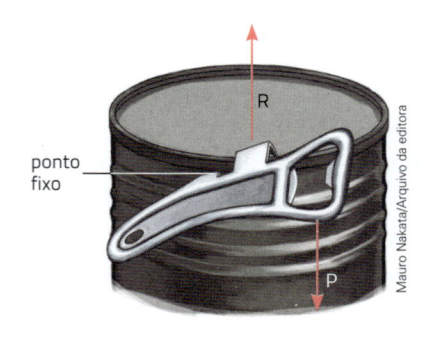

7.8 Exemplos de aplicações de alavancas inter-resistentes no cotidiano: carrinho de mão e abridor de latas.

Compare os esquemas gerais das alavancas interfixas e inter-resistentes na figura 7.9. Observe que nas alavancas inter-resistentes a distância entre o ponto fixo e a força resistente é sempre menor que a distância entre o ponto fixo e a força potente. Por isso, a força potente sempre é menor que a força resistente.

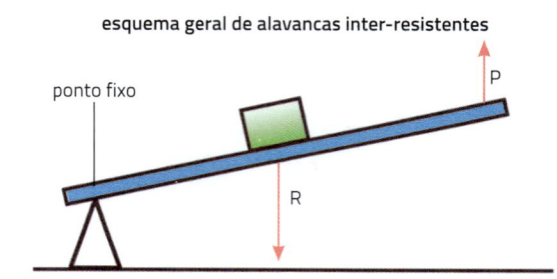

esquema geral de alavancas interfixas

esquema geral de alavancas inter-resistentes

7.9 Esquema geral de alavancas interfixas e inter-resistentes. (Elementos representados em tamanhos não proporcionais entre si. Cores fantasia.)

Observe agora a figura 7.10. A pinça funciona como uma alavanca **interpotente**: a força potente fica entre o ponto fixo e a força resistente.

Veja na figura 7.11 o esquema geral desse tipo de alavanca.

esquema geral de alavancas interpotentes

7.10 As pinças são objetos que funcionam como alavancas.

7.11 Esquema geral de alavancas interpotentes. (Elementos representados em tamanhos não proporcionais entre si. Cores fantasia.)

Observe que, nesse tipo de alavanca, a distância do ponto fixo à força resistente é sempre maior que a distância do ponto fixo à força potente. Por isso, é preciso executar uma força maior do que a resistência. A vantagem de usar esse tipo de alavanca não é diminuir a força, mas fazer com que um pequeno deslocamento na altura da força potente provoque um deslocamento maior na altura da força resistente.

Veja como isso funciona no nosso corpo: ao se contrair, o músculo do braço, chamado bíceps, puxa o osso do antebraço. Esse movimento permite levantar um objeto. Veja a figura 7.12. Nesse caso, embora a força exercida para levantar o objeto seja maior que a força resistente, a amplitude do movimento da mão é maior que o encurtamento do bíceps ao ser contraído.

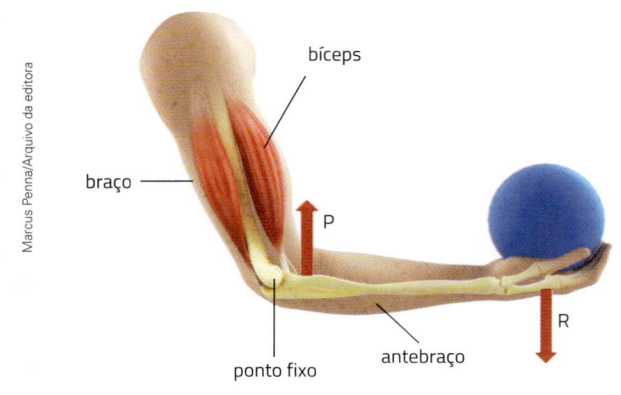

▷ **7.12** Esquema de uma alavanca interpotente que funciona no movimento de flexão do antebraço. A articulação funciona como ponto fixo, enquanto o bíceps realiza a força potente (P) e a bola na mão da pessoa está associada à força resistente (R). (Elementos representados em tamanhos não proporcionais entre si. Cores fantasia.)

Roldanas

Em muitos apartamentos, a roupa seca em varais como o da figura 7.13. Ao puxar as cordas para baixo, o varal sobe, se aproximando do teto. Você já reparou por onde as cordas deslizam conforme esse tipo de varal se move?

As cordas passam por **roldanas**, ou **polias**, que são rodas com um sulco ou canal na borda. Nos varais desse tipo, as roldanas facilitam a movimentação.

▷ **7.13** Varal de teto. No destaque, é possível ver as roldanas pelas quais passam as cordas que são puxadas para o varal subir.

Observe na figura 7.14 uma roldana presa ao teto. Trata-se de uma **roldana fixa**, ou seja, o eixo da roldana é fixo num suporte. Nesse caso, a força necessária para equilibrar o peso do corpo do outro lado da corda tem o mesmo valor do peso.

Em outras palavras, a força potente é igual à força resistente. Esse tipo de roldana pode alterar apenas a direção e o sentido da força: em vez de puxar de baixo para cima para levantar um peso, com a roldana puxamos de cima para baixo para fazer um peso subir. Com isso, o trabalho se torna mais cômodo. Veja a figura 7.15.

roldana fixa

$F = P$

7.14 Com uma roldana fixa, podemos mudar a direção e o sentido da força. (Cores fantasia.)

7.15 Pesca industrial de sardinhas em Itajaí (SC), 2018. Observe as duas roldanas fixas à esquerda. Elas são usadas para puxar os baldes com peixes.

A figura 7.16 mostra uma roldana fixa associada a outro tipo de roldana: uma **roldana móvel**.

Ao contrário da roldana fixa, a roldana móvel reduz a força necessária para levantar determinada carga. Nas roldanas móveis, cada trecho da corda sustenta a metade do peso de uma carga. Se colocássemos uma carga de 2 kg presa à roldana móvel da figura 7.16, bastaria uma carga de 1 kg presa à ponta livre da corda para equilibrar o sistema.

No caso de uma roldana móvel, o comprimento da corda puxada equivale ao dobro do deslocamento da carga. Isso quer dizer que, embora a força aplicada seja menor, o trabalho realizado será o mesmo, com ou sem roldanas.

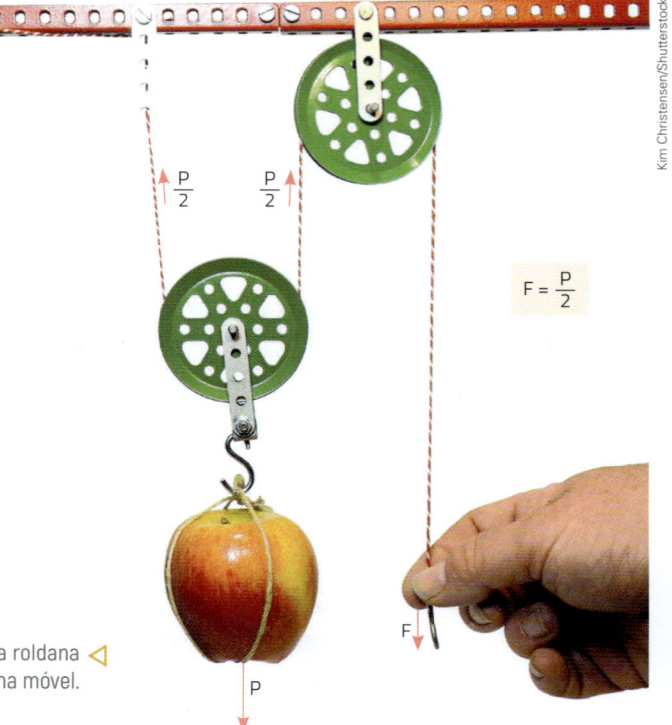

$\frac{P}{2}$ $\frac{P}{2}$

$F = \frac{P}{2}$

7.16 Associação entre uma roldana fixa e uma roldana móvel.

Roda com eixo

O conjunto formado por **rodas** presas a eixos está presente em muitas situações, permitindo a realização de tarefas cotidianas. Veja, por exemplo, na figura 7.17, um equipamento chamado sarilho, usado para retirar água de poço. Girando-se a manivela, a corda é enrolada ou desenrolada em torno de um cilindro. A vantagem é que a força aplicada sobre a manivela é menor que o peso do balde. A distância percorrida pela mão da pessoa ao girar a manivela é maior do que se ela puxasse a corda diretamente.

Rodas ligadas a outras por dentes ou correntes são chamadas **engrenagens** e são usadas em bicicletas, carros, motores, ferramentas elétricas e em muitas máquinas complexas. Veja a figura 7.18.

As engrenagens podem ser usadas para transmitir movimentos e mudar forças e velocidades. Vamos supor que a roda maior, chamada coroa, tenha o dobro do diâmetro da roda menor, chamada catraca, além de ter o dobro da quantidade de dentes da outra. O que acontece com a catraca se aplicarmos uma força impulsionando o pedal de uma bicicleta, fazendo-o girar?

Cada vez que a coroa der uma volta, a catraca dará duas: como a catraca tem um raio menor e menor número de dentes, ela gira mais vezes que a coroa.

7.17 Sarilho usado para tirar água de poço.

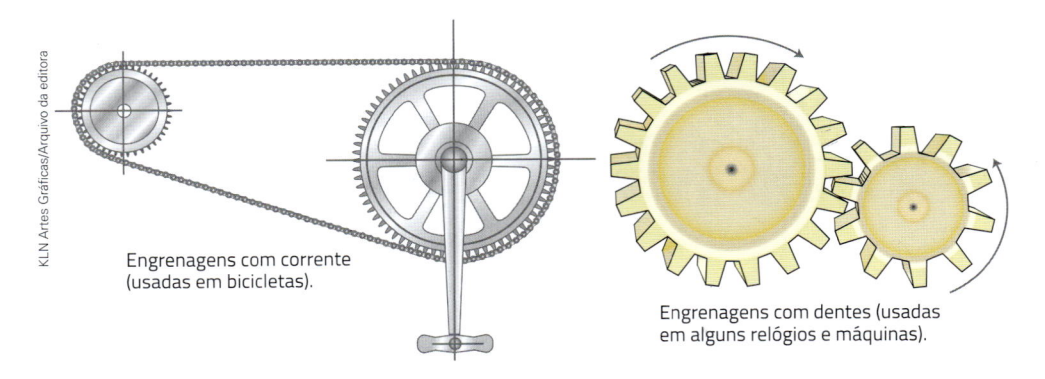

Engrenagens com corrente (usadas em bicicletas).

Engrenagens com dentes (usadas em alguns relógios e máquinas).

7.18 Representações de engrenagens. (Elementos representados em tamanhos não proporcionais entre si. Cores fantasia.)

Plano inclinado

Durante uma mudança, é comum ter de colocar móveis pesados dentro de um caminhão. Como você poderia facilitar a subida de um móvel muito pesado para ser levantado verticalmente a uma altura suficiente para entrar no caminhão? Pense um pouco antes de continuar a leitura.

Uma rampa ou qualquer plano que forme um ângulo com uma superfície horizontal é um **plano inclinado**. Veja a figura 7.19. A força necessária para elevar uma caixa pesada a 1 metro de altura, por exemplo, com o auxílio de um plano inclinado, é menor do que se a caixa fosse levantada verticalmente. E, quanto menor for a inclinação, menor será a força. No entanto, o trabalho realizado nos dois casos será o mesmo.

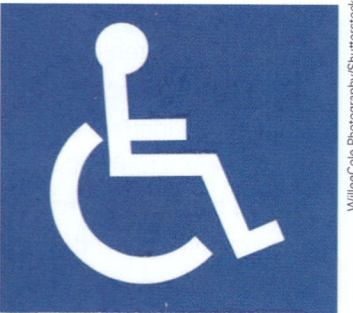

7.19 O uso do plano inclinado reduz a força necessária para transportar uma carga, embora o trabalho total permaneça o mesmo, pois a distância percorrida aumenta. (Elementos representados em tamanhos não proporcionais entre si. Cores fantasia.)

KLN Artes Gráficas/Arquivo da editora

As rampas de acesso são um exemplo de plano inclinado. Elas facilitam o deslocamento de pessoas que possuem mobilidade reduzida, mas têm de ser projetadas segundo certas regras. A Lei da Acessibilidade (Decreto-lei n. 5296, 2004) estabelece normas gerais e critérios para a promoção da acessibilidade das pessoas com deficiência ou mobilidade reduzida, como é o caso de usuários de cadeira de rodas, por exemplo. Veja na figura 7.20 o símbolo internacional de acesso. Ele indica a acessibilidade a edificações, mobiliário, espaços e equipamentos urbanos.

WilleeCole Photography/Shutterstock

Du Zuppani/Pulsar Imagens

7.20 Calçada com guia rebaixada que permite o acesso de usuários de cadeira de rodas em Barbalha (CE), 2017. No detalhe, o símbolo internacional de acesso.

Cunha

Os instrumentos que cortam ou perfuram, como pregos, facas, machados e lâminas em geral, fazem uso da **cunha**, que converte uma força de cima para baixo em forças laterais. A cunha é um tipo de plano inclinado. Mais exatamente, é um plano inclinado duplo. Você também pode dizer que o plano inclinado é uma cunha cortada ao meio. Veja na figura 7.21 que o machado funciona como uma cunha: quanto mais estreita ou afiada for a borda da cunha, menor é a força necessária para cortar ou separar em duas partes um objeto e maior é a distância que a cunha precisa se deslocar por dentro dele.

 **Minha biblioteca**

Máquinas, de Charline Zeiton e Peter Allen, Companhia Editora Nacional, 2006. Este livro apresenta uma série de sugestões de experiências científicas envolvendo diferentes tipos de máquinas.

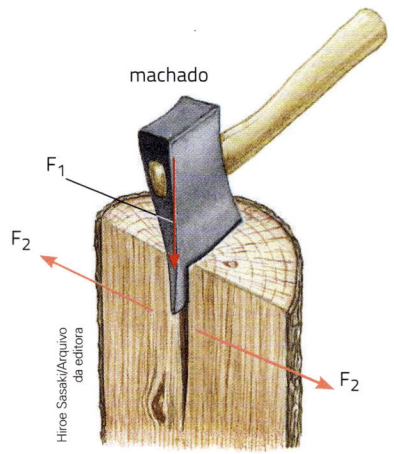

machado

F_1

F_2

F_2

Hiroe Sasaki/Arquivo da editora

▷ 7.21 Representação do funcionamento de um machado. (Elementos representados em tamanhos não proporcionais entre si. Cores fantasia.)

Parafuso

Se você observar um parafuso, vai perceber que a rosca é um pequeno plano inclinado em volta de um cilindro. É como se fosse uma minúscula rampa em caracol. Veja a figura 7.22. Em seguida, pense nos móveis e outros aparelhos de sua casa e imagine quantos parafusos estão sendo usados.

Boonchuay1970/Shutterstock

▽
7.22 Parafusos servem para fixar duas peças uma na outra ou para apertar ou afrouxar mais as partes de um equipamento.

 Na tela

Ciências: máquinas simples
https://novaescola.org.br/conteudo/4088/ciencias-maquinas-simples
Um professor visita um museu de ciência em São Paulo. Ele explica e demonstra como as máquinas simples facilitam o cotidiano.
Acesso em: 6 fev. 2019.

3 A história das máquinas simples

"Dê-me um ponto de apoio e eu moverei a Terra." Essa frase é atribuída ao matemático e inventor grego Arquimedes (287 a.C.-212 a.C.).

O que Arquimedes quis dizer é que com alavancas pode-se mover um objeto muito pesado fazendo menos força do que seria a equivalente ao peso do objeto. Conta-se que ele conseguiu mover um navio sozinho, o qual só poderia ser retirado das docas com o esforço de muitas pessoas. Para isso, teria usado outro tipo de máquinas simples, um sistema de roldanas. Veja a figura 7.23.

7.23 Representação artística de como Arquimedes teria movido um navio usando um sistema de roldanas.

Embora tenha sido Arquimedes quem descreveu o funcionamento das alavancas, é muito provável que essa tecnologia já estivesse em uso há muito tempo. Em 5000 a.C., os egípcios já construíam balanças rudimentares para equilibrar pesos posicionando o centro de uma barra sobre um apoio elevado; posteriormente, passaram a usar alavancas e rampas para movimentar blocos de rochas.

Na construção das pirâmides, supõe-se que os egípcios puxavam imensos blocos de rocha apoiados em troncos que podiam rolar em rampas inclinadas. Veja a figura 7.24. Estudos mostram que, para fragmentar as rochas, os trabalhadores do Egito teriam usado cunhas de madeira. Ainda segundo esses estudos, eles inseriam essas cunhas em rachaduras e as molhavam. Quando a madeira se expandia, a rocha se fragmentava. Agora, imagine como era carregar blocos de pedra para os andares superiores da pirâmide sem o auxílio de cordas e rampas.

7.24 Representação artística da construção de pirâmides com o uso de alavancas e rampas. Embaixo, quatro ilustrações do uso de rodas com eixo, alavancas e outras tecnologias que já eram usadas na Antiguidade.

Alguns registros indicam o uso de roldanas pelos assírios já no século VIII a.C., uma época bem anterior à de Arquimedes. Veja a figura 7.25.

Por sua vez, foram encontradas ferramentas pré-históricas, feitas de pedra lascada (quebradas de modo a ficar com a borda afiada), usadas há 2,6 milhões de anos. Elas provavelmente eram utilizadas como faca ou machado simples para cortar a carne de animais e executar outras tarefas. Veja a figura 7.26. Também foram encontradas pedras supostamente modificadas pelo ser humano de cerca de 8 mil anos atrás, indicando que foram escavadas para permitir o encaixe e o deslizamento de cabos.

Album/Fotoarena

roldana

PHILIPPE PSAILA/SPL/Fotoarena

7.25 Painel de parede assírio que mostra o uso da roldana durante ataque a uma fortaleza inimiga.

7.26 Ferramenta pré-histórica usada como faca. O objeto encontra-se no Museu Nacional da Pré-História, na França.

Por volta do século IV a.C., já havia na China fornos que derretiam metais, permitindo fabricar ferramentas como machados, serrotes, espadas, etc.

Outra grande invenção foram as rodas com eixo que diminuíam o atrito no transporte de objetos. Há exemplares de trenós com rodas rústicas que datam de cerca de 3500 anos a.C., na Mesopotâmia.

Podemos ver então que, ao longo da história, máquinas simples foram criadas e usadas pelos seres humanos para facilitar as tarefas cotidianas. Ao longo do estudo de Ciências, você vai ver que a invenção de máquinas cada vez mais complexas, que incorporam as máquinas simples associadas a novos materiais e tecnologias, vem causando profundas mudanças nas sociedades e impactando também o ambiente.

No capítulo 9, você vai ver que no período conhecido como Revolução Industrial, iniciado na Europa no século XVIII, grande parte do trabalho artesanal foi substituída por máquinas operadas por trabalhadores assalariados.

 Na tela

Tempos modernos. Direção: Charlie Chaplin. EUA, 1936. 87 min.
Neste filme, Charlie Chaplin interpreta um operário de uma linha de montagem em uma fábrica repleta de geringonças. De tanto apertar parafusos repetidamente, ele tem problemas de estresse e acaba pensando que deve apertar tudo que se parece com parafusos, como os botões de uma blusa, por exemplo. O filme é considerado uma sátira às técnicas modernas da sociedade industrial.

Velocidade, aceleração e força

Imagine que uma atleta corra 100 metros, em linha reta, em 10 segundos. Com esses números, podemos calcular o que se chama de velocidade média do atleta. Veja a figura 7.27.

Jacob Lund/Shutterstock

▷ **7.27** Você sabe calcular a velocidade média de uma corredora como a da foto?

A velocidade média é calculada dividindo-se a distância percorrida pelo tempo gasto em percorrê-la. Como o atleta percorreu 100 metros em 10 segundos, o cálculo é o seguinte:

$$\text{velocidade média} = \frac{100\,m}{10\,s}, \text{ou seja, } 10\,m/s.$$

A unidade de medida de velocidade que acabamos de utilizar foi o metro por segundo (m/s), uma unidade do Sistema Internacional de Unidades.

E por que falamos em velocidade *média*? Porque a atleta não deve ter mantido o mesmo ritmo de corrida o tempo todo. Ela provavelmente começou mais devagar e então aumentou o ritmo da corrida.

Sempre que a velocidade varia, dizemos que houve uma aceleração. A aceleração indica quanto a velocidade mudou em um intervalo de tempo.

Forças provocam mudanças na velocidade, ou seja, provocam acelerações.

Isaac Newton (1642-1727) foi um dos maiores físicos de todos os tempos. Em homenagem a ele, a unidade de força usada pela comunidade científica é o newton, cujo símbolo é N (unidades que homenageiam cientistas são representadas por letra maiúscula). Veja a figura 7.28.

Newton explicou que, quanto maior a força que atua sobre um corpo, maior a aceleração. Em outras palavras, a aceleração que um corpo adquire é diretamente proporcional à força que atua sobre ele. Ainda segundo Newton, a aceleração que um corpo adquire é inversamente proporcional à sua massa, ou seja, quanto maior for a massa de um corpo, menor será a aceleração provocada por determinada força, e vice-versa.

Por isso, é mais fácil empurrar um carrinho de compras vazio do que um carrinho cheio.

Everett Historical/Shutterstock

7.28 Isaac Newton realizando um de seus diversos experimentos. No caso, ele está investigando a natureza da luz. ◁

ATIVIDADES

Aplique seus conhecimentos

1 ▸ Explique por que o uso de uma alavanca pode ser uma boa opção para levantar um objeto pesado.

2 ▸ A partir do que você aprendeu sobre máquinas simples, proponha uma solução para abrir uma lata como a da figura 7.29. Que tipo de máquina simples você usaria?

3 ▸ Se quisermos levantar um objeto muito pesado com uma alavanca interfixa, devemos colocar o ponto fixo mais próximo do objeto ou da extremidade onde a força é aplicada?

4 ▸ Observe a foto abaixo e responda:

▷ **7.29** Lata de alumínio.

▷ **7.30** Criança brincando em escorregador.

a) A criança percorre um caminho maior no escorregador do que se pulasse na água da mesma altura?
b) Qual tipo de máquina simples o escorregador representa?

5 ▸ Compare o uso de uma roldana fixa com o de uma roldana móvel. Em que situações você usaria cada uma delas?

6 ▸ Na roldana móvel, cada trecho da corda sustenta a metade do peso de uma carga. Então, cada vez que uma corda passa por uma roldana móvel, a força que se faz para sustentar a carga é igual à metade do peso inicial. Assim, podemos reduzir ainda mais a força necessária para equilibrar o peso associando várias roldanas móveis. Considere que a figura ao lado representa um sistema em equilíbrio cujos discos têm o mesmo peso. Se retirarmos uma das roldanas móveis, quantos discos serão necessários incluir ou retirar nos pontos A e B para manter o sistema em equilíbrio?

7 ▸ O machado e o martelo são dois exemplos de máquinas simples. Compare essas ferramentas, indicando o uso de cada uma delas.

8 ▸ Qual é a diferença entre pregos e parafusos? Em que situações esses objetos podem ser usados?

9 ▸ Devido ao enorme tamanho das pirâmides do Egito e ao peso dos blocos que formam essas estruturas, muitas pessoas duvidam que elas possam ter sido construídas por seres humanos. Que máquinas simples podem ter sido utilizadas pelos egípcios para mover os blocos e construir as pirâmides? Se as pirâmides fossem um projeto atual, faria sentido usar os recursos utilizados pelos egípcios para executá-lo? Discuta com um colega.

▽ **7.31** Sistema de roldanas móveis.

10 ▸ "Dê-me um ponto de apoio e eu moverei a Terra." Essa frase é atribuída a Arquimedes. A que tipo de máquinas ele estava se referindo e o que ele quis dizer com essa frase?

11 ▸ Assinale as afirmativas verdadeiras.

(   ) Ao usar uma alavanca interfixa, uma pessoa faz uma força, chamada de força potente, para deslocar um peso, chamado de força resistente.

(   ) Na alavanca interfixa, a pessoa exerce uma força maior para levar um objeto para um local mais alto do que se o elevasse sem a alavanca.

(   ) O objeto a ser cortado pela tesoura oferece uma força resistente.

(   ) O carrinho de mão é um exemplo de alavanca interfixa.

(   ) Com uma roldana móvel, pode-se equilibrar um peso maior do que a força exercida na corda.

(   ) Nas alavancas interpotentes, a força resistente fica entre a força potente e o ponto de apoio.

(   ) Tanto o parafuso como a cunha podem ser considerados variações de um plano inclinado.

12 ▸ Relacione as máquinas das ilustrações abaixo com as seguintes opções: alavanca interfixa; alavanca inter-resistente; alavanca interpotente; roldana; roda com eixo; plano inclinado; cunha; parafuso.

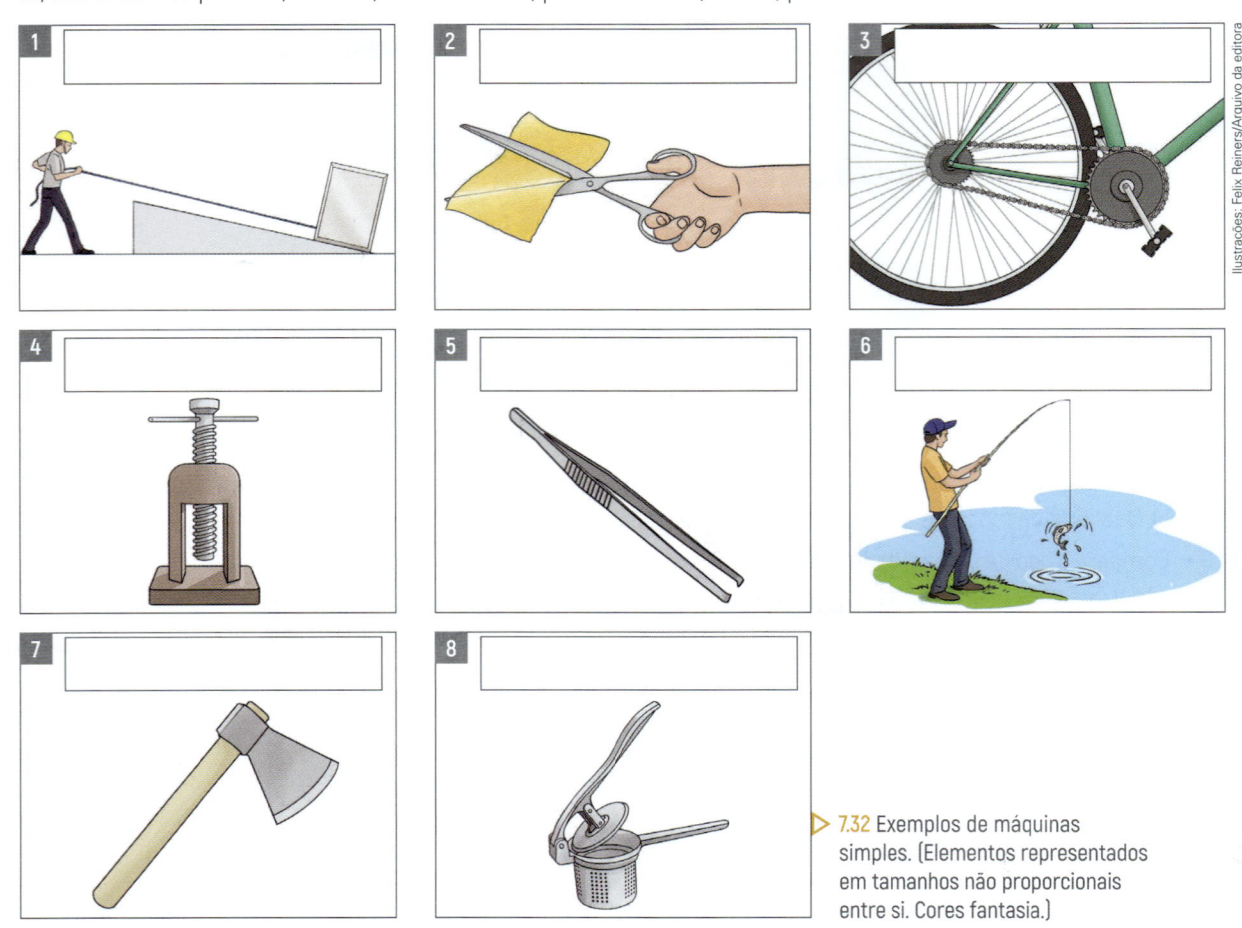

▷ 7.32 Exemplos de máquinas simples. (Elementos representados em tamanhos não proporcionais entre si. Cores fantasia.)

Ilustrações: Felix Reiners/Arquivo da editora

◀ De olho no texto ▶

Um parafuso a mais

[...] Arquimedes viveu na cidade de Siracusa, na Sicília, uma ilha perto da ponta do pé da "bota" da Itália. Naquela época – o século 3 antes de Cristo – era parte da civilização grega. [...]

Ele parece ter sido uma pessoa muito sábia e com uma mente bastante irrequieta, bolando coisas e resolvendo problemas o tempo todo. [...]

Voltemos ao parafuso então. Trata-se de um sistema feito para levar um líquido – ou qualquer substância que escorra ou possa ser derramada, como grãos – de um patamar mais baixo para outro mais alto. [...]

A coisa funciona assim: uma rosca em forma de parafuso é colocada numa parede cilíndrica feita para encaixar exatamente em torno da rosca. A parte de baixo do cilindro é colocada dentro da água ou do que quer que se queira carregar para cima, enquanto a parte de cima fica mais acima, inclinada [...].

É como se tivéssemos uma mangueira enrolada em torno de um eixo que pode girar. Quando a ponta de baixo da mangueira entra na água, e é girada de volta para cima pelo outro lado do eixo de rotação, ela coleta certa quantidade de água na parte mais baixa da volta da mangueira. À medida que continuamos a girar o eixo de rotação, essa quantidade de água vai sendo empurrada para cima pelas paredes da mangueira. [...]

PIMENTEL, B. Um parafuso a mais. *Ciência Hoje das Crianças*. Disponível em: <http://chc.org.br/coluna/um-parafuso-a-mais>. Acesso em: 6 fev. 2019.

a) Consulte em dicionários o significado das palavras que você não conhece e redija uma definição para essas palavras.

b) O parafuso de Arquimedes é considerado uma máquina simples. Veja a figura 7.33. Qual é a função dessa máquina? Dê exemplos de problemas que podem ser resolvidos com o uso dessa máquina.

c) Ainda que o parafuso de Arquimedes facilite uma tarefa, é necessário aplicar força na manivela para que ele funcione. Que tipo de máquina simples é a manivela? Qual é a vantagem de usá-la no parafuso de Arquimedes?

d) De que forma essa máquina pode ser aprimorada, facilitando ainda mais o trabalho?

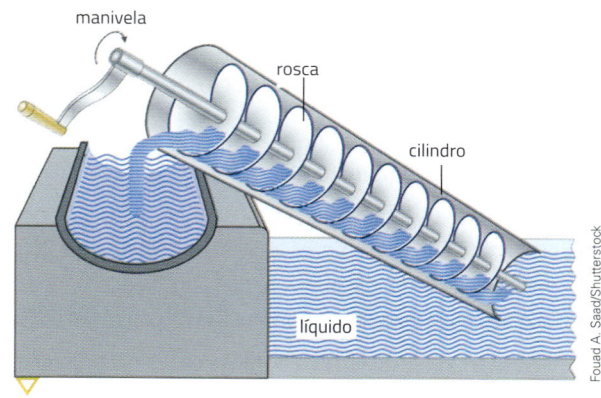

7.33 Modelo esquemático de um parafuso de Arquimedes. (Elementos representados em tamanhos não proporcionais entre si. Cores fantasia.)

Fouad A. Saad/Shutterstock

Trabalho em equipe

Cada grupo de estudantes vai escolher uma das atividades a seguir para pesquisar em livros, revistas ou *sites* confiáveis (de universidades, centros de pesquisa, etc.). Vocês podem buscar o apoio de professores de outras disciplinas (Geografia, História, Língua Portuguesa, etc.). Exponham os resultados da pesquisa para a classe e a comunidade escolar (estudantes, professores e funcionários da escola e pais ou responsáveis), com o auxílio de ilustrações, fotos, vídeos, blogues ou mídias eletrônicas em geral. Ao longo do trabalho, cada integrante do grupo deve defender seus pontos de vista com argumentos e respeitando as opiniões dos colegas.

1 ▸ Pesquisem em casa, na escola, em praças, academias de ginástica (acompanhados de um adulto) ou em outros locais, objetos que funcionem como as máquinas simples estudadas neste capítulo.

Os objetos devem ser fotografados, ou desenhados, e depois classificados como alavanca, roldana, roda com eixo ou plano inclinado (rampa, cunha ou parafuso).

2 ▸ Escolham um instrumento (diferente dos apresentados neste capítulo) que funcione como uma máquina simples. Pesquisem a função desse instrumento e como ele era antigamente. Ao longo do tempo esse instrumento foi aperfeiçoado (substituição de material, adição de outras partes, etc.)? Ele ainda é utilizado atualmente?

Autoavaliação

1. Com qual assunto deste capítulo você teve mais dificuldade? Como buscou superá-la?

2. Como você avalia sua compreensão sobre máquinas simples e máquinas complexas?

3. De que maneira você pode usar os conteúdos que aprendeu neste capítulo em seu cotidiano?

Elementos representados em tamanhos não proporcionais entre si.

Como facilitar uma tarefa?

Você já reparou que usamos ferramentas e máquinas ao realizarmos determinadas atividades? Muitas delas têm máquinas simples em suas estruturas. No capítulo 7 você conheceu os principais tipos de máquinas simples: alavancas, roldanas, roda com eixo, plano inclinado, cunha e parafuso. Veja a seguir como as máquinas simples também estão presentes em nosso cotidiano e comece a pensar em situações que podem ser facilitadas pelo seu uso.

Problemas cotidianos

Todos os dias deparamos com pequenos desafios: abrir potes, carregar objetos pesados, cortar materiais, forçar encaixes, deslocar objetos, etc. Nessas situações a força que temos de aplicar ou o movimento que temos de fazer podem representar problemas, e o uso de máquinas simples pode ajudar na realização dessas tarefas.

Pense nas tarefas que realiza ao longo de um dia e identifique situações desconfortáveis ou que poderiam ser facilitadas por uma nova ferramenta ou objeto. Pense também em como ajudar outras pessoas, que podem ter desafios diferentes dos seus.

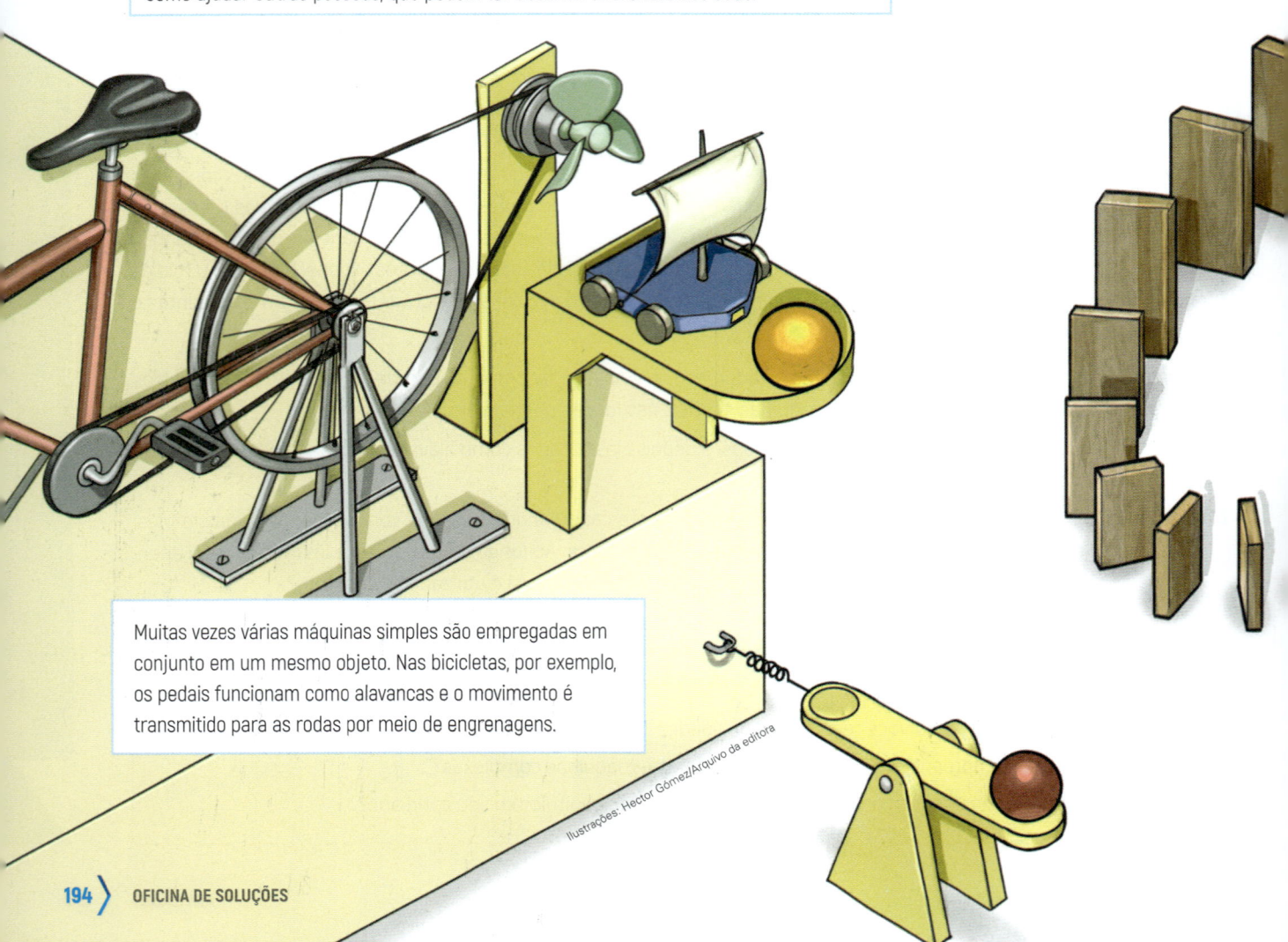

Muitas vezes várias máquinas simples são empregadas em conjunto em um mesmo objeto. Nas bicicletas, por exemplo, os pedais funcionam como alavancas e o movimento é transmitido para as rodas por meio de engrenagens.

Ilustrações: Hector Gómez/Arquivo da editora

Consulte

Veja alguns exemplos de máquinas simples que podem ser construídas com materiais simples.

· **Construindo balanças – TV escola**

http://hotsite.tvescola.org.br/fabulosascolecoes/arquivos/sd/Fabulosas_Colecoes_Fichas_10_FINAL.pdf

· **Polias**

http://www2.fc.unesp.br/experimentosdefisica/mec11.htm

Acesso em: 27 mar. 2019.

A tesoura utiliza um sistema de alavancas. A tesoura representada foi desenvolvida para facilitar o uso por pessoas canhotas.

Utilizando um pedaço comprido de madeira é possível construir uma balança.

300 g

Ilustrações: Hector Gómez/Arquivo da editora

Propondo uma solução

Com os colegas, planejem e construam um objeto que facilite uma tarefa do cotidiano e seja composto de uma ou mais máquinas simples. Utilizem as etapas a seguir para organizar suas ideias e guiar a implementação da proposta.

- Observe dificuldades encontradas em seu dia a dia ou no de outras pessoas.
- Repare especialmente em problemas que envolvem força e movimento e que poderiam ser solucionados com o emprego de máquinas simples.
- Crie uma ferramenta ou instrumento utilizando um dos tipos de máquina simples que viu nesta unidade para resolver ou ajudar a minimizar o problema escolhido.
- Use materiais comuns que você encontra em casa ou na escola. Sua criação deve facilitar algum movimento, reduzir a força necessária para um trabalho ou as duas coisas simultaneamente.

Na prática

1. Quais foram as dificuldades em montar a ferramenta ou o objeto? Como elas foram superadas?

2. Quais materiais foram utilizados na construção do instrumento?

3. Após a implementação da invenção, o resultado foi como o esperado?

4. Quais são os pontos fortes e os fracos do instrumento desenvolvido? De que maneira poderiam melhorá-lo?

5. O que vocês aprenderam com essa experiência?

8

O calor e suas aplicações

8.1 Muro verde em prédio do centro de São Paulo (SP), 2018.

Você já deve ter reparado que, em dias quentes, locais arborizados e sombreados costumam ser mais frescos do que lugares abertos ou com o solo coberto por concreto.

Isso acontece porque as plantas absorvem parte da energia proveniente do Sol e eliminam água por transpiração, fazendo com que o ambiente fique mais úmido, além de sombreado. O resultado disso é que as temperaturas são amenas nessas áreas.

Com base nessa ideia, arquitetos criaram o revestimento verde, que cobre a fachada ou o telhado de prédios e casas, por exemplo, com tipos específicos de plantas. Veja a figura 8.1. Essa tecnologia traz mais vegetação para grandes cidades e ajuda no conforto e na economia com ar-condicionado em regiões mais quentes.

Neste capítulo, você vai ver como a transferência de energia na forma de calor explica uma série de fenômenos do cotidiano. No próximo capítulo, vamos estudar o papel dessa transferência na manutenção da vida na Terra e no funcionamento das máquinas térmicas.

▶ Para começar

1. O que é temperatura e como podemos medi-la?

2. Por que o chão de piso cerâmico parece mais frio que o carpete?

3. Como a lã pode nos manter aquecidos no frio?

4. Por que as panelas de metal têm cabos de plástico ou de madeira?

5. Como a energia do Sol chega à Terra e aquece o planeta?

1 Transformações de energia

A energia pode ser entendida como a capacidade de realizar trabalho. Ao longo do estudo de Ciências, você vai se familiarizar com as diversas formas de energia e entender que ela não pode ser criada nem destruída: quando uma forma de energia se transforma em outra, a quantidade total de energia é mantida. Essa é uma lei da Natureza, chamada **lei da conservação da energia**.

O ser humano passou a conhecer e a aproveitar as transformações de energia em máquinas e aparelhos que facilitam nossa vida. Quando uma lâmpada está acesa, por exemplo, ela está transformando energia elétrica em **energia luminosa** (luz) e em **energia térmica**, que é transferida para o ambiente na forma de **calor**.

Você conhecerá mais sobre energia elétrica no 8º ano.

Observe em sua residência os equipamentos que precisam de energia elétrica para funcionar. O chuveiro elétrico, por exemplo, transforma energia elétrica em energia térmica, deixando seu banho quentinho.

De forma semelhante, uma televisão ou um computador, por exemplo, recebem energia elétrica e a transformam em outras formas de energia, que podem ser emitidas na forma de luz e som (**energia sonora**), além de energia térmica transferida na forma de calor. Veja a figura 8.2.

Um carro andando, uma bola que acabou de ser chutada, uma pedra caindo, a hélice de um ventilador girando... Todos os corpos em movimento têm um tipo de energia, a **energia cinética**. Quanto maior a velocidade do corpo, mais energia cinética ele tem. Podemos perceber essa relação no impacto de uma bola contra a parede: quanto maior a velocidade, maior o impacto provocado. A energia cinética também pode ser transformada em outras formas de energia.

Cinética: vem do grego *kine*, que significa "movimento".

Em um secador de cabelo, por exemplo, parte da energia elétrica que ele recebe é transformada em energia cinética, que faz girar o ventilador interno do secador, e parte é transformada em energia térmica, aquecendo o ar dentro do equipamento.

Que outras transformações de energia você pode observar em sua casa ou na escola? Pense no preparo das refeições: de onde vem a energia que cozinha e aquece os alimentos? Na maioria dos fogões, a **energia química** do gás é transformada em energia térmica (transmitida sob a forma de calor) e em energia luminosa (luz) na chama do fogão.

Kdonmuang/Shutterstock

8.2 As transformações de energia estão em toda parte. Desde a transformação da energia luminosa do Sol em alimento pelas plantas até a transformação de energia elétrica em som e luz nos equipamentos eletrônicos.

As transformações de energia ocorrem também em todos os seres vivos.

Os organismos fotossintetizantes, como plantas e algas, usam a energia luminosa do Sol para produzir açúcares a partir do gás carbônico e da água. Ou seja, na fotossíntese, ocorre a transformação de energia luminosa em energia química. Veja a figura 8.3.

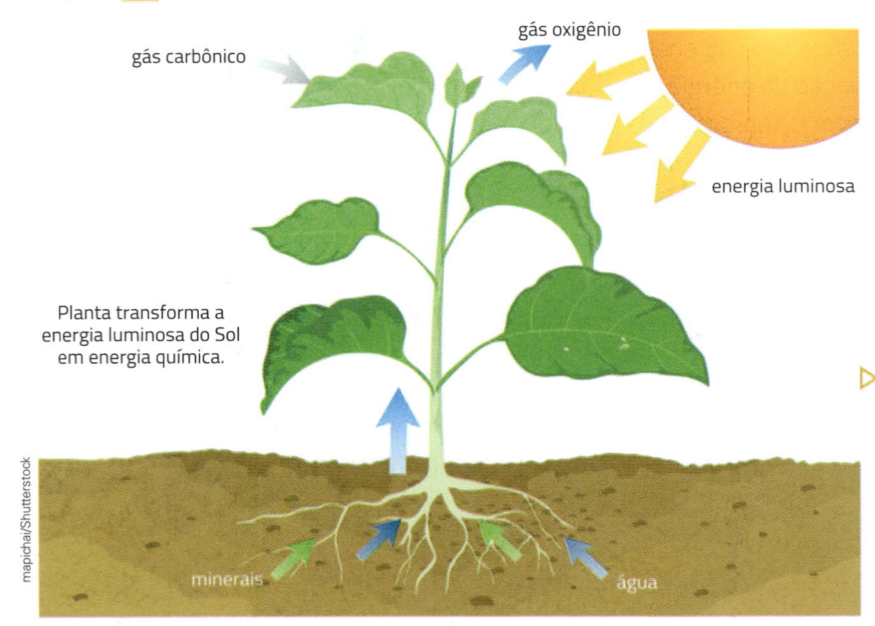

gás oxigênio

gás carbônico

energia luminosa

Planta transforma a energia luminosa do Sol em energia química.

minerais

água

mapichai/Shutterstock

▷ 8.3 Representação esquemática do processo de fotossíntese. Nele, as plantas e outros seres fotossintetizantes transformam a energia luminosa do Sol em açúcares (energia química). (Elementos representados em tamanhos não proporcionais entre si. Cores fantasia.)

Parte dessa energia química é usada para manter as funções vitais do próprio organismo, como a respiração, e parte é armazenada, podendo passar para outro ser vivo caso este se alimente do organismo fotossintetizante.

Organismos heterotróficos, como os animais, utilizam a energia produzida pelos organismos fotossintetizantes direta ou indiretamente pela alimentação. A energia química presente nos alimentos que consumimos é transformada em outras formas de energia, mantendo as atividades do nosso corpo. Parte dessa energia é transformada em trabalho conforme realizamos as atividades do dia a dia. Veja a figura 8.4. A outra parte é utilizada para nos manter aquecidos, ou seja, é transformada em energia térmica.

Como estudamos no capítulo 5, é comum medir o valor energético dos alimentos em caloria (cal), que é a quantidade de calor necessária para elevar em 1 °C a temperatura de 1 grama de água sob pressão normal, ou ao nível do mar. Como os alimentos costumam ter muitas calorias, usamos muitas vezes a quilocaloria (kcal), já que 1 kcal equivale a 1000 cal.

Também vimos no capítulo 5 que é importante ficarmos atentos à quantidade de calorias ingeridas e à variedade dos nutrientes de cada alimento para evitar problemas de saúde.

FatCamera/Getty Images

8.4 Nós transformamos a energia química dos alimentos em ◁ diversas outras formas de energia, como cinética e térmica.

2 Calor e temperatura

Toda matéria (objetos, substâncias e seres vivos) é formada por partículas muito pequenas. Essas partículas são muito menores que as células, que você estudou no 6º ano.

Essas partículas estão em constante movimento. Quanto maior a **temperatura** de um corpo, maior a energia cinética de suas partículas, isto é, mais rapidamente elas se movimentam. No caso de um corpo sólido, o movimento pode ser apenas uma agitação ou vibração, sem que as partículas se afastem muito de sua posição. Veja a figura 8.5.

No 9º ano, veremos que essas partículas podem ser tanto átomos quanto moléculas.

chá gelado

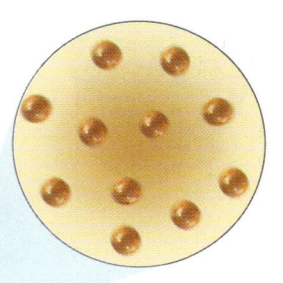

As partículas que compõem o chá gelado têm menos energia cinética, portanto se movem mais lentamente.

chá quente

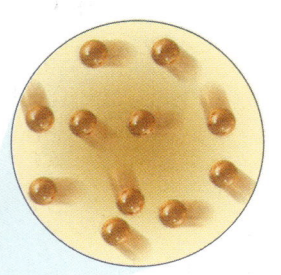

As partículas que compõem o chá quente têm mais energia cinética, portanto se movem mais rapidamente.

Ilustrações: Marcus Penna/Arquivo da editora

8.5 Representação esquemática de chá em diferentes temperaturas: à esquerda com temperatura menor (gelado) e à direita com temperatura maior (quente). (Elementos representados em tamanhos não proporcionais entre si. Cores fantasia.)

Portanto, a temperatura é a grandeza física que indica a agitação, ou, ainda, a energia cinética média das partículas de um corpo ou de um ambiente.

A soma das energias cinéticas das partículas constituintes de um corpo é chamada de **energia térmica**.

Falamos em energia cinética média porque algumas partículas se movem mais rapidamente do que outras.

A energia térmica na forma de calor passa espontaneamente sempre do corpo de maior temperatura (mais quente) para o corpo de menor temperatura (menos quente). Portanto, calor é uma energia em trânsito, isto é, uma energia que está sendo transferida espontaneamente de um corpo para outro por causa da diferença de temperatura entre eles.

 Mundo virtual

Calor e temperatura
http://noosfero.ufba.br/temperatura-e-calor
Textos e vídeos que explicam de forma simples alguns tópicos de calor. Acesso em: 8 fev. 2019.

Trocas de calor

Na figura 8.6, à esquerda, uma pessoa está segurando uma xícara com café quente. Como a temperatura da xícara é maior do que a da mão da pessoa, a energia na forma de calor passa da xícara para a pessoa. Já na ilustração à direita, a mesma pessoa segura um copo com água com gelo. Nesse caso, como a temperatura da mão da pessoa é maior do que a do copo, a energia na forma de calor passa da pessoa para o copo. Além disso, nas duas situações, há também transferência de energia na forma de calor entre a xícara (ou o copo) e o ar do ambiente.

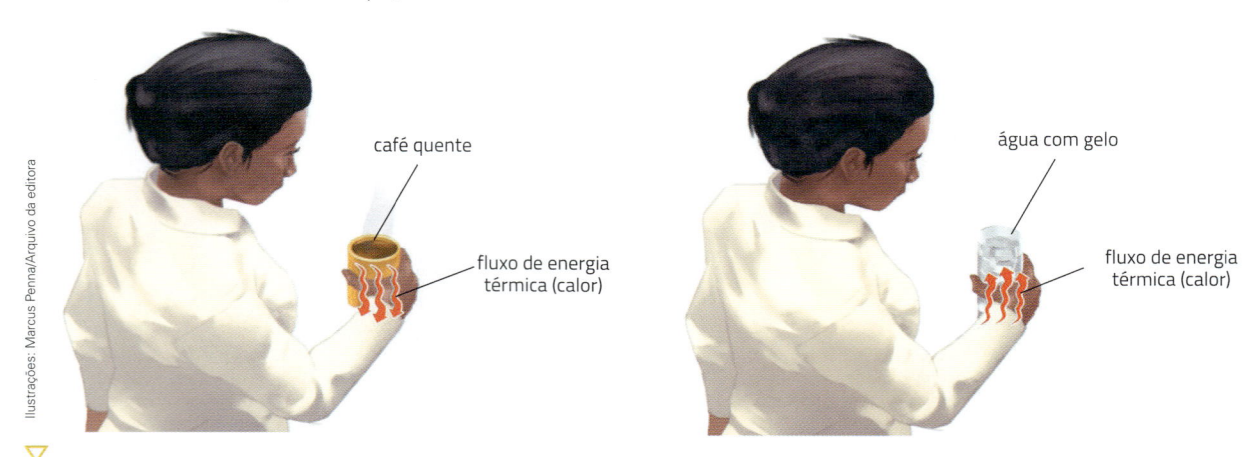

café quente

fluxo de energia térmica (calor)

água com gelo

fluxo de energia térmica (calor)

Ilustrações: Marcus Penna/Arquivo da editora

▽ **8.6** A ilustração representa a passagem de energia térmica na forma de calor entre corpos com temperaturas diferentes. O sentido da transferência da energia é sempre do corpo com a temperatura mais alta para o corpo com a temperatura mais baixa. (Cores fantasia.)

Quando colocamos um pouco de leite gelado no café quente, o café esfria e o leite esquenta até ficarem com a mesma temperatura. Isso acontece porque há transferência de energia térmica na forma de calor do café para o leite, até que a mistura fique à mesma temperatura: dizemos, então, que a mistura atingiu o **equilíbrio térmico**.

Segundo a Termodinâmica, um ramo da Física que estuda, entre outros fenômenos, os efeitos das mudanças de temperatura e a conversão de calor em trabalho, todos os sistemas tendem ao equilíbrio. No equilíbrio térmico, não há troca de calor entre as partes que compõem o sistema. Além do equilíbrio térmico, há outras formas de equilíbrio. No **equilíbrio mecânico**, a soma das forças ou das pressões que atuam sobre um sistema é nula. No **equilíbrio químico**, não há modificações na composição química de um sistema. Um sistema pode estar em equilíbrio químico quando a concentração de cada substância em uma transformação química (reação química) não se altera.

Dizemos que um sistema se encontra em **equilíbrio termodinâmico** quando não há mudança de temperatura (equilíbrio térmico), de pressão ou forças (equilíbrio mecânico) e de composição (equilíbrio químico). Um botijão de gás de cozinha, por exemplo, encontra-se em equilíbrio termodinâmico quando está parado e sem uso. Veja a figura 8.7.

▶ **Termodinâmica:** vem do grego *therme*, que significa "calor"; e *dynamis*, "movimento".

Em Física, sistema corresponde ao que estamos considerando como nosso objeto de estudo e pode ser constituído de várias partes.

Sergio Pedreira/Pulsar Imagens

8.7 Botijões de gás de cozinha empilhados em pátio de refinaria de petróleo em São Francisco do Conde (BA), 2015. Cada um deles encontra-se em equilíbrio termodinâmico. ◁

Sensação térmica

Muitas vezes, quando um adulto desconfia de que uma criança está com febre, ele coloca uma das mãos sobre a testa da criança. Veja a figura 8.8. O objetivo dessa atitude é verificar se a criança está mais quente que o normal. Mas será que colocar a nossa mão sobre a pele de alguém ou na superfície de um objeto é uma forma confiável de avaliar a temperatura deles? Você acha que sua avaliação quanto à temperatura seria a mesma de outra pessoa?

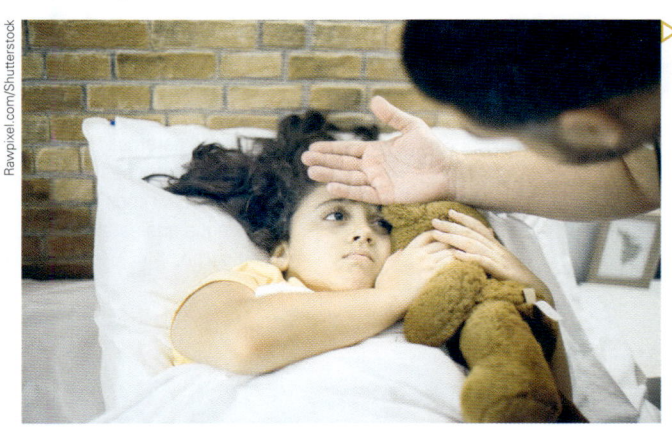

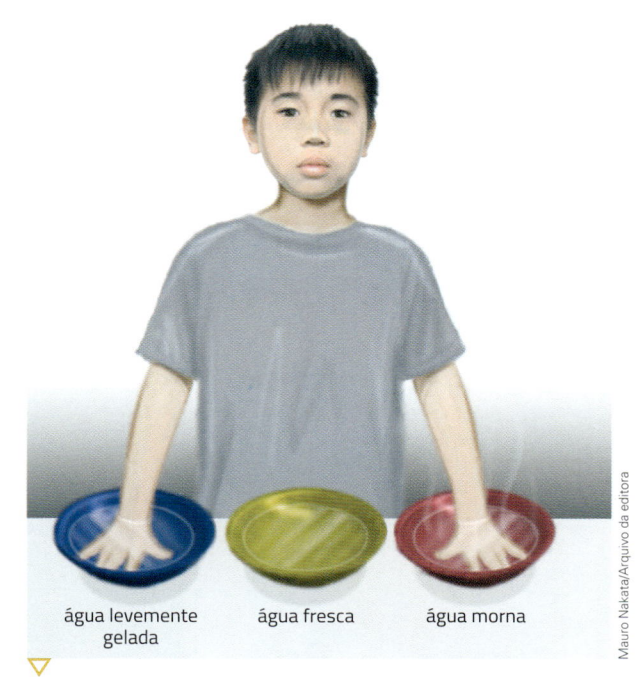

8.8 Pai tenta verificar se sua filha está com febre colocando a mão sobre sua testa. De que maneira ele poderia fazer isso de forma mais confiável?

Agora, imagine três vasilhas grandes com água em diferentes temperaturas: na primeira, água levemente gelada; na segunda, água à temperatura ambiente (fresca); na terceira, água morna. Veja a figura 8.9. Se colocarmos a mão esquerda na água morna e a direita na água gelada por alguns segundos, e depois mergulharmos as duas mãos na água fresca, o que você acha que acontece?

Com a mão esquerda (que estava na água morna), vamos ter a sensação de que a água fresca está bem fria; já com a mão direita (que estava na água gelada), teremos a sensação de que a água fresca está mais quente. Isso acontece porque a sensação térmica (sensação de quente ou frio) é relativa: ela depende, entre outros fatores, da diferença de temperatura entre nossas mãos e a água. A diferença de temperatura entre os corpos determina o sentido da transferência de energia térmica, ou seja, se a mão, nesse caso, vai perder ou receber calor.

Como estudamos no capítulo 6, higienizar as mãos antes das refeições e após usar o banheiro é uma importante medida para evitar doenças transmissíveis. Veja a figura 8.10. Você já usou álcool em gel para higienizar suas mãos? É provável que você tenha tido uma sensação de frio nas mãos. Por que será que isso acontece?

Essa sensação se dá porque o álcool evapora rapidamente e retira calor da pele, baixando sua temperatura.

água levemente gelada — água fresca — água morna

8.9 Nesta situação, a sensação de temperatura da água é diferente em cada mão. Qual sensação o menino vai ter se colocar as duas mãos na água fresca ao mesmo tempo? (Cores fantasia.)

8.10 Por que sentimos as mãos mais frias quando usamos álcool em gel?

Isso também ocorre quando saímos molhados do mar ou da piscina; é por essa razão que temos a sensação de frio no corpo. Veja a figura 8.11. O mesmo acontece com o suor, que evapora mais rapidamente com o vento, dando a sensação de abaixamento da temperatura.

Portanto, a sensação de frio geralmente indica que nossa temperatura corporal está mais elevada que a do ambiente e estamos transferindo energia térmica ao meio externo, ou seja, estamos perdendo calor.

Você acompanha a previsão do tempo? No 8º ano você vai estudar esse tema. Hoje em dia é fácil consultar vários dados sobre as condições do tempo, acessando a internet. Podemos saber, por exemplo, como está a umidade do ar e a velocidade do vento, além da temperatura. Veja a figura 8.12.

8.11 Quando estamos molhados, sentimos frio porque transferimos calor para a água que está sobre nosso corpo.

Fonte: elaborado com base em Previsão do tempo. CLIMATEMPO. Disponível em: <www.climatempo.com.br/previsao-do-tempo/cidade/83/vilavelha-es>. Acesso em: 1º jun. 2018.

8.12 Algumas informações do tempo em Vila Velha (ES) no dia 1º de junho de 2018. Na foto, praia da Costa em Vila Velha (ES), 2018.

Se compararmos dois dias de mesma temperatura, um deles úmido e outro seco, teremos a sensação de que no dia úmido a temperatura estava mais alta. Isso acontece porque, quando o ar está úmido, a umidade do ar dificulta a evaporação do suor, prejudicando o mecanismo de resfriamento do organismo e provocando sensação de mais calor que em dias secos.

Dependendo do contexto, o termo calor pode ter diferentes significados. Mencionamos "calor" como um tipo de energia em trânsito e, neste momento, estamos falando da sensação térmica de calor, ou seja, da sensação de alta temperatura.

Nos dias quentes, o uso do ar-condicionado, além de diminuir a temperatura do ambiente, diminui também sua umidade, facilitando a evaporação do suor e fazendo nosso corpo ter a sensação de menor temperatura.

Medição da temperatura

Em geral, os corpos dilatam quando sua temperatura aumenta, isto é, eles aumentam de volume. Isso acontece porque, quando a temperatura sobe, as partículas se movimentam mais rapidamente e se afastam mais umas das outras, ocupando um espaço maior. Alguns tipos de **termômetro** foram projetados considerando-se tal propriedade.

Para medir a temperatura do ambiente, é comum usar um termômetro com uma coluna de álcool misturado a um corante vermelho. A coluna de álcool sobe quando a temperatura do ambiente aumenta porque o álcool se dilata com o aumento de temperatura, e, quando a temperatura diminui, a coluna de álcool se contrai (diminui o seu volume) e o líquido desce. Veja a figura 8.13.

O termômetro clínico é usado para medir a temperatura, por exemplo, do nosso corpo, permitindo saber se uma pessoa está com febre. Veja a figura 8.14. Os termômetros clínicos mais modernos são digitais; os mais antigos têm um pequeno reservatório de mercúrio ligado a um tubo bem fino de vidro.

8.13 Termômetro de álcool, utilizado para medir a temperatura do ambiente.

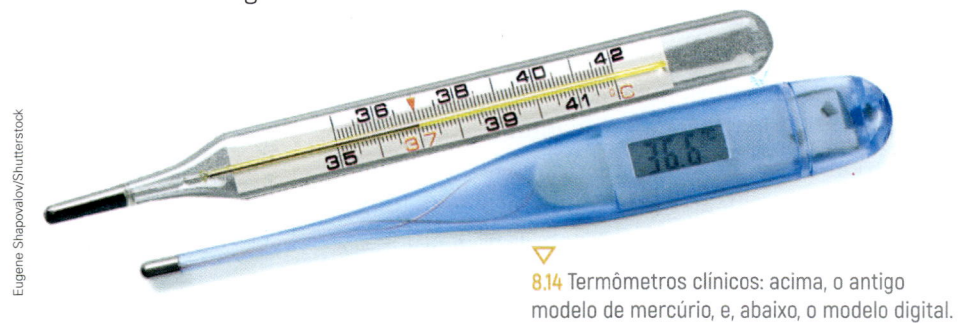

8.14 Termômetros clínicos: acima, o antigo modelo de mercúrio, e, abaixo, o modelo digital.

Assim como no termômetro de álcool, no termômetro de mercúrio o líquido se dilata com o aumento de temperatura. Para baixar o nível do mercúrio na coluna e fazer uma nova medição, é preciso sacudir o termômetro. Já os termômetros digitais têm dispositivos eletrônicos que acusam a temperatura em um visor na forma de um número.

A **escala Celsius**, utilizada para medir a temperatura, foi construída atribuindo-se dois pontos fixos: o **ponto de fusão do gelo** e o **ponto de ebulição da água** – medições feitas ao nível do mar, isto é, sob pressão atmosférica nessa altitude. Ao ponto de fusão do gelo atribuiu-se o valor de 0, sendo posteriormente chamado de zero grau Celsius (0 °C), e, ao de ebulição da água, o valor de cem graus Celsius (100 °C). O intervalo entre esses dois números é dividido em 100 partes iguais, cada uma correspondendo a 1 grau Celsius. A escala é estendida para graus abaixo de 0 e acima de 100.

Nos Estados Unidos e em alguns outros países, não se usa no dia a dia a escala em Celsius, mas sim a escala Fahrenheit (leia "farenráit"), que atribui 32 °F (graus Fahrenheit) para o ponto de fusão do gelo e 212 °F para o ponto de ebulição da água à pressão atmosférica ao nível do mar.

> Em 2017, uma resolução da Agência Nacional de Vigilância Sanitária (Anvisa) determinou a proibição, a partir de 2019, da fabricação e da comercialização de termômetros de mercúrio, porque o mercúrio é um metal tóxico e não deve ser manipulado caso o termômetro se quebre.

> A mudança de estado sólido para líquido é chamada fusão. Estudamos as mudanças de estado físico no 6º ano, ao estudar o ciclo da água.

Mundo virtual

Você tem termômetro com mercúrio em casa?
http://www.proconpaulistano.prefeitura.sp.gov.br/noticias/voce-tem-termometro-com-mercurio-em-casa
Traz orientações sobre os cuidados que devem ser tomados caso um termômetro de mercúrio se quebre. Acesso em: 8 fev. 2019.

3 Calor e mudança de estado físico

O fornecimento de energia pode provocar mudança no estado físico da matéria. No 6º ano, você aprendeu que a mudança do estado sólido para o líquido é chamada fusão e que o fenômeno inverso é a solidificação. Viu também que a passagem do estado líquido para o estado gasoso (ou de vapor) é chamada vaporização e que o fenômeno inverso é a condensação ou liquefação.

O fenômeno da vaporização pode ocorrer pela ebulição, quando a água ferve e passa rapidamente do estado líquido para o estado gasoso; ou por evaporação, quando a água da roupa molhada evapora, passando do estado líquido para o gasoso lentamente no varal.

Observe na figura 8.15 as bebidas no balde com gelo e água. Considerando que o sistema composto de gelo e água está em equilíbrio térmico, ou seja, que não há troca de calor entre as partes, será que podemos saber a quantos graus está esse sistema, mesmo sem usar um termômetro?

Quando cedemos energia na forma de calor ao gelo à temperatura em torno de 0 °C, ou seja, quando esquentamos gelo a aproximadamente 0 °C (sob pressão atmosférica constante ao nível do mar), a temperatura permanece a mesma até que todo o gelo derreta. Caso o sistema continue recebendo energia na forma de calor, a temperatura da água só começará a aumentar depois do derretimento de todo o gelo. Dessa maneira, na situação da figura 8.15, a temperatura do sistema em equilíbrio térmico deve ser em torno de 0 °C enquanto houver gelo.

Se colocarmos água líquida no *freezer*, ela cede energia na forma de calor, diminuindo a temperatura até em torno de 0 °C. A partir daí, a solidificação começa a acontecer e a energia na forma de calor continua a ser cedida para o compartimento do *freezer* até a água toda congelar.

De forma semelhante, quando a água recebe energia na forma de calor e começa a ferver (em torno de 100 °C, sob pressão atmosférica ao nível do mar), passando do estado líquido para o estado gasoso, a temperatura permanece constante, começando a aumentar apenas quando toda a água do sistema tiver virado vapor. Veja a figura 8.16. E o mesmo acontece no processo inverso (condensação), quando o vapor cede energia na forma de calor.

8.15 Considerando o sistema composto de água e gelo, durante o derretimento do gelo, o sistema continuará a 0 °C. Somente depois que todo o gelo derreter a 0 °C é que a temperatura começa a subir.

Andrii Oleksiienko/Shutterstock

8.16 A temperatura da água fervendo em uma chaleira permanece constante durante a passagem do estado líquido para o estado gasoso. A "fumacinha" que vemos sair pelo bico da chaleira é o vapor de água que voltou ao estado líquido ao entrar em contato com o ar mais frio. A água em estado gasoso não é visível.

OlegDoroshin/Shutterstock

Calorias, calor específico e calor latente

Para facilitar a comunicação, os cientistas utilizam um único grupo de unidades de medida: o Sistema Internacional de Unidades (SI). Nesse sistema, a unidade de medida do trabalho é o **joule** (pronuncia-se "jaule"), cujo símbolo é a letra **J**.

Veja mais algumas unidades do Sistema Internacional: a unidade de comprimento é o metro (m); a de volume, o metro cúbico (m^3); a de massa, o quilograma (kg). Nas grandezas são usados também múltiplos e submúltiplos dessas unidades. Ao medir a massa, podem ser utilizadas as unidades: grama (g), miligrama (mg) e tonelada (t), por exemplo.

O Joule é também a medida de energia – e de energia na forma de calor – no SI. Mas, como estudamos no capítulo 5, no dia a dia é usada outra unidade: a quilocaloria (kcal). Veja a figura 8.17.

Uma quilocaloria equivale a aproximadamente 4,18 quilojoules (kJ), e 1 quilojoule equivale a 0,24 quilocaloria.

A grandeza que corresponde à quantidade de energia necessária para elevar em 1 °C a massa de 1 g de uma substância é chamada **calor específico**, que varia de acordo com a substância e com o estado físico em que ela se encontra. Por exemplo: a quantidade de energia necessária para elevar em 1 °C a massa de 1 grama de água (no estado líquido) é de 1 caloria. Então, o calor específico da água é de 1 caloria por grama, por grau Celsius, que se escreve: 1 cal/g · °C. No caso do ferro, o mesmo aumento de temperatura, com a mesma massa, é conseguido com cerca de 0,11 caloria, ou seja, seu calor específico é de 0,11 cal/g · °C. Quer dizer, o ferro esquenta mais rapidamente que a água.

Veja outro exemplo na figura 8.18. Massas idênticas de água e de óleo de soja sofrem variações diferentes de temperatura quando recebem a mesma quantidade de calor, pois o óleo de soja possui calor específico menor que o da água (varia entre 0,2 e 0,4 cal/g · °C).

INFORMAÇÃO NUTRICIONAL Porção de 80 g (1 prato)		
Quantidade por porção		% VD(*)
Valor energético	277 kcal = 1.163 kJ	14
Carboidratos	59 g	20
Proteínas	8,2 g	11
Gorduras totais	0,9 g	2
Gorduras saturadas	0,4 g	2
Gorduras *trans*	0 g	**
Fibra alimentar	2,2 g	9
Sódio	20 mg	1

* % Valores Diários com base em uma dieta de 2.000 kcal ou 8.400 kJ. Seus valores diários podem ser maiores ou menores dependendo de suas necessidades energéticas. ** VD não estabelecido.

Fernando Favoretto/Criar Imagem

▽
8.17 Informações nutricionais de um tipo de macarrão. Veja que nas embalagens de alimentos as unidades adotadas são a quilocaloria (kcal) ou o quilojoule (kJ). (Os valores da tabela são aproximados.)

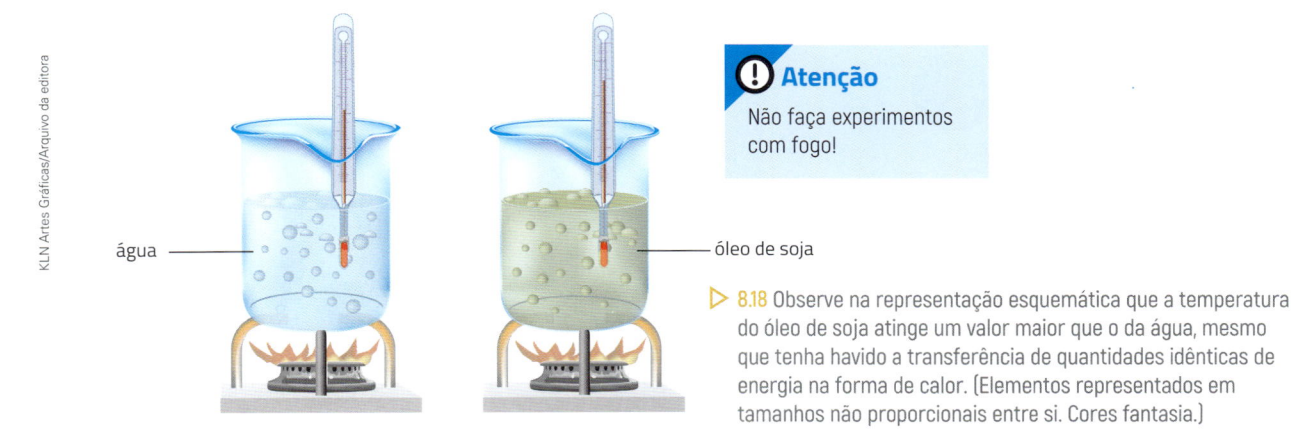

KLN Artes Gráficas/Arquivo da editora

água

óleo de soja

① Atenção
Não faça experimentos com fogo!

▷ **8.18** Observe na representação esquemática que a temperatura do óleo de soja atinge um valor maior que o da água, mesmo que tenha havido a transferência de quantidades idênticas de energia na forma de calor. (Elementos representados em tamanhos não proporcionais entre si. Cores fantasia.)

É por causa dessa propriedade que, em um dia quente, a água do mar ou da piscina pode estar mais fria que o solo: a temperatura do ar e a do solo (ou da areia da praia) aumentam mais rapidamente do que a temperatura da água quando expostos à mesma quantidade de calor. Ao longo do dia, a água vai esquentando e, à noite, ela esfria mais lentamente do que o ar e o solo, por isso à noite a situação costuma se inverter.

Quanto maior é a massa de uma substância, maior é a quantidade de energia necessária para provocar sua mudança de estado físico. A quantidade de energia necessária para fazer uma unidade de massa de substância mudar de estado é chamada **calor latente**, que pode ser de fusão ou de vaporização. No Sistema Internacional de Unidades, o calor latente é expresso em joule por quilograma (J/kg), mas é comum usar também a unidade caloria por grama (cal/g).

O calor latente de fusão da água é de 80 calorias por grama e o calor latente de vaporização é de 540 calorias por grama. Isso quer dizer que são necessárias 80 calorias para transformar 1 grama de gelo (a 0 °C) em água líquida (a 0 °C). E são necessárias 540 calorias para fazer 1 grama de água líquida (a 100 °C) passar para o estado de vapor (a 100 °C). Do mesmo modo, quando 1 grama de água líquida a 0 °C transforma-se em gelo a 0 °C, são liberadas 80 calorias para o ambiente ou para o outro corpo que interage com o gelo, que é o calor latente de solidificação da água.

Conexões: Ciência e História

O experimento de Joule

O avanço da industrialização e a difusão do uso da máquina a vapor, no século XIX, impulsionaram as pesquisas sobre a natureza do calor.

Até o século XVIII, os cientistas achavam que o calor era um fluido invisível, chamado calórico: quanto maior a quantidade de calórico em um corpo, maior era sua temperatura.

Ao longo do século XIX, porém, vários experimentos demonstraram que o calor não é um fluido, mas a energia resultante do movimento das partículas. Um desses experimentos foi realizado pelo físico e industrial inglês James Prescott Joule (1818-1889). Ele fez com que pesos, ao descerem por uma corda, girassem uma roda com pás dentro da água. Assim, ele mostrou que a quantidade de calor produzido pelo atrito das pás com a água era proporcional à energia liberada pela queda dos pesos. Veja a figura 8.19.

Com o valor dos pesos, da altura da queda, da massa de água e da variação de sua temperatura, Joule estabeleceu a relação entre a energia mecânica e a energia térmica. Ele verificou que 1 cal = 4,18 J.

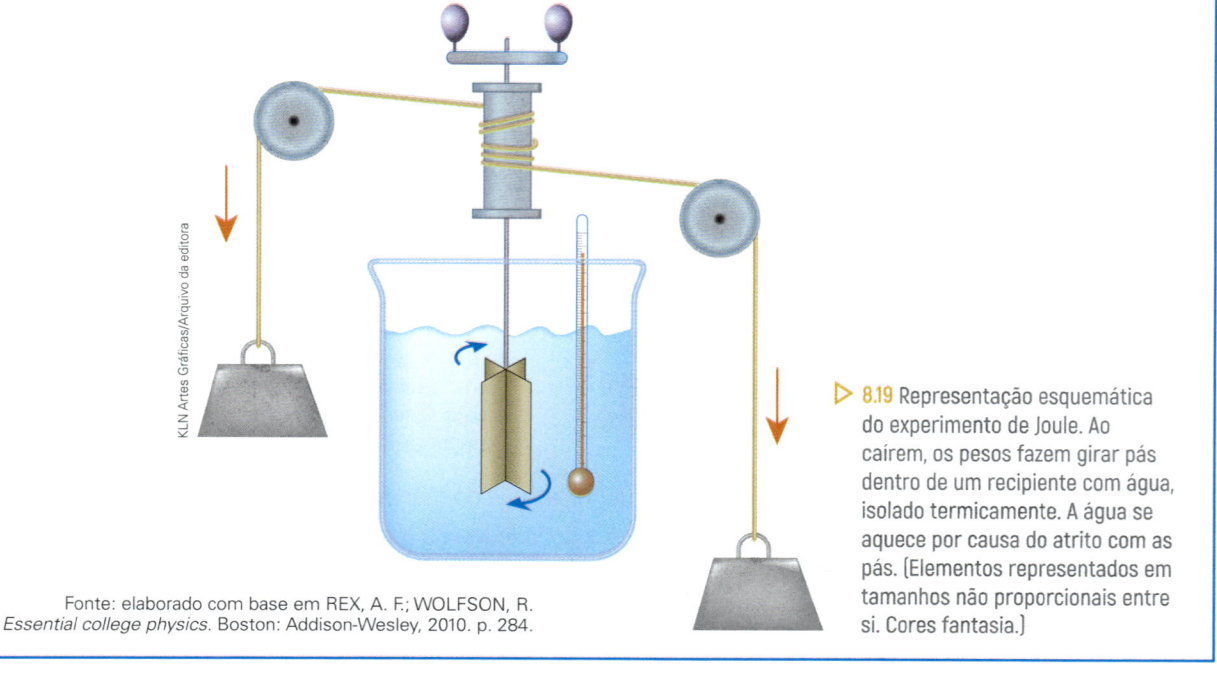

KLN Artes Gráficas/Arquivo da editora

▷ **8.19** Representação esquemática do experimento de Joule. Ao caírem, os pesos fazem girar pás dentro de um recipiente com água, isolado termicamente. A água se aquece por causa do atrito com as pás. (Elementos representados em tamanhos não proporcionais entre si. Cores fantasia.)

Fonte: elaborado com base em REX, A. F.; WOLFSON, R. *Essential college physics*. Boston: Addison-Wesley, 2010. p. 284.

4 O calor e a dilatação dos corpos

Você já tentou desatarraxar a tampa de metal de um frasco de vidro e não conseguiu? Quando isso ocorrer, experimente mergulhar a tampa do vidro em água morna por alguns minutos. Isso vai facilitar a abertura do frasco. Você sabe explicar por quê?

Em contato com a água morna, a tampa metálica aquece e se dilata mais que o vidro. Dessa forma, fica mais fácil abrir o frasco porque isso aumenta a folga entre a tampa e a rosca.

Neste exemplo ocorre o mesmo fenômeno que explica a subida do álcool em um termômetro: o aumento da temperatura provoca o aumento das dimensões do corpo. Esse fenômeno é chamado de **dilatação térmica** e acontece com sólidos, líquidos e gases.

A maioria dos corpos dilata quando sua temperatura aumenta. Isso acontece porque, conforme descrito anteriormente, quando a temperatura aumenta, as partículas se movem mais rapidamente e se afastam mais umas das outras. Veja a figura 8.20. Consequentemente, o volume do corpo aumenta, isto é, ele dilata. Já quando a temperatura diminui, ocorre o inverso, e o corpo contrai.

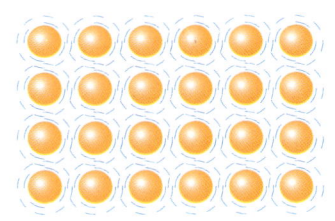

partículas de um sólido em temperatura mais baixa

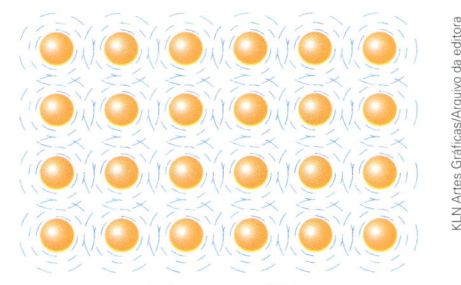

partículas de um sólido em temperatura mais alta

KLN Artes Gráficas/Arquivo da editora

8.20 Representação esquemática das partículas de um sólido em duas temperaturas diferentes. Em temperaturas mais altas (à direita), as partículas de um sólido vibram mais e a distância média entre elas aumenta, provocando a dilatação do corpo. (Elementos representados em tamanhos não proporcionais entre si; as distâncias não são reais. Cores fantasia.)

Cada material tem um **coeficiente de dilatação** diferente: o vidro comum, por exemplo, se dilata mais que certos vidros especiais que podem ir ao forno quando submetido à mesma variação de temperatura. Dizemos, então, que o vidro comum tem um coeficiente de dilatação maior que o desses vidros especiais. Uma barra de vidro comum com 1 m de comprimento se dilata cerca de 0,9 mm quando a temperatura sobe 100 °C. Nos vidros especiais, esse aumento é de 0,3 mm.

É por isso que em pontes, viadutos ou trilhos de ferrovias podemos encontrar um espaço livre entre as peças para permitir a dilatação desses materiais e evitar deformações. Veja a figura 8.21.

8.21 Espaço entre trilhos em uma estrada de ferro.

designbydx/Shutterstock

junta de expansão

Por que a pipoca estoura?

O milho usado para fazer pipoca é formado por várias substâncias, como amido, óleo e cerca de 14% de água. Quando a pipoca é aquecida acima de 100 °C, essa água se transforma em vapor. Só que, enquanto a casca de outros tipos de milho e grãos que não estouram é porosa e deixa o vapor sair, a casca do milho de pipoca impede a saída do vapor. Com o aumento da temperatura, o vapor se dilata e isso leva a um aumento da pressão dentro do milho de pipoca, até que o grão arrebenta e a parte interna, cheia de amido, de cor branca, aparece. Veja a figura 8.22.

8.22 O aumento da temperatura faz aumentar a pressão do vapor de água dentro do milho, que faz a pipoca estourar.

Loren Zemlicka/Getty Images

A dilatação dos gases

Na figura 8.23, um balão de festa (bexiga) foi submetido a uma temperatura de vários graus Celsius negativos. Depois, esse balão ficou à temperatura ambiente. O que aconteceu?

Você já sabe que as partículas de um gás se movimentam o tempo todo, sem uma direção definida. Esse movimento faz com que um gás ocupe todo o volume do recipiente em que está contido. As colisões ou os choques das partículas com as paredes do recipiente são responsáveis pela pressão do gás.

No balão de festa da figura 8.23, em temperatura baixa, as partículas dos gases do ar movimentavam-se com menos energia. À medida que a temperatura aumenta, as partículas passam a se movimentar com mais energia e com maior velocidade. Com isso, exercem mais pressão sobre a parede interna do balão, que resulta no aumento de seu volume.

SPL/Fotoarena

balão de festa submetido a temperatura abaixo de 0 °C

8.23 Um balão de festa que estava sob temperatura abaixo de 0 °C e depois foi deixado à temperatura ambiente.

5 O gelo e a vida em regiões geladas

Você já deve ter percebido que o gelo flutua na água. Mas como podemos explicar isso?

No 6º ano, nós vimos que a densidade é a relação entre a massa e o volume de um corpo. Como o gelo flutua na água, sabemos que a densidade do gelo é menor do que a da água líquida.

A maioria das substâncias dilata-se, isto é, tem um aumento de volume, quando a temperatura sobe. No entanto, com a água ocorre o inverso na faixa entre 0 °C e 4 °C: nesse intervalo de temperatura, o volume da água diminui. Isso acontece pois, nesse intervalo, as partículas que formam a água se aproximam mais umas das outras, de modo que, quando a temperatura chega a 4 °C, a organização das partículas é a mais compacta possível. Nessa temperatura, a densidade da água é máxima (um grama por centímetro cúbico ou 1 g/cm³). Acima de 4 °C, a energia recebida na forma de calor faz com que aumente a distância média entre as partículas e consequentemente o volume da água aumente.

O fato de a densidade do gelo ser menor do que a da água líquida entre 0 °C e 4 °C permite a sobrevivência dos seres aquáticos em regiões muito frias. No inverno, a água da superfície de rios e lagos, em contato com o ar frio, começa a congelar. Se a água fosse mais densa a 0 °C, ela afundaria, deixando exposta a superfície do corpo de água e possibilitando seu congelamento total, com consequente morte dos seres vivos aquáticos. Porém, como o gelo é menos denso que a água líquida, a superfície do rio ou lago congela e não afunda. Essa camada de gelo atua como isolante térmico e dificulta o congelamento da água que está abaixo dela. Veja a figura 8.24.

> Para calcular a densidade, divide-se a massa do corpo pelo seu volume.

camada de gelo

água líquida

Fonte: elaborado com base em HOEFNAGELS, M. *Biology: Concepts and Investigations.* 4. ed. New York: McGraw-Hill, 2018. p. 27.

▷ 8.24 Por ser menos denso que a água líquida, o gelo forma uma camada na superfície, permitindo que a água que está embaixo permaneça a uma temperatura maior. Esse fenômeno permite a vida aquática nas regiões geladas. (Elementos representados em tamanhos não proporcionais entre si. Cores fantasia.)

Mauro Nakata/Arquivo da editora

6 Transmissão de calor

Para cozinhar e não queimar as mãos, é melhor usar uma panela com cabo de plástico ou uma panela com cabo de metal? Você provavelmente já conhece a resposta a essa pergunta, mas para explicar a diferença entre esses dois materiais, vamos estudar as formas como o calor pode ser transmitido.

Condução

A transmissão de calor por **condução térmica** ou, simplesmente, **condução** ocorre em geral entre os sólidos, principalmente nos **condutores térmicos**, isto é, materiais que possibilitam que o calor seja transmitido de um ponto a outro com facilidade, como os metais.

Na condução há transferência de energia entre as partículas que formam o material. Ao receberem energia térmica, essas partículas passam a vibrar mais, transmitindo essa energia (energia cinética) para as partículas próximas a elas.

Imagine que em um dia frio você pise com os pés descalços no piso cerâmico da cozinha ou do banheiro e depois pise em um tapete. Você pode também fazer uma experiência, como a indicada na figura 8.25: um pé diretamente no piso cerâmico e outro no tapete. A sensação será a de que o piso cerâmico está mais frio do que o tapete. Como podemos explicar isso?

O piso cerâmico e o tapete estão à mesma temperatura, mas o piso cerâmico conduz melhor o calor do que o tapete. Por isso a transferência de energia na forma de calor do pé para o piso cerâmico ocorre mais rapidamente do que do pé para o tapete. Essa perda mais rápida de calor é que faz parecer que o piso cerâmico está mais frio que o tapete.

Isso também ocorre quando tocamos ao mesmo tempo em uma maçaneta de metal e em uma porta de madeira: o metal conduz o calor mais rapidamente do que a madeira, dando-nos a sensação de que a maçaneta está mais fria do que a porta.

Mauro Nakata/Arquivo da editora

8.25 Em uma situação como essa, a menina terá a sensação de que o piso cerâmico está mais frio que o tapete, embora ambos estejam à mesma temperatura. (Cores fantasia.)

Convecção

Na figura 8.26, você vê uma panela transparente com água e um pouco de serragem. Enquanto a panela é aquecida, a serragem sobe e desce dentro da água, em movimentos circulares. Como você explica esse movimento?

Adilson Secco/Arquivo da editora

8.26 Na figura, estão representados a água aquecida com serragem e o movimento circular da serragem na água. (Elementos representados em tamanhos não proporcionais entre si. Cores fantasia.)

O fenômeno representado na figura 8.26 é a **convecção**. Nesse processo, a transferência de calor ocorre por meio do deslocamento de um fluido, isto é, um líquido ou um gás. A camada de água em contato com o fundo da panela recebe calor por condução e sua temperatura aumenta; com o aumento da temperatura, a água se expande e se torna menos densa que a água de menor temperatura (a água da superfície) e, por isso, sobe. A água da parte de cima, menos aquecida, desce e ocupa o lugar da água que subiu. Esse processo se repete, e a água fica circulando pela panela, com a porção mais quente subindo e a porção menos aquecida descendo: são as **correntes de convecção**, que fazem com que toda a água da panela seja aquecida.

Os ventos também surgem por causa das diferenças de temperatura de um local para o outro, o que provoca correntes de convecção na atmosfera. São as correntes de ar quente em ascensão que fazem com que os praticantes de asa-delta subam em certos momentos do voo. Aves de grande porte, como águias e urubus, também abrem as asas e aproveitam as correntes de convecção ascendentes para planar. Veja a figura 8.27.

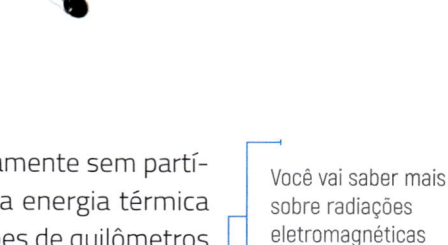

△ 8.27 As correntes de convecção ajudam o voo de aves, como o abutre-do-egito (*Neophron percnopterus*; cerca de 65 cm de comprimento), em **A**, e de praticantes de asa-delta, em **B**. (Os elementos representados nas fotografias não estão na mesma proporção.)

Irradiação

A maior parte do espaço entre o Sol e a Terra é vazia, praticamente sem partículas: é o que chamamos de vácuo. Mas, então, como a luz e a energia térmica vindas do Sol chegam até nós, que estamos a cerca de 150 milhões de quilômetros de distância dele?

A luz é um tipo de radiação eletromagnética ou onda eletromagnética. A radiação eletromagnética não precisa de um meio material para se propagar, ou seja, ela é capaz de se propagar também pelo vácuo.

Neste capítulo, vamos estudar a **radiação infravermelha** (ou raios infravermelhos), uma radiação que não pode ser percebida por nossos olhos, mas que é sentida em nossa pele como calor, quando nos expomos ao sol ou quando aproximamos a mão de uma lâmpada, por exemplo. Muitos animais, como os camaleões, precisam se aquecer ao sol para controlar a temperatura de seu corpo. Veja a figura 8.28.

Você vai saber mais sobre radiações eletromagnéticas no 9º ano.

8.28 Camaleão se aquecendo sob a luz do Sol (*Chamaeleo chamaeleon*; comprimento em torno de 26 cm). O efeito da radiação infravermelha, emitida pelo Sol, é justamente o de aquecer os corpos. △

A transmissão de calor por ondas eletromagnéticas é chamada **irradiação** (ou **radiação**) **térmica** ou, simplesmente, irradiação (ou radiação).

Não é apenas o Sol que emite radiação: um corpo pode emitir vários tipos de radiação dependendo da temperatura em que ele esteja. Um ferro elétrico ligado emite radiação infravermelha, enquanto a chama de uma vela e uma lâmpada acesa emitem radiação infravermelha e luz visível. O corpo humano também emite radiação infravermelha, que pode ser detectada por instrumentos especiais. Existem binóculos, por exemplo, que captam o infravermelho, permitindo observações noturnas de objetos, pessoas e outros animais.

Um objeto branco reflete bastante luz e bastante infravermelho, absorvendo pouca radiação. Com um objeto escuro ocorre o oposto. Portanto, roupas brancas ou claras absorvem menos luz e raios infravermelhos que roupas escuras. Veja a figura 8.29. Superfícies espelhadas também refletem bem (e absorvem mal) a luz e a radiação infravermelha.

Mundo virtual

Propagação do calor
www.if.ufrgs.br/~leila/propaga.htm
Textos, imagens e experimentos que demonstram a transferência de calor.
Acesso em: 8 fev. 2019.

Zhukov Oleg/Shutterstock

8.29 Em desertos e em outras regiões quentes e ensolaradas, é comum que as pessoas se vistam com roupas de cores claras que cubram grande parte do corpo. Isso é importante porque essas roupas refletem melhor a luz solar, absorvendo pouca radiação e dando maior conforto térmico.

Isolantes térmicos

Agora você já pode explicar por que os cabos de panela em geral são de madeira ou plástico: o metal conduz melhor o calor se comparado à madeira ou ao plástico. Isso faz com que a temperatura do metal se eleve mais rapidamente. Por isso, usar panelas com cabo de madeira ou de plástico para cozinhar evita que a pessoa se queime. Veja a figura 8.30.

Wavebreak Media/AGB Photo Library

8.30 Observe que a panela é feita de metal, um material que se aquece rapidamente. Já o cabo é feito de plástico ou madeira e pode ser tocado com segurança porque demora mais para se aquecer.

Como você acaba de ver, há materiais, como os metais, que são bons condutores de calor e outros que não conduzem bem o calor, como a madeira, a lã, os plásticos, as borrachas, o vidro, o ar, o papel e o gelo. A lã e outros tecidos são ideais para o inverno, pois dificultam a transferência do calor do nosso corpo para o ambiente e assim ajudam a nos manter aquecidos no frio. Veja a figura 8.31.

Os materiais que conduzem mal o calor são chamados **isolantes térmicos** ou **maus condutores térmicos**. O ar é um exemplo de isolante térmico. No frio, algumas aves eriçam suas penas, o que as ajuda a reter uma camada maior de ar próximo à pele, diminuindo a perda de calor para o ambiente. Veja a figura 8.32.

8.31 Criança vestindo roupa de lã típica peruana.

8.32 Papagaio-de-peito-roxo (*Amazona vinacea*; cerca de 35 cm de comprimento).

Na tela

Entenda as três formas de propagação de calor: condução, convecção e radiação
http://g1.globo.com/pernambuco/videos/v/entenda-as-tres-formas-de-propagacao-de-calor-conducao-conveccao-e-radiacao/2888024
Vídeo que explica o que são condução, convecção e radiação e como a garrafa térmica evita essas três formas de propagação de calor. Acesso em: 8 fev. 2019.

Entre os pelos dos mamíferos também pode ficar aprisionada uma camada de ar que funciona como isolante térmico. Além disso, esses animais apresentam um acúmulo de gordura sob a pele que ajuda a diminuir a perda de energia térmica do corpo, agindo como isolante.

Conexões: Ciência no dia a dia

Variações de temperatura podem fazer o vidro quebrar

Por que uma garrafa de água (ou de outro líquido que contenha água, como um refrigerante) completamente cheia e tampada pode estourar no congelador?

No início, o volume da água começa a diminuir à medida que ela perde calor e a temperatura diminui. Mas, quando sua temperatura chega a 4 °C, a água começa a aumentar o volume e continua aumentando enquanto congela. Então, como a garrafa não dilata (ela se contrai um pouco), a água pode arrebentá-la.

E tome cuidado: um copo de vidro comum pode rachar quando recebe água muito quente. Isso acontece porque a superfície interna do copo se aquece e se dilata antes da superfície externa. Os utensílios que vão ao forno, como o refratário, por exemplo, são de um tipo de vidro especial, que se dilata pouco com o aumento da temperatura.

7 Garrafa térmica, coletor solar e geladeira

Você certamente já teve a curiosidade de saber como alguma coisa funciona. Então chegou a hora de se valer de seus conhecimentos sobre o calor para entender o funcionamento de alguns objetos. Mas veja antes o que dois cientistas comentaram a respeito da curiosidade e do conhecimento.

O físico inglês Isaac Newton (1642-1727) disse uma vez que ele se sentia como um garoto brincando na praia e se divertindo de vez em quando ao encontrar uma pedra arredondada ou uma concha mais bonita que as comuns, enquanto o grande oceano da verdade repousava desconhecido perante ele. Outro físico, o alemão Albert Einstein (1879-1955), dizia que a curiosidade é mais importante do que o conhecimento.

Garrafa térmica

As garrafas térmicas permitem conservar a temperatura de bebidas, tanto frias como quentes, por um bom tempo. Como elas funcionam? Essas garrafas contêm uma ampola de vidro de paredes duplas e espelhadas. Entre essas paredes há vácuo (na realidade, ar rarefeito, isto é, com poucas partículas de ar). A garrafa é vedada por uma tampa de plástico com espuma plástica ou cortiça, materiais que também são usados para apoiar a garrafa na parte de baixo e nos lados internos do recipiente de plástico. Veja a figura 8.33.

Mundo virtual

Cem anos de garrafa térmica
www.dw.com/pt-br/cem-anos-de-garrafa-termica/a-983551
A reportagem conta como a garrafa térmica funciona e como foi inventada.
Acesso em: 8 fev. 2019.

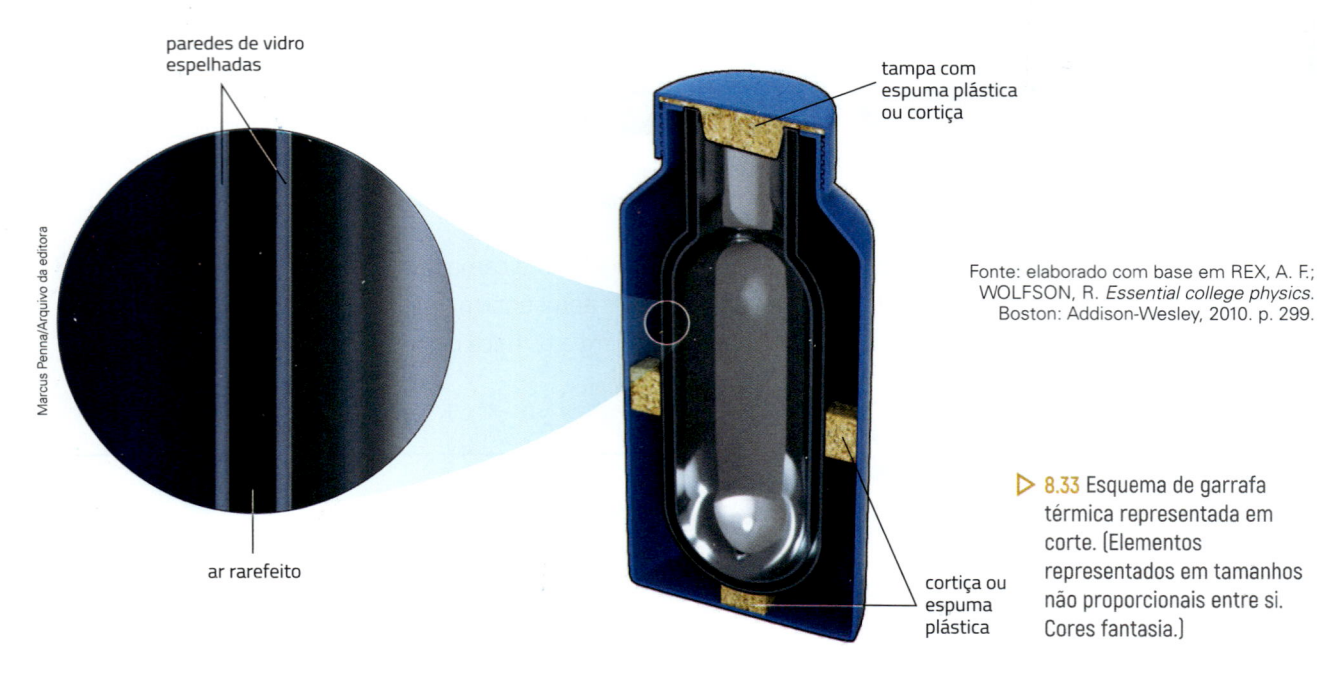

paredes de vidro espelhadas

tampa com espuma plástica ou cortiça

ar rarefeito

cortiça ou espuma plástica

Marcus Penna/Arquivo da editora

Fonte: elaborado com base em REX, A. F.; WOLFSON, R. *Essential college physics*. Boston: Addison-Wesley, 2010. p. 299.

▷ 8.33 Esquema de garrafa térmica representada em corte. (Elementos representados em tamanhos não proporcionais entre si. Cores fantasia.)

Os materiais como o vidro, o plástico e a cortiça são bons isolantes térmicos e dificultam a transmissão de calor por condução. O vácuo entre as paredes impede a transmissão por convecção e por condução. As paredes espelhadas ajudam a refletir os raios infravermelhos que se propagam no vácuo, dificultando a transmissão de calor por irradiação tanto de dentro para fora da garrafa quanto no sentido inverso.

Coletor solar

Os coletores solares são grandes painéis que captam as radiações do Sol e as utilizam para aquecer água. A figura 8.34 mostra um coletor solar usado para aquecer água nas residências.

Chico Ferreira/Pulsar Imagens

reservatório térmico

coletor solar

8.34 Coletor solar em Santarém (PA), 2017.

A radiação solar passa por uma camada de vidro transparente e aquece uma superfície metálica que é pintada de preto para facilitar a absorção da radiação.

A camada de vidro provoca um efeito estufa, já que permite a passagem de luz e bloqueia a saída de parte da radiação infravermelha.

Parte do calor é transferida para tubos por onde circula a água. A água fria, então, é aquecida, e vai para um reservatório térmico (*boiler*) para ser armazenada e depois distribuída para a casa ou outras instalações. Veja a figura 8.35.

Apesar dos custos de instalação e manutenção do equipamento, ele é vantajoso porque economiza energia elétrica, não polui o ambiente e não contribui para o aquecimento global, já que seu funcionamento não depende da queima de combustíveis fósseis.

Na unidade 1, vimos como o efeito estufa garante que a Terra mantenha sua temperatura estável, assegurando uma das condições necessárias para a vida tal como a conhecemos. Sabemos ainda que diversas ações humanas contribuem para o aumento do efeito estufa, com consequências sérias para o ambiente. Veremos mais acerca dos impactos das atividades humanas sobre o clima no 8º ano.

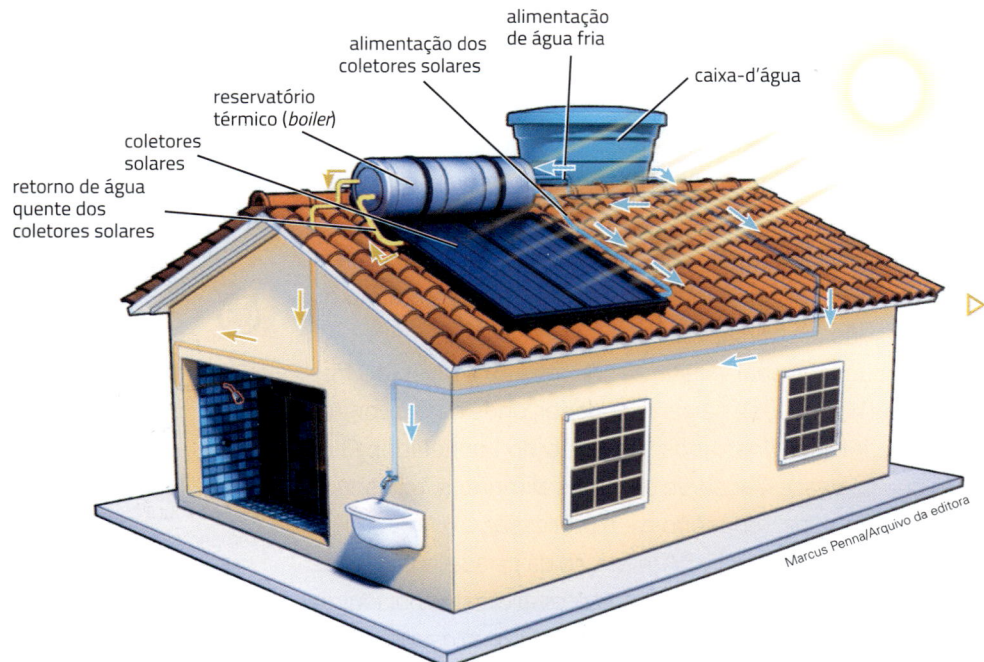

alimentação de água fria

alimentação dos coletores solares

caixa-d'água

reservatório térmico (*boiler*)

coletores solares

retorno de água quente dos coletores solares

Marcus Penna/Arquivo da editora

8.35 Esquema de encanamento de uma casa visto em transparência e coletor solar. Parte da água disponível na caixa-d'água é utilizada fresca, por exemplo, na área de serviço. A água aquecida que vem do reservatório térmico pode ser utilizada, por exemplo, no chuveiro. (Elementos representados em tamanhos não proporcionais entre si. Cores fantasia.)

Geladeira

Você já pensou como foi importante a invenção da geladeira e dos sistemas de refrigeração em geral? E você já parou para pensar em como o sistema de refrigeração funciona? Pense um pouco antes de continuar a ler os próximos parágrafos.

A geladeira retira energia térmica dos alimentos e do ar em seu interior e a cede ao ambiente. Os aparelhos de ar condicionado funcionam de modo semelhante à geladeira, retirando a energia térmica do ambiente.

No interior da geladeira há tubos por onde circula uma substância que se liquefaz e se vaporiza, alternadamente, isto é, fica passando do estado líquido para o estado gasoso, e vice-versa. A vaporização absorve calor do interior da geladeira e a liquefação cede esse calor para o ambiente.

Esse processo ocorre porque atrás da geladeira existe um compressor, que funciona com energia elétrica, e um conjunto de tubos, chamado condensador. O compressor faz com que o vapor circule sob pressão pelo condensador. Veja a figura 8.36.

Mundo virtual

Como o pinguim resiste ao frio?
http://chc.org.br/acervo/como-o-pinguim-resiste-ao-frio
Texto que explica as adaptações dos pinguins ao frio.
Acesso em: 8 fev. 2019.

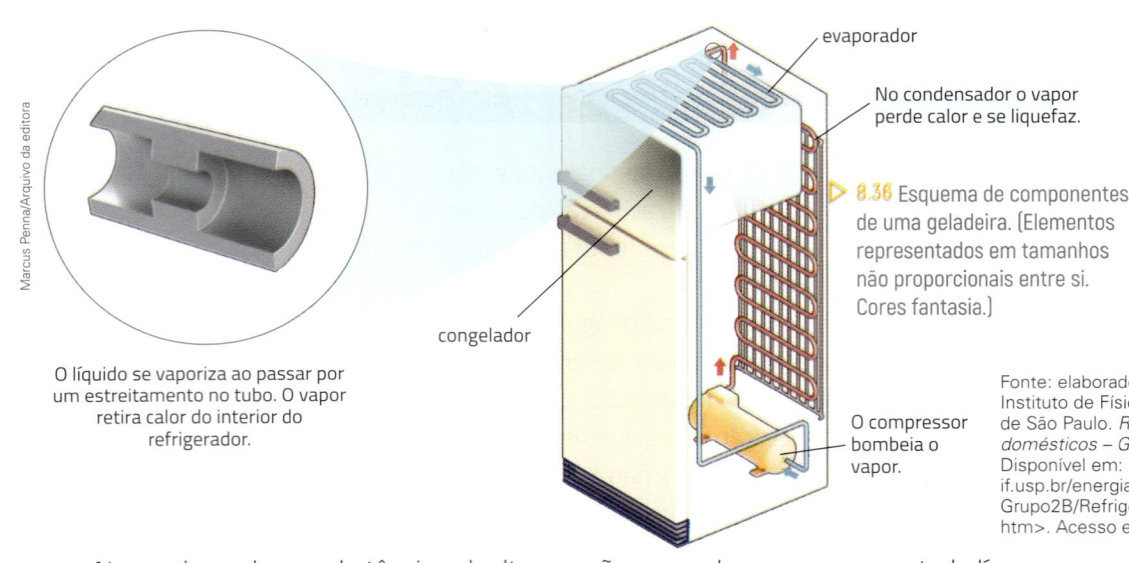

Marcus Penna/Arquivo da editora

evaporador

No condensador o vapor perde calor e se liquefaz.

congelador

O compressor bombeia o vapor.

O líquido se vaporiza ao passar por um estreitamento no tubo. O vapor retira calor do interior do refrigerador.

8.36 Esquema de componentes de uma geladeira. (Elementos representados em tamanhos não proporcionais entre si. Cores fantasia.)

Fonte: elaborado com base em Instituto de Física da Universidade de São Paulo. *Refrigeradores domésticos – Geladeira*. Disponível em: <www.cepa.if.usp.br/energia/energia1999/Grupo2B/Refrigeracao/geladeira.htm>. Acesso em: 12 fev. 2019.

No condensador, a substância sob alta pressão passa do vapor para o estado líquido e troca calor com o ambiente. Em seguida, ela passa por um estreitamento no tubo dentro da parede da geladeira, que provoca a diminuição da pressão e da temperatura. A substância circula pelo evaporador, onde absorve o calor do interior da geladeira, e o líquido se vaporiza novamente. O gás volta, então, para o condensador, recomeçando o processo.

Há ainda a possibilidade de regular a temperatura da geladeira por meio do termostato, uma peça que liga o compressor quando a temperatura aumenta além do valor estabelecido ou o desliga quando ela atinge esse valor.

No interior de uma geladeira convencional, existem correntes de convecção frequentes nas quais o ar quente sobe e resfria-se na parte superior, onde está o congelador, cedendo calor ao líquido no interior dos tubos da região do congelador. O ar menos aquecido, por ser mais denso, desce e absorve calor dos alimentos, tornando-se novamente ar quente, que volta a subir, repetindo-se o processo.

Então, pensou sobre a importância da geladeira? A invenção da geladeira e dos sistemas de refrigeração em geral permitiu armazenar e transportar os alimentos por longos períodos, revolucionando os hábitos de produção, conservação e consumo de alimentos.

Minha biblioteca

Calor e temperatura.
Aníbal Figueiredo e Maurício Pietrocola.
São Paulo, FTD, 2000.
O livro trata de diversos temas sobre calor e temperatura, incluindo o comportamento da água em relação a temperatura e pressões diferentes.

ATIVIDADES

Aplique seus conhecimentos

1 ▸ Um estudante disse que, quando se encosta a mão no gelo, o frio do gelo passa para a mão. Analise a afirmação desse estudante e justifique se essa informação está correta.

2 ▸ Você retira uma lata e uma garrafa de vidro de refrigerante que estavam há bastante tempo na geladeira. Porém, a sensação térmica é de que a lata está mais gelada que a garrafa.

a) Por que isso ocorre?

b) É esperado que a temperatura do líquido da lata seja mais baixa que a do líquido da garrafa?

c) Imagine que a lata e a garrafa ficaram fora da geladeira por 15 minutos e a temperatura ambiente era de 28 °C. Nessa situação, é esperado que os recipientes liberem ou absorvam energia térmica? Justifique sua resposta.

3 ▸ Por que é mais fácil abrir um recipiente de vidro se aquecermos um pouco sua tampa de metal?

4 ▸ Ao longo dos trilhos de ferrovias antigas, há pequenos intervalos de espaços. Um estudante disse que esses espaços entre dois trilhos consecutivos são menores no verão que no inverno. Ele está certo? Justifique sua resposta.

5 ▸ Qual é o principal processo de propagação de calor envolvido em cada um dos seguintes casos?

a) aquecimento das camadas superiores da água em uma panela sobre a chama do fogão;

b) aquecimento de uma barra de ferro;

c) aquecimento de uma pessoa exposta ao sol.

6 ▸ Costuma-se dizer na linguagem popular que um cobertor, ou um casaco, esquentam nosso corpo. O que isso significa de acordo com o que você aprendeu sobre materiais isolantes?

7 ▸ Por que para esquentar mais rapidamente a comida é melhor uma panela de metal, mas, para conservá-la aquecida, é melhor um recipiente de vidro ou porcelana?

8 ▸ Sabendo que o aparelho de ar condicionado retira ar quente e lança ar frio no aposento, em que posição ele funciona melhor: colocado na parte de baixo da parede ou na parte de cima?

9 ▸ Neste capítulo, você aprendeu como as garrafas térmicas permitem conservar a temperatura de bebidas por um bom tempo. Explique como isso acontece.

10 ▸ "Feche logo a porta da geladeira para o frio não sair!" De acordo com o que você aprendeu sobre a forma como o calor é transferido de um corpo para outro, essa frase está correta? Por que a recomendação de fechar logo a porta é válida? Justifique sua resposta.

11 ▸ Explique por que as medidas abaixo são importantes para diminuir as perdas térmicas dos modelos convencionais de geladeira.

a) Deixar espaços vazios entre os alimentos distribuídos nas prateleiras.

b) Manter a borracha de vedação da porta em bom estado. (Veja a figura 8.37.)

SPL/Fotoarena

▸ **8.37** Borracha de vedação encontrada na porta das geladeiras.

12 ▸ Por que os cabos das panelas costumam ser de plástico ou de madeira?

13 ▸ Indique as afirmativas verdadeiras:

a) Quanto maior a energia cinética média das partículas, menor a temperatura do corpo.

b) Para que haja transferência de calor entre dois corpos, eles devem estar a temperaturas diferentes.

c) A propriedade que alguns líquidos têm de se dilatar pode ser usada para medir temperaturas.

d) Quanto maior o calor específico de um material, menor a quantidade de calor necessária para o material ser aquecido até determinada temperatura.

e) Calor e temperatura são a mesma coisa.

f) A temperatura é proporcional à energia cinética média das partículas constituintes de um corpo.

g) A energia na forma de calor passa sempre do corpo de maior temperatura para o de menor temperatura.

h) No Sistema Internacional de Unidades, a quantidade de calor transferida de um corpo para outro é medida em joules.

i) Se fornecermos a mesma quantidade de calor, pelo mesmo tempo, a 1 kg de alumínio e a 1 kg de ferro, ambos atingirão a mesma temperatura.

j) Se a temperatura de um corpo aumentou 1 °C, ela aumentou também 1 °F.

k) Calor é a energia transferida de um corpo quente para um corpo frio em razão da diferença de temperatura entre eles.

l) Todos os corpos quando recebem a mesma quantidade de calor sofrem a mesma variação de temperatura.

m) O calor latente de fusão é a energia necessária para aumentar 1 °C na temperatura de um grama de determinada substância.

14 ▸ Se uma pessoa colocar a mão acima de uma chama, vai sentir mais calor (e pode até se queimar) do que se colocar a mão ao lado dela, à mesma distância. Qual a explicação para isso?

15 ▸ Indique as afirmativas verdadeiras.

a) Na transmissão do calor em uma colher de metal, a matéria é transportada de um ponto a outro da colher.

b) Na convecção, a transferência de calor se dá por meio do movimento das partículas que formam um líquido ou um gás.

c) Na irradiação, não é necessário um meio material para a transmissão do calor.

d) Metais em geral são bons isolantes térmicos.

e) Na condução, a vibração das partículas é transmitida ao longo do objeto.

f) A transferência de calor por condução e convecção ocorre somente através de um meio material.

16 ▸ Por que o telhado e as paredes de uma estufa de plantas são de vidro transparente?

De olho nos quadrinhos

Veja a tira abaixo e depois responda à questão.

Fonte: Andrews McMeel Syndication. Disponível em: <http://syndication.andrewsmcmeel.com>. Acesso em: 12 fev. 2019.

De acordo com a Física e os conceitos de Termodinâmica vistos neste capítulo, o que há de errado com a última frase da tira?

O experimento a seguir deve ser feito com a supervisão de seu professor.

Material
- Um copo grande e largo ou alguma outra vasilha
- Três objetos longos, mais ou menos do mesmo tamanho: um de plástico, um de metal e um de madeira. (Podem ser colheres, lápis, réguas, etc.)
- Um pano de prato
- Água quente
- Três colheres (de café) de manteiga ou margarina ainda gelada, firme na consistência

> **! Atenção**
>
> O professor se encarregará de providenciar a água quente. Você não deve mexer com fogo, pois há risco de acidentes graves.

Procedimento

1. Peça ao professor que prepare e coloque água quente na vasilha, até mais ou menos a metade.

2. Ele deve colocar um pouquinho da manteiga ou da margarina na ponta de cada objeto e dispor os objetos dentro da vasilha, como mostra a figura 8.39.

3. A abertura da vasilha deve então ser coberta por um pano, que encosta nos objetos, dando apoio para que eles fiquem de pé.

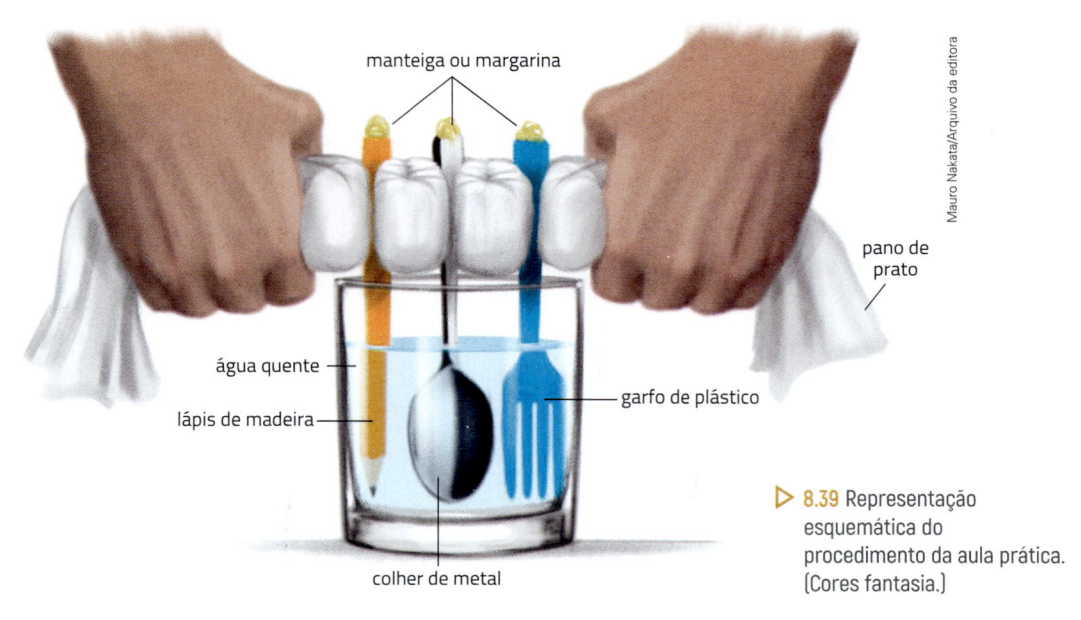

manteiga ou margarina

pano de prato

água quente

garfo de plástico

lápis de madeira

colher de metal

Mauro Nakata/Arquivo da editora

▷ 8.39 Representação esquemática do procedimento da aula prática. (Cores fantasia.)

Resultados e discussão

Agora, responda às questões.

a) O que aconteceu com a manteiga ou a margarina em cada caso?

b) Explique o resultado com base no que você aprendeu neste capítulo.

1. Depois do que você estudou neste capítulo, seu entendimento sobre os termos temperatura e calor mudou? Por quê?

2. Você ficou satisfeito com seu entendimento da atividade prática? Conseguiu relacionar os resultados observados com o conteúdo trabalhado no capítulo?

3. Com qual tema deste capítulo você teve mais dificuldade? Como buscou superar essa dificuldade?

9

Combustíveis e máquinas térmicas

Delfim Martins/Pulsar Imagens

9.1 Locomotiva a vapor, também conhecida como maria-fumaça, sendo abastecida com lenha em Guararema (SP), 2017. Como as transformações de energia podem ser usadas em diferentes tipos de máquina, como na locomotiva da foto?

No capítulo 8, estudamos situações do cotidiano que envolvem trocas de energia na forma de calor. Você se lembra do que acontece quando misturamos leite frio com café quente? Ocorre uma troca de energia na forma de calor até que se atinja o equilíbrio térmico.

Neste capítulo vamos conhecer outras transferências de energia que ocorrem na Terra. Compreender e fazer uso das transformações de energia foi uma importante conquista da humanidade, a qual possibilitou, por exemplo, o uso de diferentes combustíveis, mas também gerou desequilíbrios climáticos e problemas sociais e ambientais. Observe a figura 9.1 e procure identificar qual é o combustível utilizado pela locomotiva da fotografia.

▶ Para começar

1. De onde vem a energia que os seres vivos utilizam?

2. Como se formam os combustíveis fósseis?

3. Você conhece locomotivas ou outras máquinas a vapor? Como elas funcionam?

4. De que forma o desenvolvimento das máquinas, como aquelas a vapor, mudou a relação do ser humano com o trabalho?

5. Que impactos ambientais são gerados pela utilização de combustíveis fósseis?

1 O equilíbrio do planeta

A forma da Terra, os gases que compõem a atmosfera, os movimentos de rotação e translação que ela realiza e o equilíbrio termodinâmico influenciam o clima e a vida em nosso planeta.

Como vimos no capítulo anterior, no equilíbrio termodinâmico, a temperatura, a pressão e a composição química dos componentes de um sistema permanecem constantes. Além disso, a soma das forças que atuam sobre ele é nula. Vamos entender a seguir como esse equilíbrio é importante para todos os organismos.

A atmosfera, os oceanos e o clima

A atmosfera possibilita manter a temperatura da superfície da Terra parcialmente constante e protege o planeta do excesso de raios solares. Essas características são essenciais para a manutenção da vida.

Além disso, os seres vivos retiram do ar da troposfera o gás oxigênio para a respiração e o gás carbônico para a fotossíntese. É nessa camada da atmosfera que ocorrem os fenômenos climáticos que estudaremos no 8º ano. Veja a figura 9.2.

Parte da energia do Sol que chega até a Terra é refletida e irradiada para o espaço. Já outra parte dessa energia é absorvida por certos gases da atmosfera, como o gás carbônico e o vapor de água. Veja a figura 9.3.

Vários tipos de radiação vindos do Sol chegam até nós. No 9º ano, você vai estudar que uma forma de radiação solar é a luz visível. Outras formas de radiação solar são a infravermelha e a ultravioleta, ambas não perceptíveis a seres humanos.

Como você estudou no capítulo 2, esse efeito da atmosfera sobre a temperatura da Terra é chamado efeito estufa, fenômeno que mantém a temperatura média da Terra em cerca de 15 °C.

Agora, imagine se não existisse o efeito estufa na Terra. O que você acha que aconteceria com a temperatura do planeta? Ela aumentaria ou diminuiria?

9.2 Sabiá-laranjeira (*Turdus rufiventris*; cerca de 25 cm de comprimento) na chuva em Santo Antônio do Pinhal (SP), 2016. As chuvas e outros fenômenos climáticos fazem parte do equilíbrio que possibilita a existência de vida na Terra.

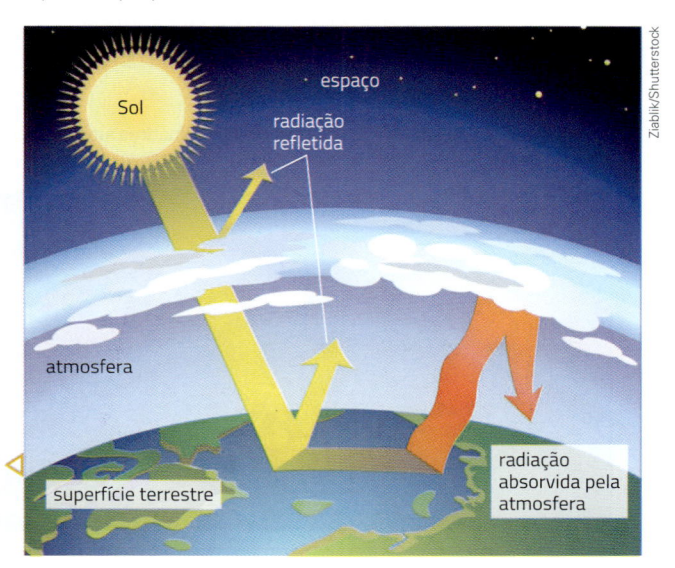

9.3 Representação esquemática do fenômeno de efeito estufa, responsável por manter a temperatura média da Terra em cerca de 15 °C. (Elementos representados em tamanhos não proporcionais entre si. Cores fantasia.)

Na ausência de efeito estufa, o planeta refletiria mais energia para o espaço. Com isso, a temperatura média da Terra diminuiria. Estima-se que, sem o efeito estufa, a temperatura média do planeta estaria em torno de 18 °C negativos em vez dos 15 °C positivos. Dessa forma, não existiria água na forma líquida na Terra.

E se o efeito estufa na Terra fosse bem maior do que é hoje? Com um efeito estufa maior, a quantidade de energia retida pelo planeta aumentaria, provocando também o aumento da temperatura.

A manutenção de uma temperatura média constante no planeta indica que a energia que entra na Terra por meio da radiação solar é aproximadamente equivalente à quantidade de energia que sai. Esse é um dos fatores que contribuem para manter o equilíbrio termodinâmico no planeta e que faz com que o clima permaneça relativamente constante, proporcionando condições que possibilitam a vida na Terra.

Os oceanos contêm 97% de toda a água disponível no planeta. A água absorve parte da energia térmica dispersa na atmosfera, mantendo a temperatura do ar mais amena. Além disso, as correntes oceânicas distribuem essa energia, que chega com mais intensidade próximo ao equador, para as regiões polares. Sem essa distribuição, a vida estaria restrita a áreas bem menores do planeta. A troca de energia a partir da atmosfera e dos oceanos também colabora, portanto, para o **equilíbrio climático** da Terra.

O equilíbrio climático vem sendo ameaçado pela queima de combustíveis fósseis e pelo desmatamento. Esses processos intensificam o efeito estufa e provocam o aquecimento global e as mudanças climáticas.

> No 8º ano, estudaremos como as correntes oceânicas, formadas por grandes volumes de água em movimento, transportam energia térmica e influenciam o clima do planeta.

⟨ Conexões: Ciência e ambiente ⟩

As mudanças climáticas e a vida marinha

O aquecimento global ameaça a pesca no Chile, Equador e Peru, aponta um novo informe da Organização das Nações Unidas para a Alimentação e a Agricultura (FAO). Divulgado nesta semana (5) [ago. 2018], o relatório mostra que a elevação da temperatura global põe em risco o ecossistema formado pela corrente marítima de Humboldt, responsável em grande medida por sustentar a atividade pesqueira nos três países sul-americanos.

Segundo a agência da ONU, a disponibilidade de peixes no sistema da corrente de Humboldt é controlada principalmente pelo clima e seus efeitos sobre a produção de fitoplâncton, a base de toda a cadeia alimentar marinha. Durante as últimas décadas, o ecossistema criado por esse fluxo marítimo produziu mais peixes por unidade de área do que qualquer outro sistema no mundo.

Mas com um clima mais quente, os eventos conhecidos como El Niño e La Niña poderão ocorrer mais frequentemente, provocando uma diminuição na abundância de plâncton. Os efeitos de ambos os fenômenos são mais notáveis justamente ao longo do sistema da corrente de Humboldt.

[...]

NAÇÕES UNIDAS NO BRASIL. Mudanças climáticas ameaçam pesca e vida marinha na corrente de Humboldt, diz FAO. Disponível em: <https://nacoesunidas.org/mudancas-climaticas-ameacam-pesca-e-vida-marinha-na-corrente-de-humboldt-diz-fao>. Acesso em: 13 fev. 2019.

JeremyRichards/Shutterstock

▶ **9.4** Barcos de pesca em Valdivia, Chile, 2018. A corrente marítima de Humboldt contribui em grande parte para sustentar a pesca no país.

O fluxo de energia nos seres vivos

A vida em nosso planeta depende do fluxo de energia, seja de uma região para outra, seja de um ser vivo para outro. Os seres vivos utilizam a energia solar direta ou indiretamente ao longo do que chamamos de cadeia alimentar, como estudamos no 6º ano.

As plantas e outros organismos fotossintetizantes absorvem a energia solar de forma direta, por meio da fotossíntese. Por produzirem açúcares e outras substâncias orgânicas, esses organismos são chamados produtores.

Nós, assim como muitos outros seres vivos, não conseguimos utilizar diretamente a energia do Sol, mas essa energia é obtida de forma indireta por meio da alimentação. Os seres vivos que precisam ingerir outros para obter energia são chamados consumidores.

Aqueles que se alimentam dos produtores são chamados consumidores primários; os consumidores secundários ingerem consumidores primários, e assim por diante. Veja a figura 9.5.

Substâncias orgânicas são encontradas principalmente no corpo dos seres vivos e em compostos como as proteínas, os açúcares e as gorduras.

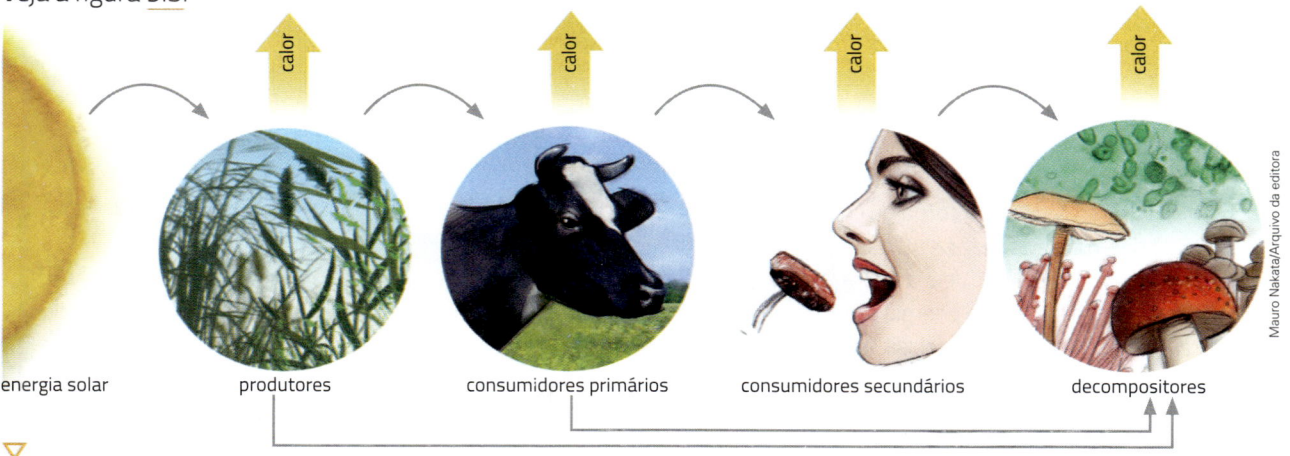

energia solar   produtores   consumidores primários   consumidores secundários   decompositores

Mauro Nakata/Arquivo da editora

9.5 Representação esquemática do fluxo de energia ao longo de uma cadeia alimentar. Parte da energia é transferida aos seres vivos dos níveis seguintes da cadeia alimentar, e parte é liberada na forma de calor. (Elementos representados em tamanhos não proporcionais entre si. Cores fantasia).

Os açúcares produzidos por plantas e outros seres produtores são transformados em energia, gás carbônico e água durante a respiração celular. No caso das plantas, parte da energia produzida é perdida na forma de calor, e parte é armazenada na forma de substâncias orgânicas, as quais são acumuladas em estruturas, como raízes, caules e folhas.

As substâncias orgânicas que ficaram retidas no corpo das plantas e de outros produtores compõem o alimento disponível para os consumidores. Uma porção das substâncias ingeridas por um animal, por exemplo, é eliminada nas fezes e na urina. Outra parte é consumida pela respiração celular, liberando a energia necessária às atividades do organismo. Há, ainda, uma parte que é armazenada pelo corpo; esta é a que fica disponível ao nível trófico seguinte da cadeia alimentar. Reveja a figura 9.5.

Esses processos se repetem em todos os níveis da cadeia alimentar.

Como estudamos no 6º ano, os resíduos (excretas, fezes) e outros restos de matéria orgânica (cadáveres de animais, galhos e folhas soltos, etc.) sofrem a ação dos organismos chamados decompositores, representados por fungos e bactérias, que os transformam em substâncias que ficam novamente disponíveis no ambiente para serem usadas pelos produtores. Assim, podemos dizer que a matéria de um ecossistema nunca se esgota, ela está em permanente reciclagem.

No caso da energia, porém, uma parte é transferida ao ambiente na forma de calor e acaba sendo perdida ao longo da cadeia alimentar. Por isso, o ecossistema precisa, constantemente, receber energia de fora (do Sol, nesse caso).

Saiba mais

Pirâmides de energia

Da energia luminosa que chega a um ecossistema, pouco mais de 1% é utilizado na fotossíntese, mas isso já é o suficiente para gerar de 150 bilhões a 200 bilhões de toneladas de matéria orgânica por ano. Boa parte desses compostos orgânicos é consumida na respiração da própria planta e eliminada como gás carbônico e água, e parte dessa energia é liberada na forma de calor. O mesmo processo ocorre com os consumidores: parte da energia é consumida pela respiração e parte é eliminada como calor. Em termos gerais, dos compostos orgânicos presentes nos alimentos, em média, 15% são retidos no corpo do consumidor, 50% saem com as fezes e 35% são utilizados na respiração celular. Veja a figura 9.6.

15% são retidos no corpo

35% são utilizados na respiração celular

50% saem com as fezes

Paul Reeves Photography/Shutterstock

9.6 Gafanhoto se alimentando de folha. O esquema mostra para onde vai a energia consumida por um consumidor. Valores aproximados.

Cerca de apenas 10% da energia de um nível trófico passa para o nível seguinte. Mas essa porcentagem pode variar entre 2% e 40%, dependendo das espécies da cadeia e do ecossistema em que se encontram.

Podemos representar esse fluxo energético na forma de uma pirâmide de energia. Nesse caso, representamos em cada nível da cadeia a quantidade de energia acumulada por unidade de área ou de volume e por unidade de tempo (kcal/m²/ano ou kcal/m³/ano). Veja a figura 9.7.

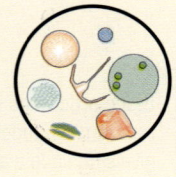

consumidores secundários (40 kcal/m²/ano)

zooplâncton: consumidores primários (590 kcal/m²/ano)

fitoplâncton: produtores (36 380 kcal/m²/ano)

Fonte: elaborado com base em EVERT, R. F.; EICHHORN, S. E. *Raven Biology of Plants*. 8. ed. New York: W. H. Freeman, 2013. p. 31-36

Ilustrações: Banco de imagens/Arquivo da editora

9.7 Exemplo de pirâmide de energia em um lago. Fitoplâncton e zooplâncton são microscópicos. (Elementos representados em tamanhos não proporcionais entre si. Cores fantasia.)

2 Combustíveis

Combustíveis podem ser definidos como materiais que têm potencial de queima (ou seja, sofrem combustão), liberando energia térmica.

As plantas não são utilizadas pelos seres humanos apenas como alimento, mas também como combustível. A capacidade de provocar a combustão de galhos e troncos foi usada para cozinhar alimentos e para fabricar novos materiais já na Pré-História, provavelmente por indivíduos da espécie *Homo neanderthalensis*. Veja a figura 9.8.

À medida que indivíduos conseguiram obter temperaturas mais elevadas utilizando o fogo, foi possível conhecer e usar novos materiais. Essa prática permitiu, por exemplo, extrair metais a partir de rochas, como o ferro, obtido de minérios, como a hematita.

Por volta de 1000 a.C., o carvão mineral (ou carvão de pedra) passou a ser usado como combustível, sendo queimado para diversos fins. No século XVII, o petróleo começou a ser utilizado na iluminação de ruas e depois, a partir do século XIX, em fábricas e veículos. Outras formas de energia e de máquinas ainda viriam a ser utilizadas, como veremos a seguir.

9.8 Representação artística de neandertal (*Homo neanderthalensis*). Esses hominídeos viveram na Europa e em parte da Ásia entre 230 mil e 29 mil anos atrás. Escultura produzida pelo Estúdio Daynes, em Paris, e exposta no Museo de la Evolución Humana, localizado em Burgos, na Espanha.

Combustíveis fósseis

A maior parte da energia que move carros, ônibus e caminhões e faz a indústria funcionar vem dos combustíveis fósseis, como o carvão mineral e o petróleo, que são encontrados sob a superfície terrestre. Eles são chamados combustíveis porque são queimados para fornecer energia às indústrias e aos veículos; e são fósseis porque se originam da transformação de corpos de organismos que viveram há milhões de anos. A figura 9.9 ilustra o processo de formação do **carvão mineral**.

Entre 286 milhões e 360 milhões de anos atrás grandes florestas se desenvolviam.

Essas florestas foram soterradas por camadas de sedimentos trazidos pelo mar e pelo vento.

Ao longo do tempo, a pressão e a temperatura transformaram a matéria orgânica original em carvão mineral.

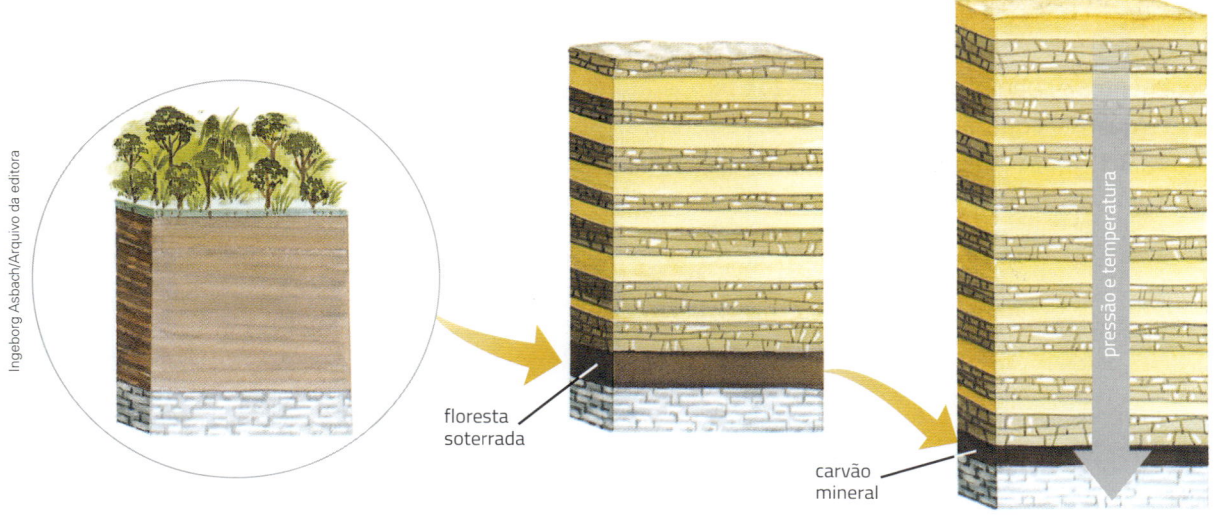

floresta soterrada

carvão mineral

Fonte: elaborado com base em GROTZINGER, J.; JORDAN, T. H. *Understanding Earth*. 7. ed. New York: W. H. Freeman, 2014. p. 653.

9.9 Representação esquemática de formação do carvão mineral. Partes de florestas foram soterradas e, ao longo de milhões de anos, transformaram-se em carvão mineral devido a processos físicos e químicos. (Elementos representados em tamanhos não proporcionais entre si. Cores fantasia.)

O carvão mineral foi uma importante fonte de energia para a industrialização de países como Alemanha, Inglaterra e Estados Unidos. Costuma ser usado em usinas termelétricas, que produzem energia elétrica por meio da queima desse combustível, e em usinas siderúrgicas, de produção de ferro e aço.

Assim como os demais combustíveis fósseis, ao ser queimado, o carvão mineral libera gases que contribuem para o aumento do efeito estufa. Além disso, o carvão contém enxofre, que, liberado na queima, combina-se com a água da chuva, podendo causar a chuva ácida, que prejudica a vida aquática, as florestas e as plantações, além de degradar prédios e monumentos.

A extração do carvão também impacta o equilíbrio do ambiente. Ela é feita por meio de bombas que drenam água das minas, o que pode causar alterações no solo e na água, tornando-os ácidos.

Além disso, há o risco para a saúde dos mineiros, que podem adquirir doenças respiratórias provocadas pela poeira inalada nas minas. Veja a figura 9.10.

O carvão mineral não deve ser confundido com o carvão usado para fazer churrasco. Este resulta da queima de árvores e é chamado carvão vegetal.

No 8º ano, vamos conhecer mais sobre a chuva ácida e outros impactos socioambientais que ocorrem durante a obtenção de energia.

9.10 A exploração das minas impacta o ambiente e a sociedade. Os trabalhadores das minas estão sujeitos a desabamentos, a altas temperaturas e à poeira, que prejudica o sistema respiratório. Mina de carvão em Treviso (SC), 2016.

Mundo virtual

Petróleo
http://www.cprm.gov.br/publique/Redes-Institucionais/Rede-de-Bibliotecas---Rede-Ametista/Canal-Escola/Petroleo-1256.html
Informações sobre composição, origem, exploração, transporte, produção, refino e produtos obtidos do petróleo. Acesso em: 13 fev. 2019.

Outro combustível fóssil é o **petróleo**, que se origina da transformação de organismos de origem marinha que se depositaram há milhões de anos nos leitos dos mares (entre 500 milhões e 2 milhões de anos atrás). Esses organismos foram cobertos por sedimentos e submetidos a alta pressão e temperatura, sofrendo transformações físicas e químicas que, ao longo de milhões de anos, originaram o petróleo. Observe a figura 9.11, que ilustra o processo de formação do petróleo.

9.11 Representação esquemática simplificada do processo de formação do petróleo. (Elementos representados em tamanhos não proporcionais entre si. Cores fantasia.)

organismos microscópicos

mistura de sedimentos com organismos mortos

gás natural

extração de petróleo

mar
leito

lama e sedimentos

petróleo

camadas de rocha

camadas de rocha

água

400 milhões de anos

100 milhões de anos

tempo atual

Nesse processo, além da formação do petróleo, uma mistura oleosa e viscosa, há a formação de um gás, o gás natural, usado como combustível em fogões, fornos, aquecedores e em alguns veículos.

Agora observe a figura 9.12. Tanto o petróleo quanto o gás natural são extraídos de depósitos subterrâneos, localizados sob a terra ou sob o mar, por meio de perfurações de poços. O gás natural se acumula na parte superior da camada.

O gás natural é fornecido às residências a partir de encanamentos, enquanto o gás liquefeito do petróleo (GLP) é obtido por meio do refino do petróleo e injetado em bujões que abastecem as residências.

Fonte: elaborado com base em NEWELL, R. Shale Gas and the Outlook for U.S. Natural Gas Markets and Global Gas Resources. *U.S. Energy Information Administration.* Disponível em: <https://photos.state.gov/libraries/usoecd/19452/pdfs/DrNewell-EIA-Administrator-Shale-Gas-Presentation-June212011.pdf>. Acesso em: 13 fev. 2019.

9.12 Esquema simplificado de um campo de extração de petróleo. O terreno é apresentado em corte, mostrando as camadas de rochas. (Elementos representados em tamanhos não proporcionais entre si. Cores fantasia.)

Depois da extração, o petróleo é transportado para refinarias, onde são realizadas a separação e a purificação de seus componentes nas chamadas colunas de fracionamento. A separação dos componentes do petróleo é feita por meio de destilação fracionada.

Desse processo são obtidos vários produtos, chamados de **derivados do petróleo**, com diversas aplicações: gasolina (combustível para motores), querosene (iluminação e combustível de aeronaves), óleo *diesel* (combustível), óleo lubrificante (utilizado em máquinas), gás liquefeito (combustível de uso doméstico), solventes (matéria-prima industrial), graxas e parafinas (lubrificação), asfalto (pavimentação). Observe a figura 9.13.

Você estudou o processo de destilação fracionada no 6º ano, como um dos processos de separação de misturas.

O uso do asfalto na pavimentação das vias facilita o tráfego de veículos. No entanto, para um trânsito seguro, entre outras medidas, é preciso que os condutores respeitem o limite de velocidade e as sinalizações de trânsito.

9.13 Aplicação de asfalto durante a pavimentação de rua em Poções (BA), 2016.

O petróleo também é usado para produzir tintas, plásticos, detergentes, borracha sintética (utilizada em diversos objetos, como os pneus) e muitos outros produtos.

Hoje, os combustíveis fósseis fornecem boa parte da energia para a civilização, possibilitando o desenvolvimento de inúmeras atividades e proporcionando conforto. Ao mesmo tempo, porém, além dos riscos de incêndios, a queima de combustíveis provoca poluição e outros desequilíbrios ecológicos, como o aquecimento global, que estudamos no capítulo 2 deste volume.

A exploração desses combustíveis pode ainda causar problemas sociais e políticos, como conflitos por áreas de interesse.

Além de contribuir para o aquecimento global com a emissão de gás carbônico, assim como ocorre com o carvão, a queima dos derivados do petróleo pode produzir outros gases que poluem o ar, prejudicando a saúde da população, como o monóxido de carbono, um gás que prejudica o transporte de oxigênio pelo sangue, além de outras substâncias que irritam os olhos e as vias respiratórias. A queima desses combustíveis também emite gases que participam da formação da chuva ácida.

Outro problema é que o petróleo e o carvão mineral levam milhões de anos para se formar, enquanto a sociedade os consome com grande velocidade. Portanto, esses recursos correm o risco de acabar, já que não são repostos no mesmo ritmo de seu consumo. Por essa razão, dizemos que o petróleo e o carvão mineral são **recursos naturais não renováveis**. Outro exemplo de recursos não renováveis são os minérios, como os de ferro, de alumínio e de chumbo, usados na construção civil e na fabricação de diversos produtos, como aparelhos de telefone celular. Veja a figura 9.14.

Por isso, é cada vez mais importante recorrer aos **recursos naturais renováveis**, que podem ser explorados por tempo indeterminado, como as energias solar, eólica (dos ventos), hidrelétrica, das marés e a gerada com o aproveitamento dos vegetais (energia de biomassa). A exploração de fontes de energia alternativas aos combustíveis fósseis é uma medida importante para conter o aumento do efeito estufa e combater a poluição.

No 8º ano vamos conhecer melhor as diferentes fontes (renováveis e não renováveis) e os tipos de energia utilizados em residências, comunidades ou cidades.

In Pictures/Getty Images

9.14 Produção de aparelhos de telefone celular em fábrica na China, 2015. Esses e outros objetos são produzidos com recursos naturais não renováveis.

⏻ Mundo virtual

Petróleo e derivados constituem base da economia produtiva mundial
http://www.brasil.gov.br/noticias/infraestrutura/2011/11/petroleo-e-derivados-constituem-base-da-economia-mundial
Texto que aborda a importância geopolítica e econômica do petróleo. Acesso em: 13 fev. 2019.

Agência Nacional do Petróleo, gás natural e biocombustíveis
www.anp.gov.br/petroleo-e-derivados2
Informações sobre o petróleo e seus derivados (GLP, asfalto, etc.). Acesso em: 13 fev. 2019.

3 Máquinas a vapor

Você já observou que, quando a água ferve em uma panela de pressão, a válvula por onde sai o gás se movimenta? Veja na figura 9.15. Algo semelhante acontece nas máquinas a vapor. Nessas máquinas, quando um combustível é queimado para fazer a água ferver, o vapor que escapa é usado para mover uma peça ou engrenagem, realizando um trabalho.

A **máquina a vapor** (ou motor a vapor) é uma máquina térmica. As **máquinas térmicas** realizam trabalho pelas trocas de calor. A energia térmica flui na forma de calor das partes mais quentes (de maior temperatura) do equipamento para as partes menos quentes (de menor temperatura). Parte dessa energia é transformada em trabalho, movimentando pistões e rodas, por exemplo.

Veja na figura 9.16 um esquema simplificado do funcionamento de uma máquina a vapor. Acompanhe o seu funcionamento na descrição da página seguinte.

Lucas Lacaz Ruiz/Fotoarena

9.15 Quando uma panela de pressão está no fogo por algum tempo, o vapor começa a sair e movimenta a válvula.

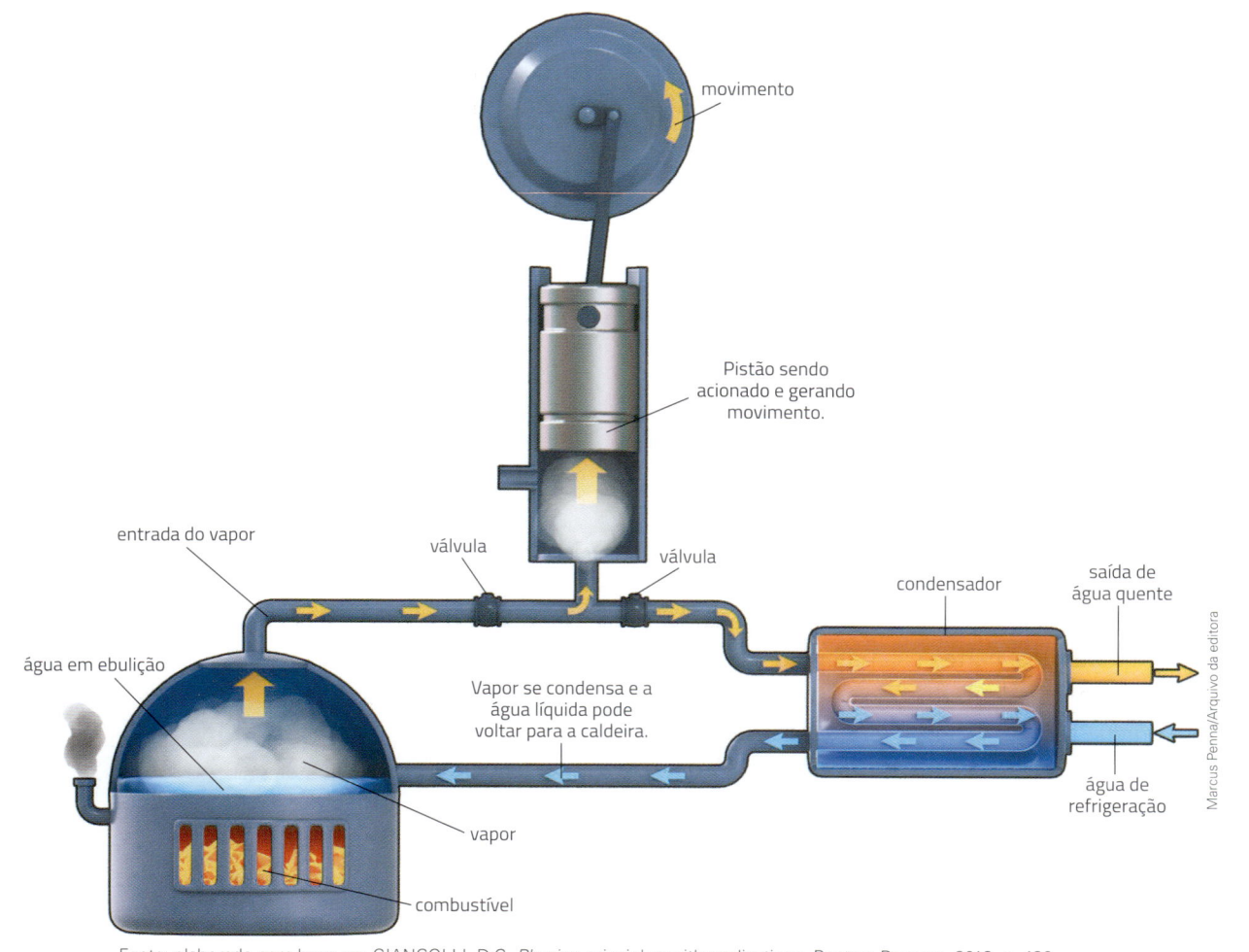

movimento

Pistão sendo acionado e gerando movimento.

entrada do vapor

válvula

válvula

condensador

saída de água quente

água em ebulição

Vapor se condensa e a água líquida pode voltar para a caldeira.

água de refrigeração

vapor

combustível

Marcus Penna/Arquivo da editora

Fonte: elaborado com base em GIANCOLLI, D.C. *Physics*: principles with applications. Boston: Pearson, 2016. p. 420.

9.16 Esquema simplificado do funcionamento de parte de uma máquina a vapor. (Elementos representados em tamanhos não proporcionais entre si. Cores fantasia. O vapor de água não é visível.)

Na caldeira, a água é aquecida pela queima de um combustível, transformando-se em vapor, que entra em um cilindro por uma válvula que se abre com a pressão. O vapor sob pressão empurra então um pistão ou êmbolo que movimenta rodas (ou outras peças), produzindo trabalho. Depois que o pistão sobe, a primeira válvula se fecha e a segunda válvula é aberta, possibilitando que o vapor saia. Com isso, a pressão do vapor dentro do cilindro cai e o pistão volta à posição inicial. O movimento de vai e vem do pistão é transmitido por meio de engrenagens a uma roda, fazendo-a girar. A água fria no condensador faz o vapor perder energia na forma de calor e se condensar, virando água líquida. A água pode então ser devolvida à caldeira.

A máquina a vapor foi desenvolvida gradualmente por muitos cientistas e inventores ao longo do tempo, cada um colaborando com um novo aprimoramento. A figura 9.17, por exemplo, mostra uma máquina desenvolvida pelo engenheiro escocês James Watt (1736-1819), que, por sua vez, desenvolveu essa máquina estudando um modelo de máquina a vapor criado pelo cientista inglês Thomas Newcomen (1663-1729). Esse fato é muito comum em ciência: um cientista se embasa em pesquisas e descobertas anteriores para desenvolver e construir novos conhecimentos.

Você viu no capítulo 8 que a energia térmica passa do corpo de maior temperatura (no caso, o vapor de água) para o de menor temperatura (no caso, a água fria) até atingir o equilíbrio térmico.

The Birdgeman Art Library/Fotoarena

▷ 9.17 Ilustração em corte vertical da máquina a vapor de Watt, do século XVIII. Gravura feita por Bonnafoux no século XIX.

Nas máquinas térmicas, portanto, nem toda a energia térmica obtida pela queima do combustível é convertida em trabalho. A queima do combustível libera uma grande quantidade de energia na forma de calor. Entretanto, apenas uma parte dessa energia é utilizada para movimentar o pistão e realizar trabalho. Outra parte é transferida, também na forma de calor, para a água no condensador e não é convertida em trabalho. O trabalho realizado pela máquina para mover o pistão é a diferença entre a quantidade de energia na forma de calor fornecida pela queima de combustível e a quantidade de calor que é transferida para o condensador.

Veja a figura 9.18.

9.18 Esquema do funcionamento geral de uma máquina ◁ térmica. A fonte quente pode ser uma caldeira e a fonte fria, a água no condensador. O trabalho realizado é a diferença entre a energia fornecida pela fonte quente e a energia cedida para a fonte fria.

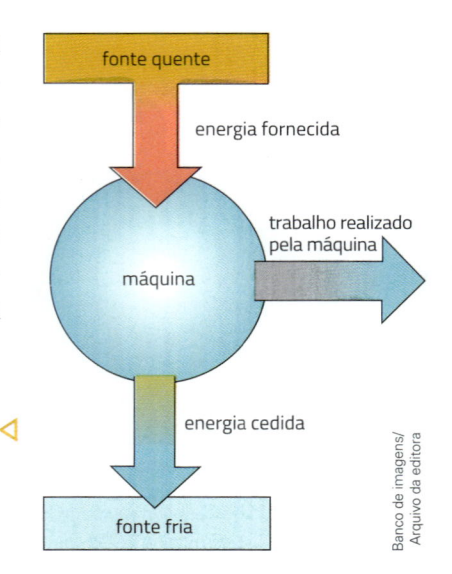

fonte quente

energia fornecida

máquina

trabalho realizado pela máquina

energia cedida

fonte fria

Banco de imagens/ Arquivo da editora

A história das máquinas térmicas

No século XV, muitos objetos eram produzidos principalmente de forma artesanal. A técnica de produção era passada de um mestre artesão para seus aprendizes e a mesma pessoa realizava todas as etapas do processo. Nessa época, a maioria da população europeia vivia no campo e produzia o que consumia.

No século XVIII grande parte da produção passou a ser realizada por máquinas e operários, de forma industrial e seguindo a divisão de trabalho. A tecnologia das máquinas e a divisão de trabalho aumentaram a velocidade de produção das mercadorias e diminuíram os custos do processo. Com a divisão de trabalho, cada operário faz apenas uma tarefa na etapa de produção, em vez de participar de todas as etapas do processo, como faziam os artesãos. Veja a figura 9.19.

9.19 Gravura da poluição gerada pelas usinas de cobre na região da Cornualha, Inglaterra, durante a Revolução Industrial. Obra de autor desconhecido, 1887. No século XVIII ocorreu a primeira grande queda na qualidade do ar das cidades, principalmente na Inglaterra, na Alemanha e nos Estados Unidos, por causa da intensa queima de carvão para mover as máquinas e aquecer as casas.

Essas mudanças começaram na Inglaterra e se espalharam, aos poucos, para o restante da Europa e outras regiões do mundo, impulsionando uma série de transformações econômicas e sociais. A economia na Europa, que era baseada principalmente na agricultura, passou a se industrializar cada vez mais. Grande parte da população começou a migrar do campo para as cidades, onde estavam as indústrias e os portos – locais de chegada e saída de matérias-primas e mercadorias.

A máquina a vapor passou a ser empregada para extrair minério e fabricar mercadorias antes feitas à mão. Tecidos de algodão, por exemplo, passaram a ser produzidos na indústria têxtil com o uso do tear mecânico. A queima de carvão nessas máquinas gerava uma fonte de energia maior do que podiam oferecer a força dos seres humanos ou a de animais, como o boi e o cavalo. No entanto, essa queima também produzia uma série de efeitos negativos no ambiente.

Esse conjunto de mudanças iniciado na Europa no século XVIII, em que o trabalho artesanal foi substituído pelo uso de máquinas e pelo trabalho assalariado, foi chamado de **Revolução Industrial**.

Na tela

Máquina térmica
https://www.youtube.com/watch?v=UlX9xMyzd2k
O vídeo do Instituto de Física da UFRGS mostra o funcionamento de uma máquina térmica simples: uma ventoinha que gira conforme é impulsionada por jatos de vapor aquecido.
Acesso em: 13 fev. 2019.

Nos transportes, o navio a vapor passou a substituir barcos a vela e a <u>locomotiva a vapor</u> substituiu o transporte a cavalo, o que fez com que o transporte de pessoas e de mercadorias passasse a ser muito mais rápido. Com a maior rapidez na produção e no transporte das mercadorias, muitos objetos, como roupas, ficaram gradualmente mais acessíveis para as pessoas, tornando a vida mais confortável.

As máquinas a vapor foram criadas e desenvolvidas a partir do trabalho de muitos cientistas. Ao longo desse trabalho, foram criadas, por exemplo, válvulas, semelhantes às da panela de pressão de hoje, que permitiam que o vapor escapasse lentamente de um equipamento com água fervente. Isso tornava a máquina mais segura, já que evitava que a pressão do vapor ultrapassasse limites de segurança.

Foi justamente com os aprimoramentos do escocês James Watt e de outros cientistas que a máquina a vapor passou a ter amplo uso em locomotivas, barcos, fábricas de tecidos e para retirar água acumulada nas <u>minas de carvão.</u>

Um dos aprimoramentos desenvolvidos por James Watt em 1769 foi a instalação de um condensador com água fria separado do cilindro no qual está o pistão, que, na máquina de vapor de Newcomen, era resfriado recebendo um jato de água fria de um tanque de água. Reveja no esquema geral de uma máquina a vapor da figura <u>9.16</u> que o vapor que sai após o movimento do pistão se condensa e volta ao estado líquido. Essa separação diminuiu as perdas de calor, reduzindo o consumo de carvão, o que tornou a máquina mais eficiente (menor perda de energia na forma de calor).

Era importante para a indústria aproveitar ao máximo a energia da queima do combustível. Por isso, as máquinas a vapor foram aperfeiçoadas, a partir de estudos sobre o comportamento dos fluxos de calor, para diminuir a perda de calor por aquecimento de suas partes e pelo atrito entre as peças. A aplicação dos conhecimentos produzidos na área da Termodinâmica ajudou a diminuir as perdas de energia e a otimizar o funcionamento das máquinas. Veja a figura <u>9.20</u>.

A primeira lei da Termodinâmica é a lei da conservação da energia, segundo a qual uma dada quantidade de energia não pode ser criada nem destruída, mas pode ser transformada em outra forma de energia. Em outras palavras, a energia do Universo se conserva, permanece constante.

A segunda lei da Termodinâmica afirma que a energia na forma de calor passa sempre de um corpo de temperatura maior para um de temperatura menor: o calor não pode fluir, de forma espontânea, de um corpo de temperatura menor para outro corpo de temperatura maior. Segundo essa lei, em uma máquina térmica sempre haverá uma perda de parte da energia na forma de calor. Portanto, em uma máquina térmica é impossível transformar toda a energia térmica em trabalho.

Reveja na figura 9.1 uma locomotiva a vapor. Note que o combustível utilizado naquele caso é a lenha, e não o carvão mineral.

O carvão extraído de minas era o combustível usado para fabricar o aço nas siderúrgicas. O aço era a matéria-prima para a construção de navios e canhões. Muitos mineiros tinham de trabalhar retirando com baldes a água de minas inundadas. As máquinas térmicas aceleravam esse processo.

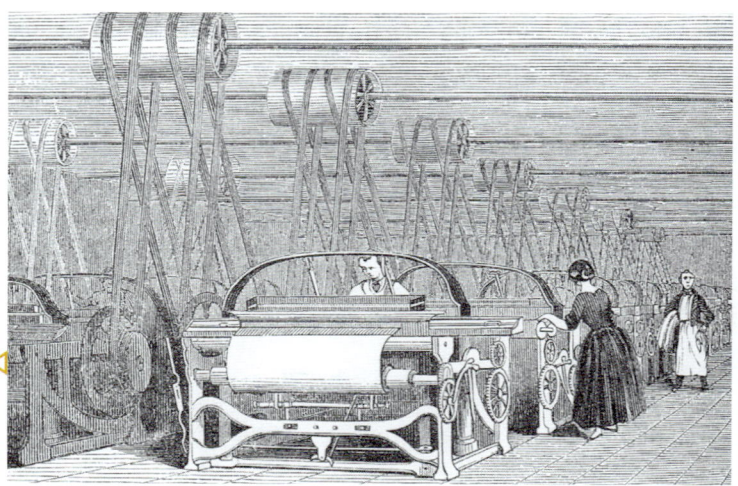

SPL/Fotoarena

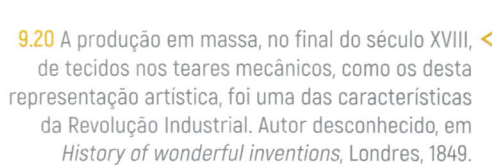

9.20 A produção em massa, no final do século XVIII, de tecidos nos teares mecânicos, como os desta representação artística, foi uma das características da Revolução Industrial. Autor desconhecido, em *History of wonderful inventions*, Londres, 1849.

As máquinas têxteis

A máquina por ele [James Watt] desenvolvida tinha potência tão extraordinária que passou a movimentar navios, fábricas de teares, máquinas de usinagem.

A ideia básica era colocar o carvão em brasa para aquecer a água até que ela produzisse muito vapor. A máquina então girava por causa da expansão e da contração do vapor dentro de um cilindro de metal onde havia um pistão.

As máquinas a vapor passaram a ter muitas utilidades. Tanto retiravam a água que inundava minas subterrâneas de ferro e carvão como logo movimentavam os teares mecânicos na produção de tecidos.

[...]

Depois do invento de Watt, foram desenvolvidas outras máquinas igualmente fundamentais para o nascimento da indústria moderna. A partir de 1700 e por todo o século XVIII, um dos setores que mais se favoreceu da engenhosidade e investimento inglês foi o têxtil. Máquinas e mais máquinas foram criadas para melhorar a qualidade dos fios e beneficiar o algodão.

Em 1730, por exemplo, o inventor John Kay deu a largada para o desenvolvimento de toda uma nova tecnologia na produção de tecidos.

Três anos mais tarde, ele apresentava à Inglaterra uma máquina chamada "flying shuttle", que possibilitava entrelaçar mecanicamente o fio transversal da trama por meio da urdidura longitudinal, formando o tecido.

9.21 Representação artística de trabalhador usando uma máquina a vapor para cortar uma árvore. *Cutting Trees Using Vapor Machines.* El Museo Popular Published Madrid, 1887.

9.22 Máquina usada na produção de tecidos de algodão no final do século XIX.

Em 1764, foi a vez de o tecelão James Hargreaves colocar o nome na história do setor têxtil com a criação da "spinning jenny", uma roda de fiar múltipla, capaz de produzir dezesseis fios ao mesmo tempo.

Em meio à revolução têxtil, a máquina a vapor, claro, estava presente. Só que, por ser muito barulhenta, o maquinismo normalmente ficava do lado de fora, fazendo girar uma roda de onde saíam correias que acionavam eixos através da parede da fábrica. Dos eixos no teto desciam outras correias que acionavam cada tear no chão da fábrica. Em antigas indústrias ainda há vestígios desse sistema. Mais tarde, o conjunto passaria a ser acionado por motores elétricos.

Outra invenção que impulsionaria o setor têxtil inglês aconteceu em 1771, quando o barbeiro Richard Arkwright patenteou uma máquina de fiar revolucionária, que funcionava com força hidráulica, a "water frame". Arkwright se tornou um dos primeiros grandes industriais têxteis do país.

Com tantas invenções, a Inglaterra ganhou mercado e se tornou a maior exportadora mundial de tecidos.

A HISTÓRIA das máquinas. *Associação Brasileira da Indústria de Máquinas e Equipamentos.* São Paulo: Magma, 2006. Disponível em: <http://www.abimaq.org.br/Arquivos/Html/Publicações/Livro-A-historia-das-maquinas-70-anos-Abimaq.pdf>. Acesso em: 13 fev. 2019.

Novas máquinas térmicas

Embora eficientes, as máquinas a vapor tinham problemas como a necessidade de esperar a água atingir o ponto de ebulição para que fosse possível usar o vapor. Assim, aos poucos foram desenvolvidos motores com a partida mais rápida, como é o caso do motor de combustão interna, movido pela combustão da gasolina ou do *diesel*, combustíveis obtidos do petróleo.

Nos motores dos carros e caminhões, por exemplo, o combustível (gasolina, álcool, *diesel*) é misturado com o ar e comprimido; depois, uma faísca provoca uma explosão dentro dos cilindros do motor (chamado de motor a explosão), empurrando pistões que fazem girar engrenagens e gerando a energia que vai movimentar as rodas do veículo. Veja a figura 9.23.

De forma semelhante ao que ocorre nas máquinas a vapor, uma parte da energia na forma de calor é transferida para o ambiente pelos gases que saem aquecidos do cano de escapamento do veículo.

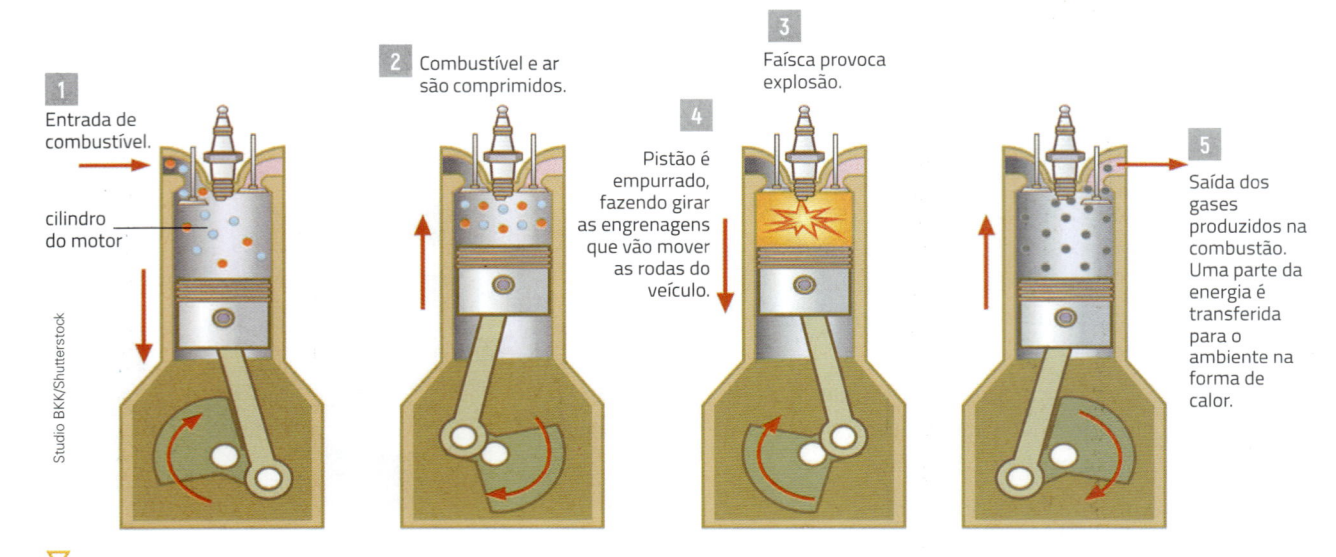

1 Entrada de combustível.

cilindro do motor

Studio BKK/Shutterstock

2 Combustível e ar são comprimidos.

3 Faísca provoca explosão.

4 Pistão é empurrado, fazendo girar as engrenagens que vão mover as rodas do veículo.

5 Saída dos gases produzidos na combustão. Uma parte da energia é transferida para o ambiente na forma de calor.

▽ 9.23 Representação esquemática simplificada do funcionamento de um motor a explosão. Esse motor é um tipo de máquina térmica. (Elementos representados em tamanhos não proporcionais entre si. Cores fantasia.)

Enquanto a primeira etapa da Revolução Industrial, iniciada na Inglaterra, foi impulsionada pelas máquinas a vapor, uma segunda etapa, que pode ser considerada uma segunda Revolução Industrial, teve como protagonistas o petróleo e a eletricidade. Essa segunda etapa iniciou-se em meados de 1850 e teve grande repercussão na Europa, no Extremo Oriente e nas Américas. Surgiram nesse período aparelhos eletrônicos (rádio, televisão), novos veículos (automóvel, caminhões, aviões) e novas técnicas de iluminação (os lampiões a gás foram substituídos por lâmpadas que funcionavam com energia elétrica).

Atualmente, o sistema a vapor é usado em usinas termelétricas e termonucleares, em que a energia de um combustível fóssil (nas usinas termelétricas) ou de uma reação atômica controlada (usina termonuclear) é usada para aquecer a água e fazer o vapor movimentar as pás de uma turbina, gerando energia elétrica. No 8º ano, você vai conhecer melhor como funcionam as usinas de geração de energia elétrica e avaliar as vantagens e as desvantagens de cada tipo de fonte energética.

 Minha biblioteca

Energia e meio ambiente. de Samuel Murgel Branco. 4. ed. São Paulo: Moderna, 2004.
Neste livro o autor trata da produção de energia e dos seus impactos ambientais, discutindo diversas formas de obtenção energética, como a solar, a eólica e a hidroelétrica. Os tipos de armazenamento de energia e as fontes renováveis também são assuntos da obra.

ATIVIDADES

Aplique seus conhecimentos

1 ▸ Por que podemos considerar que o Sol é fonte de energia para a maioria dos seres vivos, mesmo aqueles que não fazem fotossíntese?

2 ▸ Você viu que parte da energia que passa de um ser vivo para outro ao longo da cadeia alimentar se perde na forma de calor. Por que então a energia de um ecossistema não acaba?

3 ▸ Por causa de sua relação com o aquecimento global e as mudanças climáticas, muitas pessoas entendem que o efeito estufa é um fenômeno recente e prejudicial à vida na Terra. Observe a figura 9.24 e faça o que se pede.

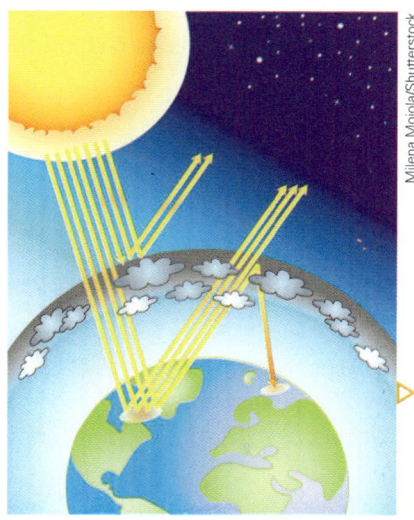

▷ 9.24 Representação esquemática do efeito estufa. (Elementos representados em tamanhos não proporcionais entre si. Cores fantasia.)

Milena Moiola/Shutterstock

a) Explique a importância desse fenômeno para os seres vivos.

b) O que aconteceria no planeta sem o efeito estufa?

c) Quais são os fatores que causam o aumento do efeito estufa? Quais podem ser as consequências desse aumento?

4 ▸ Como se formaram o carvão mineral e o petróleo? Considerando a maneira como se formaram, classifique-os como recursos renováveis ou não renováveis.

5 ▸ Observe a figura 9.25 e responda: por que é importante que, nos próximos anos, o carvão mineral e o petróleo sejam substituídos por outras fontes de energia?

Ale Ruaro/Pulsar Imagens

▷ 9.25 Usina termelétrica a vapor que utiliza o carvão mineral como combustível. Foto de Candiota (RS), 2014.

6 ▸ Explique de forma resumida o funcionamento básico de uma máquina a vapor. De onde vem a energia usada pela máquina e o que acontece com essa energia durante seu funcionamento?

7 ▸ De que maneira as máquinas a vapor transformaram o trabalho das pessoas, o transporte e a sociedade a partir da Revolução Industrial?

8 ▸ Apesar de ter trazido benefícios, como o aumento da produção, o uso de máquinas térmicas causou impactos ambientais. Cite alguns desses impactos.

9 ▸ Considerando que no equilíbrio termodinâmico a temperatura, a pressão e a composição química dos componentes de um sistema permanecem constantes, responda:

a) Qual o papel do equilíbrio termodinâmico na manutenção da vida na Terra?

b) Podemos afirmar que máquinas térmicas em funcionamento, como uma máquina a vapor, estão em equilíbrio termodinâmico?

10 ▸ Construa uma representação de uma cadeia ou de uma teia alimentar com organismos presentes na região em que você mora, identificando as fontes e o fluxo de energia (química e na forma de calor). Não se esqueça de identificar as perdas de energia ao longo da cadeia ou da teia.

Investigue

Faça uma pesquisa sobre os itens a seguir. Você pode pesquisar em livros, revistas, *sites*, etc. Preste atenção se o conteúdo vem de uma fonte confiável, como universidades ou outros centros de pesquisa. Use suas próprias palavras para elaborar a resposta.

1 ▸ Sabendo que a atmosfera de Vênus é formada principalmente por gás carbônico, em uma concentração muito maior do que a da Terra, a temperatura média desse planeta será maior ou menor do que 15 °C? Leve em conta apenas o efeito estufa para elaborar sua resposta. Depois, pesquise qual é a temperatura média de Vênus e descubra se seu raciocínio estava certo.

2 ▸ Onde se encontram as principais reservas de carvão mineral e de petróleo no Brasil? O que é o pré-sal?

3 ▸ Você já conhece algumas consequências negativas do uso de combustíveis e máquinas para o meio ambiente. Pesquise as consequências negativas do uso de máquinas em substituição ao trabalho de seres humanos e discuta com um colega sobre possíveis soluções para esse problema.

De olho no texto

O texto a seguir discute a importância das máquinas térmicas para a sociedade e avalia algumas mudanças provocadas pelo uso delas. Leia o texto e faça o que se pede.

A nova tecnologia nasceu nas minas de carvão da Grã-Bretanha. À medida que a população crescia, florestas eram derrubadas para abastecer a economia crescente e abrir caminho para casas e campos. A Grã-Bretanha enfrentava uma escassez cada vez maior de lenha. Muitas jazidas de carvão estavam situadas em áreas alagadas, e a inundação impedia os mineiros de acessarem os estratos mais baixos das minas. Era um problema à procura de solução.

[...]

Há muitos tipos de motor a vapor, mas todos eles têm um mesmo princípio. Queima-se algum tipo de combustível, como o carvão, usa-se o calor resultante para ferver água, produzindo vapor. À medida que o vapor se expande, empurra um pistão. O pistão se move, e qualquer coisa que esteja conectada ao pistão se move com ele. O calor foi convertido em movimento! Nas minas de carvão britânicas do século XVIII, o pistão era conectado a uma bomba que extraía água do fundo dos poços de mineração. Os primeiros motores eram incrivelmente ineficazes. Era preciso queimar uma enorme quantidade de carvão para bombear um volume minúsculo de água.

[...]

Nas décadas que se seguiram, os empreendedores britânicos melhoraram a eficácia do motor a vapor, o tiraram dos poços de mineração e o conectaram a teares e descaroçadores de algodão. Isso revolucionou a produção têxtil, tornando possível produzir quantidades cada vez maiores de tecidos baratos.

[...]

Se era possível queimar carvão para movimentar teares, por que não usar o mesmo método para movimentar outras coisas, como veículos?

HARARI, Y. N. *Sapiens*: uma breve história da humanidade. São Paulo: L&PM, 2015. p. 347.

9.26 Máquina de tear a vapor do século XIX. O uso dessa tecnologia acelerou a produção na indústria têxtil.

a) Consulte em dicionários o significado das palavras que você não conhece e redija uma definição para essas palavras.

b) O texto conta resumidamente como o ser humano conseguiu obter movimento a partir de trocas de calor. Qual é a tecnologia a que o texto se refere?

c) Qual foi o primeiro uso dessa tecnologia, de acordo com o texto? Como era sua eficácia?

d) Considerando a maneira como a lenha e o carvão se formaram, classifique-os como combustíveis renováveis ou não renováveis.

e) Considerando um dos usos da nova tecnologia mencionada no texto, de que forma ela pode ter beneficiado a população na época?

De olho na notícia

A notícia a seguir apresenta um estudo que busca produzir combustíveis automotivos a partir da reciclagem de materiais plásticos. Leia o texto e faça o que se pede.

Cientistas descobrem forma de transformar plástico descartado em combustível

Sobram evidências de que o uso do plástico traz diversos problemas ao meio-ambiente, e até mesmo à vida marinha. E mesmo iniciativas anunciadas recentemente por governos e grandes empresas para reduzir o consumo do material ainda são pouco para dar conta da quantidade de plástico que é descartada todos os dias. Afinal, são mais de 300 milhões de toneladas ao ano.

Mas um grupo de cientistas da Universidade de Purdue, em Indiana (Estados Unidos), pode ter encontrado uma solução que, apesar de parcial, pode ser relevante para dar uma destinação a boa parte de todo esse entulho: transformar plástico em combustível para automóveis.

9.27 Linda Wang, chefe do grupo de pesquisa responsável pela conversação de polipropileno em combustível, com uma amostra do óleo obtido na Universidade de Purdue (Estados Unidos da América).

Eles constataram ser possível fazer isso com um tipo específico de plástico: o polipropileno, usado em diversas embalagens de alimentos, cosméticos e produtos de limpeza, que representa um quarto do volume de plástico descartado nos últimos 50 anos.

Para convertê-lo em combustível, os pesquisadores o adicionam em água supercrítica – um estado em que, elevada a temperatura e pressão acima de seu ponto de transformação, a água alterna entre os estados líquido e gasoso.

A equipe liderada por Linda Wang descobriu que, adicionando o polipropileno a esse fluido em determinadas temperaturas, a reação gera como subproduto um óleo semelhante a gasolina e diesel que pode ser usado para abastecer carros, ônibus e caminhões. [...]

Adicionando pequenos pedaços de polipropileno à água supercrítica em temperaturas entre 380 e 500 graus Celsius, a uma pressão 2,3 mil vezes maior que a existente no nível do mar, ele se converteu em óleo em um intervalo variável de horas. [...]

A equipe estima ser possível usar o processo para transformar 90% do polipropileno existente no mundo, algo como 4,5 bilhões de toneladas. "O descarte de plástico, seja reciclado ou jogado fora, não precisa significar o fim de sua história", diz Linda Wang.

O problema, no entanto, é a dificuldade em recuperar boa parte da quantidade já descartada, que foi parar no fundo dos oceanos. "É uma catástrofe, porque eles soltam resíduos tóxicos e microplásticos que matam a vida marinha. E, uma vez que esses poluentes estão no mar, é impossível recuperá-los completamente."

Ainda assim, a novidade poderia dar uma destinação melhor a muitos dos resíduos que já existem. A equipe de Indiana acredita que a tecnologia é bem-vinda não só pelo seu benefício ambiental (apesar de o combustível usado nos veículos também ser um poluente), mas pelo lado econômico, já que o resultado da transformação pode ser vendido e usado na indústria automobilística.

CIENTISTAS descobrem forma de transformar plástico descartado em combustível. *Época Negócios online*. Disponível em: <https://epocanegocios.globo.com/Tecnologia/noticia/2019/02/cientistas-descobrem-forma-de-transformar-plastico-descartado-em-combustivel.html>. Acesso em: 14 fev. 2019.

a) O plástico foi um dos materiais sintéticos que você estudou no 6º ano. Que semelhanças podemos observar entre a matéria-prima dos plásticos e o material obtido pelos pesquisadores estadunidenses?

b) No início da notícia, afirma-se que foi encontrada uma solução para o destino dos plásticos, embora essa solução seja parcial. De acordo com o restante da notícia, por que podemos dizer que a solução é de fato parcial?

c) O combustível produzido a partir de polipropileno é menos agressivo ao meio ambiente do que os combustíveis fósseis derivados do petróleo? Explique sua resposta.

d) Além das dificuldades apontadas pela reportagem, você consegue imaginar outros pontos negativos para a produção de combustíveis a partir de polipropileno? Quais?

e) Observe na figura ao lado uma amostra de microplásticos, que podem ser resultado da degradação de plásticos no ambiente. Como esse material pode atingir os seres humanos?

9.28 Amostra de microplásticos.

Autoavaliação

1. Você se esforçou para realizar a leitura dos textos e relacioná-los com as imagens e os esquemas que representam as máquinas térmicas ao longo do capítulo?

2. Com base no que aprendeu neste capítulo, que temas você tem interesse em aprender mais? Como você pode procurar outras informações sobre esses temas?

3. Que outros temas ou situações do cotidiano se relacionam aos conteúdos trabalhados neste capítulo?

10

Tecnologias e novos materiais

10.1 Pessoas interagindo com painel digital no Museu da Ciência em Londres (Inglaterra), em 2015.

O desenvolvimento de tecnologias e de novos materiais é uma forma de aplicação da ciência. Pense, por exemplo, em equipamentos que você usa diariamente: uma geladeira, um telefone ou um computador. Imagine como seria ficar uma semana sem eles.

Não é fácil viver sem tecnologia. O desenvolvimento tecnológico provoca mudanças que influenciam muito nosso cotidiano, nosso comportamento, o ambiente, o mundo do trabalho, as relações entre as pessoas e até o seu aprendizado na escola. Veja figura 10.1.

Neste capítulo, veremos como o desenvolvimento tecnológico possibilita diversos avanços, mas também como pode criar problemas socioambientais, como o isolamento das pessoas ou a produção excessiva de resíduos.

▶ Para começar

1. Em relação ao uso de equipamentos eletrônicos, de que forma seu cotidiano é diferente do de seus familiares quando tinham a sua idade?

2. Como a tecnologia influencia na produção de alimentos?

3. Você conhece equipamentos usados na Medicina para diagnosticar e tratar doenças?

4. Uma nova tecnologia sempre causa danos ao ambiente?

5. Para onde devem ser encaminhados os objetos eletrônicos que não usamos mais?

1 Tecnologia e produção de alimentos

Você consegue se lembrar do que almoçou ontem? É provável que sua refeição tenha sido rica em alimentos de origem vegetal, como arroz, feijão e milho. Você sabe de onde vêm os alimentos que você come?

Grande parte dos alimentos que consumimos é produzida em enormes lavouras. O plantio, o cultivo e a colheita dessas lavouras dependem de diversas máquinas e de compostos sintéticos desenvolvidos para produzir mais alimento com um custo mais baixo. Veja a figura 10.2.

Ernesto Reghran/Pulsar Imagens

> 10.2 Máquina usada na colheita de soja em Formosa do Rio Preto (BA), 2017.

O uso de tecnologia na produção agrícola ampliou o acesso de muitas pessoas aos alimentos. No entanto, o uso de fertilizantes e defensivos agrícolas trouxe problemas, como o aumento da poluição e dos desequilíbrios ecológicos. Por outro lado, técnicas de manejo do solo e da agricultura, como o plantio direto, a rotação de culturas, o controle integrado de pragas e outras técnicas agroecológicas, ajudam a diminuir esses problemas ambientais.

> Essas e outras técnicas foram vistas com mais detalhes no 6º ano.

10.3 Plantação de milho geneticamente modificado em região rural de Concórdia (SC), 2015. No detalhe, milho transgênico.

Por meio das novas tecnologias de **Engenharia genética**, em que genes são transferidos de uma espécie para outra, foram desenvolvidas novas variedades de plantas mais produtivas ou resistentes a pragas. Veja a figura 10.3. Embora em certos casos a produtividade aumente e o uso de pesticidas diminua, ainda há muita discussão sobre os riscos do uso dessas tecnologias para a saúde humana e para o ambiente.

Delfim Martins/Pulsar Imagens

Além disso, como vimos no capítulo 5, para haver segurança alimentar não basta aumentar a produção de alimentos. São necessárias medidas que assegurem para a população o acesso a alimentos variados e com qualidade nutricional.

Lara Ivanicki/kino.com.br

Alimentação saudável

A tecnologia usada no campo foi fundamental para produzir mais alimentos e melhorar o acesso das pessoas a eles. No entanto, a tecnologia na área da alimentação também transformou muitos alimentos, processando-os e adicionando a eles compostos químicos que aumentam a sua durabilidade ou que lhes conferem mais aroma, cor e sabor. A disponibilidade cada vez maior de alguns desses alimentos, chamados ultraprocessados, associada ao estilo de vida das pessoas, pode mudar os hábitos alimentares de forma negativa.

Como estudamos no capítulo 5, para ter uma alimentação saudável, é aconselhável evitar o consumo de alimentos que contenham muitos aditivos químicos e dar preferência aos alimentos frescos, como frutas, verduras e legumes, e aos alimentos pouco processados (ou minimamente processados), como arroz, feijão, leite e queijo, entre outros. Veja a figura 10.4.

> Os alimentos pouco processados conservam a maior parte de suas propriedades originais.

Os alimentos ultraprocessados são uma invenção relativamente recente da indústria, que usa ingredientes baratos, diminuindo o custo dos produtos e aumentando a produção. Eles passam por muitas transformações durante sua fabricação e recebem, em geral, altas doses de sal, açúcar, gorduras e aditivos químicos. É o caso de muitos alimentos industrializados, como doces, salgadinhos, temperos em pó, comidas congeladas, embutidos, bebidas e cereais adocicados. Uma forma de verificar o nível de processamento de um alimento é consultar a lista de ingredientes do produto. Nomes pouco conhecidos podem ser um indicativo de aditivos químicos.

Os alimentos ultraprocessados costumam ter grande quantidade de calorias e não conter a quantidade adequada de vários nutrientes importantes, como vitaminas, sais minerais e fibras. Além disso, os ultraprocessados geralmente contêm compostos formados durante o processamento industrial que podem ter impactos ainda não conhecidos na saúde humana.

O consumo excessivo desses produtos sacia a fome com a ingestão exagerada de calorias sem satisfazer às necessidades nutricionais do indivíduo, podendo causar obesidade, diabetes ou problemas no sistema circulatório.

Estudos mostram, por exemplo, que adolescentes que consomem frequentemente salgadinhos, refrigerantes, *pizzas*, doces e alimentos prontos têm mais que o dobro de chances de desenvolver obesidade do que aqueles que consomem mais produtos frescos ou pouco processados.

Renata Mello/Pulsar Imagens

10.4 Fábrica de empacotamento de grãos de milho em indústria alimentícia do Rio de Janeiro (RJ), 2017. Os grãos de milho são considerados alimentos minimamente processados, pois sofrem um processo de limpeza e desidratação para aumentar sua durabilidade, mas não passam pela adição de gorduras, corantes ou açúcares, por exemplo.

O desafio do novo sistema de produção de alimentos

Para alimentar 10 bilhões de pessoas previstas no mundo em 2050, e ao mesmo tempo atingir os objetivos de desenvolvimento sustentável (ODS), os sistemas de produção de alimentos [...] deverão considerar as dimensões ambiental, econômica e social, com visão além das dimensões da saúde e nutrição das pessoas.

Muito embora tenhamos 80% dos pobres do mundo vivendo em áreas rurais e [...] alimento suficiente para o mundo, ainda temos mais de 800 milhões de pessoas subnutridas no planeta. Mais de 4 bilhões de pessoas têm deficiência em micronutrientes ou são obesas, caracterizando assim a má nutrição ou fome oculta como a principal causa de doenças no mundo. Essas carências afetam o aprendizado das crianças e podem restringir o desenvolvimento do cérebro. As mulheres representam 43% da força de trabalho no campo e têm acesso desigual a terra, tecnologias e mercados. Os muitos sistemas de produção de alimentos são ineficientes no uso da água e esses ainda são extremamente dependentes de combustíveis fósseis. Pesquisas indicam que 1,3 bilhão de toneladas de alimentos são perdidos ao longo da cadeia produtiva, fato este incompatível com a eficiência exigida no futuro.

Por outro lado, a atividade agrícola emprega 60% da força de trabalho nos países em desenvolvimento, e ainda há cerca de 900 milhões de pessoas no campo que não têm acesso à eletricidade. Em 2030, aproximadamente 60% da população mundial estará vivendo em áreas urbanas onde as desigualdades sempre restringiram o acesso a alimentos nutritivos.

Os sistemas de produção de alimentos são responsáveis globalmente por 20% das emissões de carbono e as mudanças climáticas globais podem reduzir significativamente a produtividade dos cultivos. Analisando esses números fica claro que precisamos de mudanças nos sistemas de produção de alimentos.

Alimentos e sistemas de produção agrícola, particularmente em mercados emergentes, estão décadas atrás em relação às áreas industriais na curva de adoção de tecnologias. O foco para se aumentar a escala das inovações tecnológicas dos sistemas de produção de alimentos é o ambiente. Este exige a ação interativa de inovadores engajados, com objetivos que gerem soluções para os desafios que estão atualmente colocados e deem escala a essas soluções.

Assim, os novos sistemas de produção de alimentos deverão: i) assegurar a inclusão social e econômica de pequenos empreendedores rurais, especialmente jovens e mulheres; ii) ser sustentáveis para minimizar impactos negativos ao ambiente, conservando os recursos escassos e fortalecendo sistemas resilientes contra outros possíveis impactos; iii) ser eficientes para produzir quantidades adequadas para as necessidades globais, minimizando perdas e desperdícios; iv) assegurar alimentos nutritivos, para garantir uma dieta segura, diversa e saudável.

[...]

10.5 Trabalhadora rural colhendo cebola em Monte Alto (SP), 2018.

PEREIRA, P. A. A. O desafio do novo sistema de produção de alimentos. *Revista Ciência, Tecnologia & Ambiente*. Disponível em: <http://www.revistacta.ufscar.br/index.php/revistacta/article/view/108/64>. Acesso em: 13 fev. 2019.

2 Tecnologia e Medicina

Na Medicina, a tecnologia ajuda tanto na prevenção quanto no tratamento de doenças. A inovação tecnológica nessa área, juntamente com o saneamento básico e outras medidas, contribuem para diminuir a mortalidade infantil e aumentar a expectativa de vida da população.

No capítulo 5, você viu que a taxa de mortalidade infantil é um indicador importante da qualidade dos serviços de saúde e saneamento básico de uma região.

Tecnologias que permitem aos médicos obter imagens e registros do interior do corpo humano têm sido muito úteis. É o caso dos exames de mamografia (usada para detectar o câncer de mama), ultrassonografia, tomografia e ressonância magnética. Os resultados obtidos ajudam os profissionais da saúde a fazer diagnósticos mais precisos e no estágio inicial para diversas doenças, aumentando as chances de tratamento e cura. Veja a figura 10.6.

Você vai conhecer um pouco mais sobre essas tecnologias de captação de imagens no 9º ano.

Os avanços da eletrônica e da informática tornaram muitos equipamentos médicos mais compactos. Isso facilitou sua utilização em consultórios, tornando mais eficiente o trabalho dos profissionais da saúde. Como exemplo, podemos citar o eletrocardiograma, que registra a atividade do coração na forma de gráficos. Veja a figura 10.7.

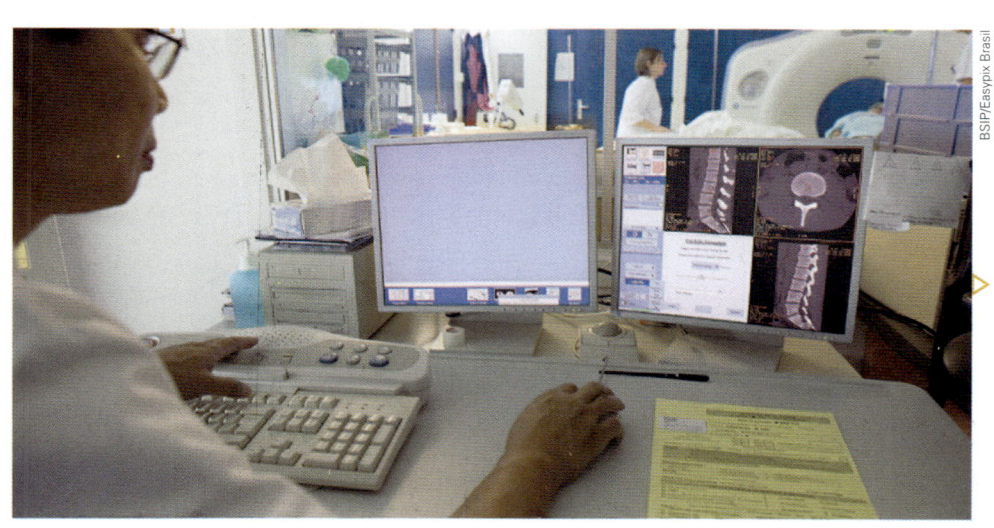

BSIP/Easypix Brasil

10.6 Médica examina imagens obtidas no exame de tomografia computadorizada. Essa e outras tecnologias desenvolvidas no campo da Medicina permitem aos profissionais da saúde diagnosticar e tratar doenças de forma mais eficiente.

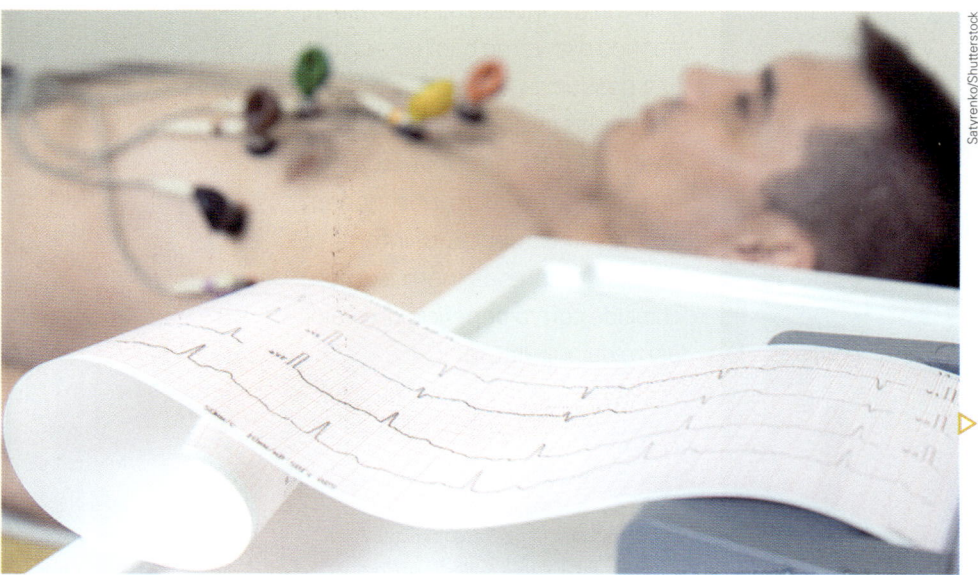

Satyrenko/Shutterstock

10.7 Paciente fazendo exame de eletrocardiograma em um consultório. A atividade elétrica do coração é registrada em gráficos e a saúde do paciente é avaliada.

Outra tecnologia que revolucionou a prevenção de doenças foi a vacinação, que diminuiu muito a incidência de doenças infecciosas, como a febre amarela, e até já levou à erradicação de doenças, como a varíola e a poliomielite.

Além das vacinas, o desenvolvimento tecnológico na área médica tornou possível a sobrevivência de pessoas com doenças graves, melhorando sua qualidade de vida e colaborando para a produtividade nas atividades cotidianas. Quando os rins de uma pessoa, por exemplo, estão muito prejudicados, ela pode recorrer a um aparelho que funciona como um rim artificial, promovendo a filtração do sangue em um processo chamado hemodiálise. Veja a figura 10.8.

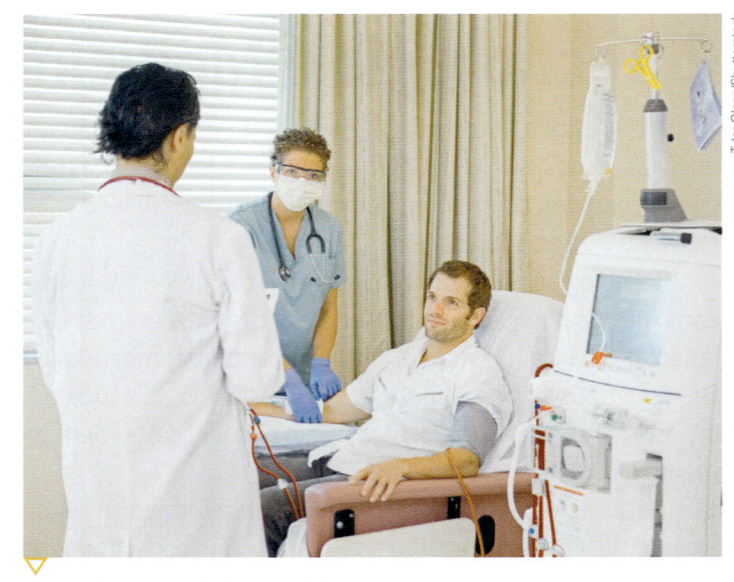

10.8 Paciente em sala de hemodiálise.

Um grande progresso tem sido realizado também no desenvolvimento de cadeiras para pessoas com diversos tipos de paralisia no corpo. Cadeiras computadorizadas permitem, por exemplo, a locomoção de pessoas sem movimento nas pernas e nos braços.

Se você já assistiu aos Jogos Paralímpicos, talvez tenha percebido como a tecnologia ajuda as pessoas com deficiência física a vencer desafios nos esportes. Veja a figura 10.9. Além dos esportes, a tecnologia na Medicina também vem ajudando inúmeras pessoas com deficiências a terem uma vida independente, facilitando a realização de muitas tarefas e a ocupação de diversos postos de trabalho.

Uma questão importante é que muitas dessas tecnologias, técnicas de diagnóstico e tratamento são, pelo menos inicialmente, muito caras, tanto para o indivíduo como para o sistema público de saúde. Isso provoca discussões e estudos sobre como torná-las mais acessíveis.

Outras tecnologias ainda estão em fase de desenvolvimento ou de experimentação, como a utilização de células-tronco para a reparação de órgãos ou a terapia gênica, que serão estudadas no 9º ano.

O desenvolvimento de novas tecnologias depende de pesquisa e de muitos investimentos. Assim, quando o governo não financia essas pesquisas, acabamos dependendo dos interesses das empresas privadas, que investem de acordo com o lucro que podem obter. Infelizmente, o interesse dessas empresas nem sempre coincide com o benefício da maior parte da população.

10.9 Atletas nos Jogos Paralímpicos do Rio de Janeiro (RJ), 2016.

Tecnologia a um custo acessível

Em um país onde 1,3% da população tem algum tipo de deficiência física e quase a metade deste total (46,8%) tem grau intenso ou muito intenso de limitações, segundo a Pesquisa Nacional de Saúde (PSN) feita pelo Instituto Brasileiro de Geografia e Estatística (IBGE) de 2013, uma iniciativa do Grupo de Pesquisa Biomecânica e Forense do Instituto de Ciência e Tecnologia (ICT/Unifesp) promete revolucionar, no futuro, o mercado de órteses e próteses.

Por não haver cobertura desses componentes por parte do Sistema Único de Saúde (SUS), um dos trabalhos desses pesquisadores está favorecendo principalmente crianças com amputações, traumas ou com deficiências físicas de nascença, já que as próteses para o público infantil são escassas, extremamente caras e precisam ser trocadas de acordo com a medida do desenvolvimento corporal.

▷ **10.10** Menina durante aula de Arte utilizando prótese de dedos feita em impressora 3D em Buenos Aires, Argentina, 2017.

Desde 2014, Maria Elizete Kunkel, física e professora da disciplina de Biomecânica do curso de Engenharia Biomédica do instituto, dedica-se à tecnologia de impressão 3D de próteses de mão e vem não apenas aprimorando-as como ampliando seu uso para confecção de outros tipos de próteses e órteses.

[...]

Além de bem mais leves que as convencionais, as próteses de mão 3D são reproduzidas e personalizadas de acordo com o corpo e tipo de amputação (parcial de mão ou de braço) e fixadas ao braço com velcro. O mecanismo também é simples e barato, pois não contém componentes eletrônicos [...]. A abertura da mão artificial depende apenas do movimento do punho ou do cotovelo. "O processo é parecido com a ação dos tendões da mão", afirma a pesquisadora. "Quando a criança dobra o punho ou o cotovelo, os dedos são flexionados pelos fios".

[...]

Entre outras propostas, ainda em fase inicial, estão a confecção de próteses de orelha em silicone, órteses articuladas para pés, talas personalizadas de imobilização e peças removíveis que podem substituir o gesso no tratamento de displasia de quadril – problema caracterizado pela instabilidade ou frouxidão da articulação do quadril ao nascimento e que necessita do uso temporário de um tipo de suspensório ou gesso para manter as pernas abertas em um ângulo de 90 graus. "Todos, a um custo muito baixo, com vários benefícios agregados. Alguns, no entanto, são inéditos, com alto potencial para gerar futuras patentes".

[...]

COCOLO, A. C. Tecnologia promete revolucionar diversas áreas, da Medicina à Criminologia. *Entreteses*. Disponível em: <http://www.unifesp.br/reitoria/dci/entreteses/item/2856-tecnologia-promete-revolucionar-diversas-areas-da-medicina-a-criminologia>. Acesso em: 13 fev. 2019.

3 Tecnologia e ambiente

No capítulo 9 vimos que a invenção e o desenvolvimento das máquinas térmicas e dos combustíveis trouxeram mudanças econômicas, culturais e sociais, tanto na vida cotidiana quanto no mundo do trabalho. A mecanização, por exemplo, aumentou a produção e tornou os produtos mais baratos. O uso de máquinas também fez com que muitas pessoas migrassem do campo para a cidade para trabalhar nas fábricas, mudando sua forma de trabalho e seu cotidiano. Veja a figura 10.11.

▷ 10.11 O bairro do Brás, em São Paulo (SP), atraiu muitos imigrantes de outros países e de áreas rurais do Brasil em busca de postos de trabalho nas fábricas que ali se instalaram. Foto de 1910.

Vimos também que, por um lado, os combustíveis fósseis, como o carvão mineral e o petróleo, são uma fonte de energia farta e relativamente barata. Por outro lado, a queima desses combustíveis agrava a poluição do ar e os desequilíbrios no clima do planeta.

Ao mesmo tempo que avançam os problemas ambientais decorrentes da produção mecanizada e do uso de combustíveis fósseis, desenvolvemos novas tecnologias que utilizam cada vez mais as fontes de energia renováveis, como a solar e a eólica. Essas tecnologias são importantes para combater o aquecimento global e a poluição. Além disso, novas tecnologias também são utilizadas no desenvolvimento de equipamentos que permitem monitorar a qualidade do ar de maneira contínua e precisa. Veja a figura 10.12.

A poluição do ar e o aquecimento global, fatores responsáveis por desequilíbrios climáticos, foram vistos no capítulo 2. Vamos conhecer mais sobre fontes de energia renováveis no 8º ano.

▷ 10.12 Estação de monitoramento da qualidade do ar em Campinas (SP), 2015. No detalhe, painel que indica a qualidade do ar para a população em Ipatinga (MG), 2018.

Para avaliar as características de um ambiente e o quanto ele foi alterado (seja por ações humanas ou por acontecimentos naturais), podemos usar **indicadores ambientais**, como o tamanho de áreas de florestas, a concentração de poluentes no ar, a quantidade de resíduos com destinação adequada, entre outros. Veja a figura 10.13.

Fotografias: SPL/Fotoarena

10.13 Imagens de satélite podem ser usadas pelos órgãos ambientais públicos para monitorar mudanças na região, como desmatamentos não autorizados. Na foto, imagem de satélite do Rio de Janeiro em 1975 e 2014, mostrando a expansão urbana nesse período. As áreas em cinza indicam a expansão da área urbana sobre a área verde.

Os indicadores ambientais podem fornecer informações, por exemplo, sobre a situação de um ecossistema, os impactos ambientais e a eficácia das ações desenvolvidas para reduzir esses impactos.

Em relação à destruição da camada de ozônio, por exemplo, estudada no capítulo 2, vimos que depois do Protocolo de Montreal, em 1987, novas substâncias foram utilizadas para substituir os CFCs e, como resultado, os indicadores ambientais passaram a sinalizar a regeneração da camada de ozônio, e não mais a intensificação desse problema. Isso mostra que um problema criado pela tecnologia às vezes pode ser resolvido com o próprio desenvolvimento tecnológico.

Em relação ao aquecimento global, ainda não há o mesmo grau de sucesso na resolução do problema, embora as tecnologias para avaliar indicadores ambientais permitam obter dados cada vez mais precisos. Por exemplo, os cientistas estão usando *drones*, pequenas aeronaves controladas a distância, para obter imagens e entender melhor as consequências das mudanças climáticas. O derretimento de algumas geleiras, por exemplo, está documentado em imagens feitas por *drones*.

Infelizmente, as emissões de gás carbônico e a concentração desse gás na atmosfera, que se intensificaram a partir da Revolução Industrial, continuam aumentando. Nesse caso, a mudança não depende apenas das tecnologias de energia renovável, mas também de medidas dos governos para taxar e reduzir a emissão de gás carbônico pela indústria, por exemplo.

A avaliação dos impactos ambientais provocados pelas novas tecnologias e as medidas para diminuir os danos também influenciam a qualidade de vida das populações. Na China, por exemplo, quando a poluição do ar atinge certos níveis, a população é alertada e a rotina se modifica: as escolas fecham, as pessoas são orientadas a ficar em ambientes fechados e a produção nas indústrias é desacelerada. Veja a figura 10.14.

Mundo virtual

Camada de ozônio, uma barreira natural – Ciência Hoje das Crianças
http://chc.org.br/a-camada-de-ozonio-uma-barreira-natural
Artigo sobre a camada de ozônio.
Acesso em: 13 fev. 2019.

Alguns indicadores relacionados ao aquecimento global são o aumento da concentração do gás carbônico na atmosfera, o derretimento das calotas polares e a subida do nível dos mares, entre outros.

testing/Shutterstock

10.14 Pequim, na China, 2015. Nesta cidade, é comum que a população receba alertas sobre a qualidade do ar. A poluição do ar é um indicador ambiental que influencia diretamente a qualidade de vida da população.

4 Tecnologias de informação e comunicação

As transformações nas formas de comunicação são especialmente notáveis. Pense em como você faria para se comunicar com seus amigos sem telefone ou internet. Escreveria uma carta? Iria visitá-los pessoalmente? Mandaria um recado por outra pessoa?

Atualmente, as possibilidades de comunicação são diversas. O telefone, por exemplo, permite manter contato com pessoas distantes. Os computadores estão cada vez mais presentes em todas as áreas: trabalho, lazer, estudo, produção de bens e serviços.

Do ábaco à internet

O ábaco é um instrumento antigo que permite fazer contas rapidamente. Veja na figura 10.15 que os elementos de contagem, representados por pequenas bolas, podem deslizar ao longo de bastões, sendo que uma linha representa as unidades; outra linha, as dezenas; e assim por diante.

Estima-se que o ábaco tenha surgido na Mesopotâmia, há mais de 5500 anos. Esse instrumento ainda é utilizado em algumas regiões para ensinar crianças a somar e subtrair, embora hoje calculadoras, computadores, *tablets* e *smartphones* tenham se tornado muito comuns.

Você já viu a parte interna de um computador ou de um celular? Esses equipamentos têm uma placa eletrônica com centenas de componentes eletrônicos.

O *chip* ou circuito integrado é composto de diversos componentes eletrônicos mais básicos, que controlam o fluxo de uma corrente elétrica. O *chip* pode ser usado para armazenar dados e realizar operações aritméticas em um computador. Veja a figura 10.16.

Quantos artigos, fotos ou vídeos você já viu na internet? Quantos *sites* já visitou? Com quantas pessoas você já interagiu pela internet?

A internet é uma rede de computadores interligados no mundo inteiro. Por meio dela é possível trocar dados e mensagens com diferentes pessoas, entidades de pesquisa, empresas, órgãos culturais, etc. Enquanto um computador isolado acessa apenas as informações gravadas no seu disco rígido, máquinas conectadas à internet têm seu poder multiplicado milhares de vezes. Pense que a cada instante milhões de pessoas consomem, criam e compartilham dados, imagens, áudios, etc.

Os avanços tecnológicos como a internet, os satélites de comunicação e os cabos de fibra ótica possibilitaram o acesso muito rápido a uma infinidade de serviços a partir de praticamente qualquer lugar do mundo.

10.15 Menina fazendo cálculos com o ábaco.

10.16 Técnicas trabalhando na produção de *microchips*. Fábrica em Yaroslavl, na Rússia, 2016.

O compartilhamento está presente em todas as esferas sociais: trabalho, entretenimento, educação, arte, economia, comunicações e relações sociais.

Essas inovações afetam diferentes aspectos da vida, como o trabalho, o lazer e a aprendizagem. Possibilitam, inclusive, que o ensino seja realizado a distância, conferindo acesso à educação de qualidade mesmo em locais distantes e colaborando para uma aprendizagem eficiente, dinâmica e interessante.

O acesso dos jovens à escola em um estado ou município é um importante indicador de qualidade de vida.

Essas novas tecnologias também são importantes para melhorar a qualidade de vida e facilitar o acesso à informação e ao trabalho das pessoas com deficiência. É a chamada **acessibilidade**, alcançada, por exemplo, por meio de programas que permitem que cegos escutem, gravem e imprimam textos. Veja a figura 10.17.

▷ 10.17 Teclado adaptado para pessoas com deficiência visual. Com a acessibilidade, as pessoas podem ter maior autonomia no dia a dia e no trabalho.

Conexões: Ciência e História

Evolução das máquinas e dos materiais

O primeiro computador eletrônico começou a funcionar em 1946, na Universidade da Pensilvânia, nos Estados Unidos. Veja a figura 10.18. Ele foi primeiramente pensado com objetivos militares e tinha 15 metros de comprimento e pesava 35 toneladas. O Eniac, como ficou conhecido, era capaz de resolver, em cerca de duas horas, equações que humanos demorariam dois anos para resolver.

▽ 10.18 Programadoras trabalhando no Eniac, o primeiro computador digital eletrônico do mundo, 1946.

Foi a partir de 1958 que os transistores (pequenos componentes eletrônicos que controlam a variação da corrente elétrica em um circuito) aumentaram ainda mais a eficiência dos computadores e diminuíram seu tamanho.

Posteriormente, com o aparecimento dos chamados microprocessadores, contendo milhares de componentes eletrônicos, o tamanho dos computadores foi sendo cada vez mais reduzido e seu campo de ação, cada vez mais ampliado para variadas áreas: comércio, ensino, indústria, pesquisa, segurança, Medicina, entretenimento, etc.

A capacidade de desenvolver componentes muito pequenos por meio de novas tecnologias resultou na produção de estruturas que medem entre 1 nanômetro e 100 nanômetros (nm). Um nanômetro vale um milionésimo de milímetro. Para se ter uma ideia, uma célula de nossa pele mede cerca de 30 000 nm, enquanto o vírus da gripe mede 130 nm. Esse novo campo de pesquisa e de aplicações tecnológicas é chamado nanotecnologia.

A nanotecnologia tem o potencial de aumentar muito a capacidade de armazenamento e processamento dos computadores e de produzir dispositivos muito pequenos que poderão, por exemplo, ser injetados na corrente sanguínea com o objetivo de eliminar vírus e bactérias do corpo humano. A nanotecnologia também tem criado novos materiais mais resistentes e leves que o plástico ou os metais, como é o caso do grafeno.

O grafeno é um material novo que parece ter inúmeras funcionalidades, como na despoluição de águas contaminadas por petróleo; na dessalinização da água do mar; na produção de lâmpadas mais econômicas e no desenvolvimento de baterias mais eficientes.

Fontes: elaborado com base em SILVA, C. G. O que é nanotecnologia? *Com Ciência*. Disponível em: <www.comciencia.br/dossies-1-72/reportagens/nanotecnologia/nano10.htm>; PORTAL LABORATÓRIOS VIRTUAIS DE PROCESSOS QUÍMICOS. Nanotecnologias. Disponível em: <http://labvirtual.eq.uc.pt/siteJoomla/index.php?option=com_content&task=view&id=116&Itemid>. Acesso em: 13 fev. 2019.

O lixo eletrônico

O lixo eletrônico (ou resíduo eletrônico) é composto de equipamentos eletrônicos ou partes deles descartados por apresentarem algum defeito ou por estarem ultrapassados, como computadores, telefones, televisores, etc. Esses equipamentos contêm metais pesados, como mercúrio e chumbo, que, se forem descartados de forma inadequada, podem contaminar o solo, a água (rios, mares e o lençol subterrâneo) e até o ar, se forem queimados.

Como vimos no 6º ano, equipamentos eletroeletrônicos sem uso devem ser entregues às lojas que os vendem ou a empresas que fazem a reciclagem (os celulares e suas baterias devem ser entregues às empresas de telefonia). Ou então, se ainda estiverem funcionando, podem ser doados para organizações que promovem inclusão digital, por exemplo.

O problema do descarte de lixo eletrônico é acentuado pelas rápidas mudanças na tecnologia, principalmente na informática, em que muitos equipamentos são rapidamente superados pela produção e comercialização de novos modelos mais atualizados, incentivando o consumo e resultando na maior produção de lixo eletrônico. A solução está no controle do consumo e na destinação adequada do lixo gerado. O desenvolvimento de novas tecnologias que aprimorem o reaproveitamento das substâncias nocivas também será muito útil no combate a esse problema.

O mundo do trabalho

Como vimos, novas tecnologias, como leitores de texto no computador, próteses e vários equipamentos, ajudam as pessoas com deficiências de visão ou audição ou com mobilidade reduzida, por exemplo, tanto no dia a dia como no trabalho.

Por outro lado, na indústria, com o desenvolvimento das máquinas, muitas pessoas que realizavam tarefas não especializadas e repetitivas foram substituídas por equipamentos, como computadores ou robôs. É o processo de automação, isto é, o controle automático da produção de bens com menos interferência humana. Veja a figura 10.19.

> A Lei n. 8213, de julho de 1991, também conhecida como Lei de Cotas, obriga o preenchimento de 2% a 5% das vagas do quadro de funcionários com pessoas reabilitadas ou com deficiência.

> **Automação:** do grego *autómatos*, "o que se move sozinho".

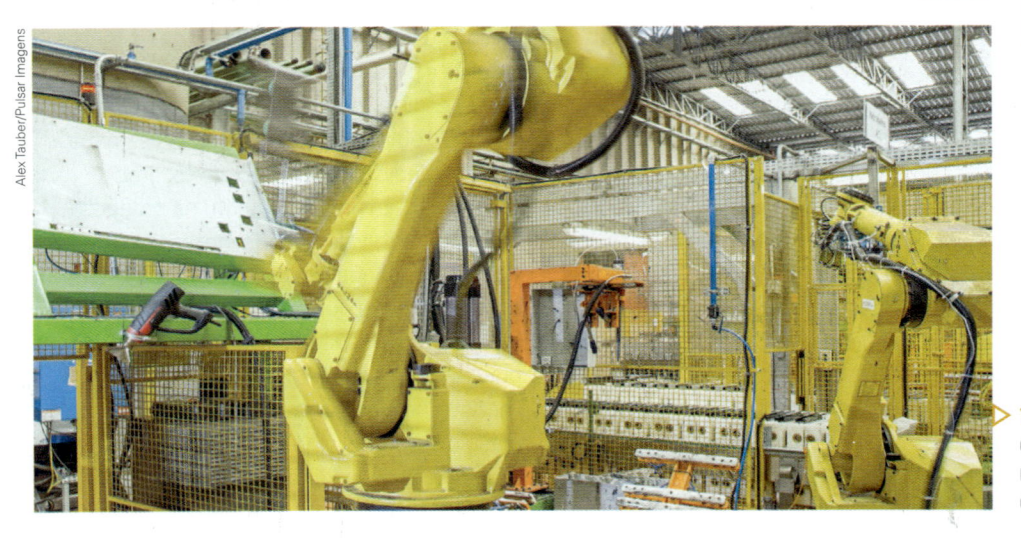

10.19 Robôs em indústria de produção de máquinas de lavar roupa em Rio Claro (SP), 2017.

Desde a década de 1960, robôs são usados para montar peças de carros, e a cada dia que passa suas aplicações aumentam. Algo semelhante aconteceu com a mecanização da agricultura: atualmente há muito menos trabalhadores no campo do que no passado.

E não é só na indústria que a mão de obra está sendo substituída pela automação: em máquinas de autoatendimento, é possível comprar desde alimentos até livros e buquês de flores; caixas eletrônicos e bancos digitais diminuíram a necessidade de comparecer às agências para realizar transações bancárias; até mesmo carros sem motorista vêm sendo desenvolvidos. Veja a figura 10.20.

As novas tecnologias, por serem mais eficientes e produzirem em grande escala, podem reduzir os preços dos produtos, liberar o ser humano de trabalhos mais pesados, chatos ou repetitivos e permitir uma vida mais confortável.

Por outro lado, há a questão da perda de postos de trabalho e o aumento do desemprego. Para combater esse problema são necessários investimentos em educação básica, em treinamento de mão de obra e no apoio aos trabalhadores durante a adequação a essa nova realidade. Com a automação, há menos necessidade de trabalho manual, mas aumenta a demanda por profissionais capazes de operar as máquinas e de realizar tarefas antes inexistentes. Com as rápidas mudanças tecnológicas, a capacitação profissional também deve ser constantemente atualizada e ocorrer por toda a vida.

10.20 Supermercado em Melbourne, na Austrália, 2018. Nele, as pessoas podem pagar suas próprias compras em máquinas sem a presença de operadores de caixa.

Conexões: Ciência e sociedade

Tecnologia *versus* empregos

[...] Desenvolver tecnologias novas acaba com os postos de emprego ou cria novos?

[...] Por conta da evolução dos meios de comunicação, os processos industriais, dos mais diversos tipos, ganharam em eficiência uma vez que a troca de informações passou a ser realizada em menos tempo.

[...]

As diferentes influências que motivam uma instituição a adquirir novas tecnologias criam contextos diferentes para o mercado em que ela atua, e as consequências decorrentes dessas motivações variam de caso para caso. Por exemplo, inúmeras empresas de varejo migraram parte de seus negócios para o meio digital, oferecendo compra e venda de produtos em plataforma *on-line*.

[...]

O mesmo aconteceu com diversos serviços fornecidos por bancos, que passaram a realizar transações por meio de plataformas seguras e eficientes conectadas à internet. Como consequência, houve um impacto no fluxo de pessoas que vão às agências físicas, sem diminuir o número de clientes, implicando diretamente na necessidade de intermediários entre clientes e os serviços oferecidos. Nesse contexto, empregos como atendentes, ajudantes e caixas perdem valor, pois o custo de manter um serviço *on-line* equivalente é comparativamente mais baixo, mesmo que isso exija um investimento inicial considerável. Muitas demissões são decorrentes dessa desvalorização. [...]

Por outro lado, é cada vez maior a necessidade de profissionais que desenvolvem esses tipos de tecnologias, que entendam como elas funcionam e que saibam manipulá-las. [...]

Novos mercados e empregos surgiram ao longo dos últimos anos. Plataformas de compartilhamento de vídeos *on-line* trouxeram uma nova forma de renda aos criadores de conteúdo, principalmente no campo do entretenimento, ao servirem como um meio de publicidade. [...]

Outra tecnologia que revolucionou a última década foi a dos *smartphones*. [...] Com eles, a comunicação instantânea e o acesso a mídias sociais tornaram-se partes essenciais à sociedade atual. A velocidade com que a comunicação acontece aumentou tanto que não só modificou as relações sociais, como também teve grande impacto, direto e indireto, no mercado de trabalho.

[...]

SHIRASUNA, B. A.; NICOLA, V. G. Tecnologia *versus* empregos. *Coruja Informa*. Disponível em: <http://www.each.usp.br/petsi/jornal/?p=2013>. Acesso em: 13 fev. 2019.

Os riscos da internet

As tecnologias expandiram muito o acesso das pessoas à informação. No entanto, é preciso analisar o conteúdo que chega pela internet, já que nem todas as informações são confiáveis ou de acesso desejado: há boatos sem fundamento, excesso de publicidade e propagandas enganosas, por exemplo. É por isso que devemos sempre checar se a informação veio de um *site* confiável, como de uma universidade ou de um centro de pesquisa, de uma revista científica ou, ainda, de associações profissionais.

A internet também pode facilitar muito a comunicação entre as pessoas. Porém, apresenta alguns aspectos negativos, diminuindo o contato real entre as pessoas e aumentando o risco de isolamento. Além disso, muitas pessoas passam horas acessando redes sociais, jogando *videogame* ou assistindo a vídeos sem perceber que isso pode atrapalhar a concentração, os estudos, o trabalho e a qualidade do sono.

As redes sociais e outros *sites* da internet trazem também o risco de invasão da privacidade e de crimes virtuais, além de um tipo de *bullying*, o *cyberbullying*, caracterizado por mensagens ofensivas e preconceituosas. O termo é formado pela união das palavras *cyber*, que indica toda comunicação virtual usando mídias digitais, e *bullying*, que é o ato de ofender, humilhar ou intimidar uma pessoa.

Há também o risco de problemas de saúde relacionados ao uso excessivo de aparelhos eletrônicos. Por exemplo: ouvir música alta com fones de ouvido pode causar sérios problemas de audição. Veja a figura 10.21. Esse problema ocorre porque nem sempre as pessoas respeitam os limites aconselhados. Se o som que sai dos fones puder ser ouvido também pelas pessoas ao seu redor, isso pode significar que o volume de som está muito alto e pode lhe prejudicar. O recomendável é não ultrapassar a metade do volume máximo e evitar ouvir música com fone de ouvido durante muitas horas.

São necessários também cuidados com os problemas visuais (fazer pausas frequentes ao usar a tela do computador ou do celular, pingar colírios lubrificantes indicados pelo oftalmologista, etc.) e com os problemas posturais.

É preciso, então, que a sociedade e o governo atuem de modo a aumentar os benefícios dessas e de outras tecnologias, mas sempre protegendo as pessoas dos malefícios que elas podem trazer.

Mundo virtual

Internet sem vacilo – Unicef
www.unicef.org/brazil/pt/GuiaUNICEFInternetSemVacilo.pdf
Um guia para o uso seguro da internet. Acesso em: 13 fev. 2019.

Passar muito tempo no computador ou no *smartphone* também prejudica a saúde porque essas atividades substituem formas de lazer mais ativas, como um jogo ao ar livre.

Minha biblioteca

Quer tc comigo?, de Valéria Melki Busin. São Paulo: Scipione, 2011. Marcelo conhece Rita na internet e os dois iniciam um namoro virtual.

Reprodução/Scipione

Kamira/Shutterstock

▷ **10.21** Ouvir música com fones de ouvido é muito comum, mas é fundamental respeitar os limites de volume recomendados.

Cuidados no uso da internet e das redes sociais

[...] A Sociedade Brasileira de Pediatria [...] recomenda:

- Nas telas do mundo digital tudo é produzido como fantasia e imaginação para distrair ou afastar do mundo real – portanto, não se deixe enganar no mundo virtual.

- [...] desconfie de mensagens esquisitas ou confusas. Aprenda a bloquear mensagens ofensivas ou que zombem de você!

- A senha é só sua, não a compartilhe com ninguém, ninguém mesmo! Única exceção apenas para seus pais, que são os responsáveis por você até completar os 18 anos, legalmente.

- Lembre-se que a internet é um espaço público e as mensagens trocadas ficarão para sempre gravadas e acessíveis [...].

- Preste atenção para não adicionar qualquer pessoa desconhecida e jamais marque encontros com pessoas estranhas [...]! Cuidado ao utilizar a *webcam*, evite a exposição, se você estiver sem roupas ou mesmo no seu quarto ou sozinho em qualquer lugar.

- Prêmios ou ofertas em dinheiro ou presentes de viagens podem ser ciladas. Surpresas e mágicas *on-line* são muitas vezes falsas [...], portanto, seja mais esperto!

- Seja quem você é mesmo, sem criar avatares, heróis ou inimigos que nem existem, ou só existem em sua imaginação. Pode ser engraçado, mas nem sempre é brincadeira! Você pode se machucar à toa, fique sempre alerta aos desafios ou confrontos que podem terminar em problemas sérios, colocando sua vida em risco.

- Seja respeitoso *on-line* e trate os outros como gostaria de ser tratado [...]. Evite repassar mensagens que possam humilhar, ofender, zombar ou prejudicar a pessoa que receber [...].

SOCIEDADE BRASILEIRA DE PEDIATRIA. Departamento de Adolescência. Saúde de crianças e adolescentes na era digital. Disponível em: <www.sbp.com.br/sbp-em-acao/saude-de-criancas-e-adolescentes-na-era-digital>. Acesso em: 13 fev. 2019.

Qualidade de vida e lazer

Para evitar o uso excessivo de equipamentos eletrônicos e os problemas de saúde associados a ele, no período de lazer podemos nos dedicar a atividades criativas, aliviando as tensões do trabalho e do estudo, recuperando energias, desenvolvendo novas habilidades e mantendo contato com a natureza e com outras pessoas.

Veja alguns exemplos dessas atividades:

- praticar esportes ou realizar passeios a pé ou de bicicleta;
- fazer parte de um conjunto musical;
- desenvolver, por conta própria ou em cursos, atividades de desenho, pintura, escultura, artesanato, fotografia, etc.;
- organizar e participar de grupos de teatro;
- promover debates sobre filmes, livros, exposições e peças de teatro;
- promover campanhas sociais, participando de associações de bairro, elaboração de jornais na escola, etc.;
- visitar museus, jardins botânicos e monumentos históricos;
- entrar em contato com a natureza, praticando jardinagem, pesca ou excursões em praias, montanhas, sítios ou fazendas;
- reunir-se com colegas para bater papo.

 Na tela

Codegirl, direção de Leslie Chilcott. EUA, 2015. O objetivo do documentário é incentivar meninas a se tornarem programadoras. São histórias de garotas de diversos países (inclusive do Brasil) que participam de uma competição para desenvolver um aplicativo que resolva problemas de suas comunidades.

ATIVIDADES

Aplique seus conhecimentos

1 ▸ Os exames pré-natais – feitos durante a gravidez – são fundamentais para garantir a saúde da mãe e do futuro bebê. Um dos exames é feito com aparelhos de ultrassom. Como essa e outras tecnologias ajudam as pessoas?

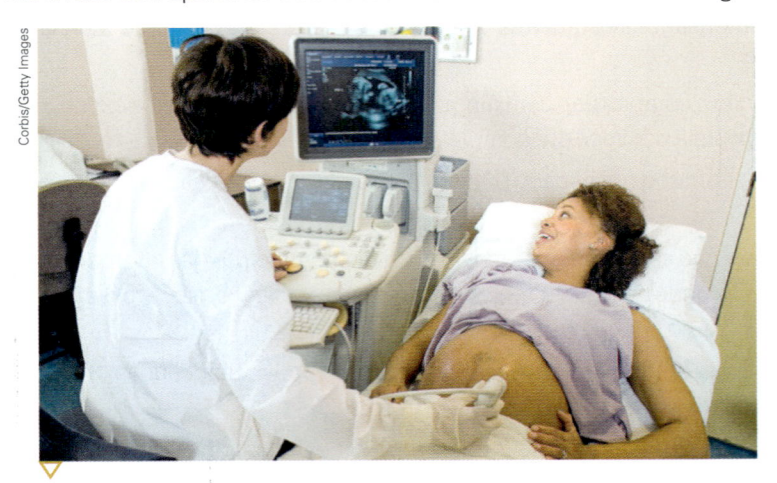

10.22 Médica realizando exame com aparelho de ultrassom em mulher grávida.

2 ▸ Cite alguns aspectos positivos e alguns riscos da internet. Que cuidados você deve ter ao usar essa tecnologia?

3 ▸ Redija um texto comentando os aspectos positivos e negativos da criação de novas tecnologias. Você deve avaliar mudanças culturais, econômicas e do dia a dia.

4 ▸ Analise a figura 10.23 e explique por que o desenvolvimento tecnológico pode ter efeitos muito negativos sobre a produção de lixo.

10.23 Lixo eletrônico descartado nas margens de via em São João de Meriti (RJ), 2014.

5 ▸ O desenvolvimento de novos materiais, por exemplo o grafeno, representou um passo importante para diversas áreas, incluindo a indústria e a medicina. Cite algumas aplicações desses materiais e comente sobre seus benefícios à sociedade.

6 ▸ Além do lixo eletrônico, diversos outros problemas ambientais estão relacionados às atividades humanas e ao desenvolvimento de tecnologias.

a) Comente sobre alguns desses problemas explicando quais atividades e tecnologias estão relacionadas a esses impactos.

b) Apesar de muitos problemas ambientais estarem relacionados ao desenvolvimento tecnológico, a tecnologia também apresenta um papel importante para o combate a esses problemas. Explique como o desenvolvimento tecnológico pode contribuir para a redução dos impactos ambientais.

c) Além do desenvolvimento de novas tecnologias, que outras ações são necessárias para a redução dos problemas ambientais?

Leia os textos a seguir que discutem sobre algumas consequências do desenvolvimento tecnológico. Converse com os colegas sobre esses temas e responda às questões.

Texto 1

Ferramenta usa inteligência artificial para detectar *fake news*

Pesquisadores da USP e da Universidade Federal de São Carlos (UFSCar) desenvolveram aplicativo para detectar *fake news* – informações que circulam principalmente pela internet, cuja veracidade do conteúdo precisa ser checada. A ferramenta, que ainda está em fase de testes, pode ser acessada em versão piloto gratuitamente via web [...].

"A gente sabe que, quando uma pessoa está mentindo, inconscientemente, isso afeta a produção do texto. Mudam as palavras que ela usa e as estruturas do texto. Além disso, a pessoa costuma ser mais assertiva e emotiva. Então, uma das formas de detectar textos enganosos é medir essas características", explica o professor Thiago Pardo, do Instituto de Ciências Matemáticas e de Computação (ICMC) da USP, em São Carlos [...] coordenador do projeto que resultou na criação da plataforma [...].

10.24 As *fake news* estão nos mais diversos conteúdos da internet, mas são compartilhadas principalmente pelas redes sociais e por aplicativos de mensagem instantânea nos celulares.

"A ideia é que a ferramenta seja um apoio para o usuário. Ainda estamos no início desse projeto e, no estado atual, o sistema identifica, com 90% de precisão, notícias que são totalmente verdadeiras ou totalmente falsas", pondera o professor. "No entanto, as pessoas que propagam *fake news* costumam embasar suas mentiras em fatos verdadeiros. Nossa plataforma ainda não tem a capacidade de separar as informações com esse nível de refinamento, mas estamos trabalhando para isso", completa Thiago Pardo.

[...]

Com aproximadamente um ano e meio de vida, o projeto já produziu resultados relevantes e os avanços que poderão ser alcançados no futuro são ainda mais promissores. Mas o professor Thiago ressalta que, por mais que a tecnologia nos ajude na difícil tarefa de identificar as *fake news*, continuará sendo fundamental a obtenção de informações por meio de fontes confiáveis [...].

FERRAMENTA usa inteligência artificial para detectar *fake news*. *Jornal da USP*. Disponível em: <https://jornal.usp.br/ciencias/ciencias-exatas-e-da-terra/ferramenta-para-detectar-fake-news-e-desenvolvida-pela-usp-e-pela-ufscar/>. Acesso em: 18 fev. 2019.

a) Consulte em dicionários o significado das palavras que você não conhece e redija uma definição para essas palavras.

b) A divulgação de *fake news* pode ser entendida como uma consequência negativa dos avanços tecnológicos no compartilhamento de informações. No texto, porém, a tecnologia também é mencionada como uma forma para combater esse problema. Explique como a tecnologia pode colaborar na identificação de *fake news*.

c) No final do texto, o pesquisador menciona que, mesmo com o desenvolvimento de novas tecnologias que auxiliem no combate às *fake news*, a atenção para a fonte das informações é indispensável. Como você pode verificar a veracidade e a fonte das informações encontradas na internet?

d) Apesar dos impactos negativos das *fake news* à sociedade, os avanços tecnológicos no compartilhamento e na divulgação de informações também proporcionaram diversos benefícios. Comente sobre alguns desses impactos positivos.

Texto 2

Mecanização das lavouras de café reduz oferta de emprego em MG

No sul de Minas Gerais, a mecanização da colheita do café está reduzindo o número de trabalhadores no campo. Pouca gente de fora da região foi contratada nesta safra.

Em uma fazenda em Cabo Verde, no sul do estado, há pouco mais de 120 mil pés de café plantados. Em anos anteriores, cerca de 50 trabalhadores do norte de Minas e de outros estados, como o Paraná, eram contratados, mas nesta safra, a colheita está sendo feita por apenas 15 apanhadores da região.

Só em Cabo Verde, o número de trabalhadores contratados para a colheita do café caiu mais de 75%. [...] O motivo é um equipamento, conhecido popularmente como "mãozinha".

Todos os trabalhadores da fazenda estão utilizando a máquina. Para eles, o equipamento oferece inúmeras vantagens, mas a principal é que eles conseguem colher bem mais.

[...]

Nem todo mundo está feliz com o equipamento. Segundo o Sindicato dos Trabalhadores Rurais, cada máquina tira o emprego de pelo menos três pessoas.

[...]

MECANIZAÇÃO das lavouras de café reduz oferta de emprego em MG. *Globo Rural*, 2014. Disponível em: <http://g1.globo.com/economia/agronegocios/noticia/2014/06/mecanizacao-das-lavouras-de-cafe-reduz-oferta-de-emprego-em-mg.html>. Acesso em: 13. fev. 2019.

a) Consulte em dicionários o significado das palavras que você não conhece e redija uma definição para essas palavras.

b) Antes da mecanização da colheita, o que acontecia na região sul de Minas Gerais durante a safra do café?

c) De acordo com o texto, como o uso da tecnologia causou mudanças econômicas e sociais em fazendas de café do sul de Minas Gerais?

d) Para quem o uso do equipamento trouxe vantagens? Que grupo foi prejudicado pelo uso da máquina? Discuta o uso do equipamento com um colega, avaliando seus custos e benefícios.

e) Cite equipamentos tecnológicos ou novos materiais que tiveram algum impacto negativo ou positivo em sua vida cotidiana.

Trabalho em equipe

Cada grupo de estudantes vai escolher uma das atividades a seguir para pesquisar em livros, revistas ou *sites* confiáveis (de universidades, centros de pesquisa, etc.). Vocês podem buscar o apoio de professores de outras disciplinas (Geografia, História, Língua Portuguesa, etc.). Exponham os resultados da pesquisa para a classe e a comunidade escolar (estudantes, professores e funcionários da escola e pais ou responsáveis), com o auxílio de ilustrações, fotos, vídeos, blogues ou mídias eletrônicas em geral. Ao longo do trabalho, cada integrante do grupo deve defender seus pontos de vista com argumentos e respeitando as opiniões dos colegas.

1 ▸ Busquem notícias recentes sobre pesquisas brasileiras que estão sendo realizadas em universidades e centros de pesquisas nacionais. Em seguida, selecionem algumas dessas notícias e busquem mais informações sobre as pesquisas, relatando qual é a área, como ela está sendo realizada, quem são as pessoas envolvidas, quais são os objetivos e a importância desse estudo, etc.

2 ▸ Escolham um equipamento ou uma tecnologia que vocês utilizam no cotidiano; em seguida, pesquisem que tecnologias e materiais são usados em sua produção e quais foram as pesquisas científicas necessárias para o desenvolvimento desses materiais e tecnologias.

Ao final das pesquisas, procurem saber se na região em que vocês vivem existe alguma instituição educacional ou de pesquisa que trabalhe com algum dos temas sugeridos ou que mantenha uma exposição sobre esses assuntos. Verifiquem se é possível visitar o local. Como opção, acessem *sites* de universidades e museus que tratem desses temas ou que disponibilizem uma exposição virtual sobre eles. Veja sugestões de *sites* ao longo do seu livro.

Observe atentamente a figura 10.25 e leia sua legenda. Em seguida, responda às questões.

Sergio Ranalli/Pulsar Imagens

10.25 Colheita mecanizada de café em Santa Mariana (PR), 2018.

a) O que é possível observar na imagem?

b) Como você imagina que esse processo era feito antes da introdução das máquinas no campo?

c) Como os elementos mostrados na imagem contribuíram para a produção de alimentos? Além desses elementos, que outras tecnologias também contribuíram nessa produção?

d) De que forma esse desenvolvimento pode ter impactos positivos e negativos na qualidade de vida das populações?

Investigue

Faça uma pesquisa sobre os itens a seguir. Você pode pesquisar em livros, revistas, *sites*, etc. Preste atenção se o conteúdo vem de uma fonte confiável, como universidades ou outros centros de pesquisa. Use suas próprias palavras para elaborar a resposta.

1 ▸ O que foi o ludismo? Como as novas tecnologias afetam o nível de emprego?

2 ▸ O que é "internet das coisas"?

3 ▸ O que é inclusão digital? Por que ela é importante e que medidas devem ser tomadas para ampliá-la?

4 ▸ Se você ficasse uma semana sem acesso à internet, de que forma você realizaria as seguintes atividades: comunicação com os familiares; leitura e pesquisa; localizar um lugar, como a casa de um amigo; lazer? Depois de compor suas respostas, converse com um adulto de sua família e descubra como ele realizava essas atividades quando tinha a sua idade. A partir das informações coletadas, reflita sobre as mudanças provocadas pelo desenvolvimento tecnológico.

Autoavaliação

1. Considerando o que você estudou neste capítulo, que atitudes do seu cotidiano podem ser modificadas para utilizar a tecnologia de maneira positiva para sua saúde e para o meio ambiente?

2. Depois do que você estudou neste capítulo, sua percepção sobre o desenvolvimento tecnológico mudou? Por quê?

3. Com base no que aprendeu neste capítulo, que temas você tem interesse em aprender mais? Como você pode procurar outras informações sobre esses temas?

RECORDANDO ALGUNS TERMOS

Você pode consultar a lista a seguir para obter uma informação resumida de alguns termos utilizados neste livro. Aqui, vamos nos limitar a dar a definição de cada palavra ou expressão apenas em função do tema deste livro.

A

Ácido clorídrico. Substância ácida presente no suco gástrico.

Aeróbio. Ser vivo que depende do gás oxigênio para obter energia.

Aminoácido. Componente das proteínas.

Âmnio. Envoltório protetor do embrião de répteis, aves e mamíferos formado por uma bolsa cheia de líquido amniótico.

Anaeróbio. Ser vivo que não depende de oxigênio para obter energia.

Anticorpo. Proteína que atua na defesa de um organismo contra substâncias estranhas e microrganismos invasores.

Assexuada. Tipo de reprodução em que não há envolvimento de gametas nem de fecundação.

Autotrófico. Organismo que fabrica compostos orgânicos a partir de compostos inorgânicos.

B

Brânquias. Estruturas encontradas em muitos animais aquáticos que permitem a respiração dentro da água.

C

Calor. Energia que passa de um corpo para outro em razão da diferença de temperatura entre eles.

Calor específico. Quantidade de energia necessária para elevar em 1 °C uma unidade de massa de uma substância. Pode ser expresso em cal/g · °C ou em J/kg · K (no Sistema Internacional).

Calor latente. Quantidade de energia necessária para fazer uma unidade de massa mudar de estado físico.

Clima. Média das condições meteorológicas de um local medidas ao longo de um grande período.

Coanócitos. Células flageladas (que têm flagelos) presentes nas esponjas.

Comburente. Substância que reage com o combustível alimentando a combustão.

Combustão. Reação rápida de uma substância com o gás oxigênio, que libera energia.

Condução (do calor). Propagação de energia por meio dos choques entre as partículas de um corpo, sem deslocamento de matéria.

D

Decomposição. Transformação das substâncias orgânicas de cadáveres e resíduos em substâncias orgânicas mais simples e inorgânicas que podem ser aproveitadas pelas plantas.

Diatomáceas. Algas microscópicas que fazem parte do fitoplâncton.

E

Endosperma. Tecido de reserva da semente que nutre o embrião de certas plantas.

Energia. Capacidade de realizar trabalho.

Enzimas. Proteínas que aceleram as reações químicas que acontecem, por exemplo, nas células.

Escala Celsius. Escala de temperatura em que a água congela a zero grau e ferve a 100 graus, ao nível do mar.

Eutrofização. Proliferação de microrganismos decompositores devido ao excesso de nutrientes lançados na água. A falta de gás oxigênio e as substâncias tóxicas produzidas nesse processo podem matar outros seres vivos.

F

Fagocitose. Processo pelo qual certas células englobam partículas de alimento ou outras células através de pseudópodes.

Fake news. Expressão da língua inglesa para designar notícias falsas veiculadas nos meios digitais.

Flor. Órgão de certas plantas (angiospermas) com função reprodutiva.

Força. Algum agente que muda a velocidade do corpo ou provoca nele uma deformação.

Força potente. Força aplicada em uma máquina simples para vencer a força resistente e realizar um trabalho.

Força resistente (ou resistência). Força que se opõe à força potente nas máquinas simples.

Força resultante. A força que pode substituir o sistema de forças aplicado no corpo, produzindo o mesmo efeito.

Fruto. Órgão vegetal resultante do desenvolvimento do ovário da flor.

Gás natural. Gás formado a partir de fósseis.

Girino. Larva aquática de anfíbios anuros (sem cauda), como o sapo e a rã.

Grão de pólen. Estrutura reprodutiva das plantas com semente.

Hermafrodita. Indivíduo que produz tanto gametas femininos como masculinos.

Húmus. Matéria orgânica produzida pela decomposição dos restos de animais e vegetais que caem no solo. Importante para a reciclagem dos nutrientes.

Inversão térmica. Fenômeno que ocorre quando o ar perto do solo fica mais frio do que o de camadas superiores e não sobe. Com isso, a poluição acumula-se próximo ao solo.

Líquen. Associação (mutualismo) entre fungos e algas (ou cianobactérias).

Máquina hidráulica. Máquina que emprega a pressão da água para realizar algum trabalho.

Marés. Subida e descida do nível da água dos oceanos devido à atração gravitacional da Lua e do Sol.

Massa de ar. Grande volume de ar com condições uniformes de temperatura e umidade.

Motor elétrico. Dispositivo que transforma energia elétrica em movimento.

Muda. Processo de troca do exoesqueleto dos artrópodes.

Ovário (em animais). Órgão do sistema reprodutor que produz o gameta feminino.

Ovíparo. Animal que põe ovos que se desenvolvem fora do organismo materno.

Ovovivíparo. Animal cujos ovos se desenvolvem dentro do organismo materno.

Peso. O resultado da atração gravitacional da Terra sobre um corpo.

Polinização. Transporte de grãos de pólen das estruturas masculinas para estruturas femininas das flores, o qual pode ser realizado pelo vento, por insetos ou por outros animais que se alimentam do néctar ou do pólen das flores.

Potência. Trabalho realizado por unidade de tempo. Quantidade de energia transferida por unidade de tempo.

Pseudópodes. Expansões do citoplasma que alguns tipos de células usam para locomoção, captura de alimento ou defesa.

Queratina. Substância que protege a pele de répteis, aves e mamíferos.

Quitina. Substância que protege o corpo de insetos, aranhas, crustáceos, quilópodes e diplópodes.

Seleção natural. Processo pelo qual os seres vivos adaptados às condições do ambiente sobrevivem e se reproduzem e os menos adaptados morrem ou não se reproduzem. É um importante fator na evolução das espécies.

Temperatura. Grandeza relacionada com a energia cinética média das partículas de um corpo. Indica o sentido do fluxo de calor de um corpo para outro.

Tempo. Condições meteorológicas (temperatura, umidade, pressão, vento, etc.) da atmosfera de um local, medidas em determinado intervalo de tempo.

Teoria. Conjunto de leis e conceitos proposto para explicar vários fenômenos.

Trabalho. Processo de transferência de energia causado pela ação de uma força. O trabalho corresponde ao produto da intensidade da força pelo valor do deslocamento produzido na mesma direção da força.

Umidade. Quantidade de vapor de água na atmosfera.

Umidade relativa. A relação entre a quantidade de vapor de água no ar e a máxima quantidade de vapor de água possível em certa temperatura.

Vivíparo. Animal cujo embrião se desenvolve no útero, recebendo alimento diretamente do organismo materno.

Terra: Os movimentos da crosta e a atmosfera

Capítulos 1 e 2

A deriva dos continentes. F. C. Branco. 12. ed. São Paulo: Moderna, 2004.
Neste livro, o autor aborda as formações continentais, fazendo uma comparação entre os continentes atuais e a Pangeia, o bloco único que existia há milhões de anos.

Chuva ácida. John Baines. 2. ed. São Paulo: Scipione, 1993.
Ao ler esta obra, o leitor pode entender como a chuva ácida tem impacto em nossa vida e na natureza, ao contaminar a água, o ar e os alimentos, prejudicando os peixes, desfolhando as florestas e destruindo o *habitat* de muitas espécies selvagens.

Ecossistemas, impactos ambientais e condições de saúde

Capítulos 3, 4, 5 e 6

A Caatinga. Rubens Matuck. São Paulo: Biruta, 2006.
Neste livro o autor descreve as características naturais da Caatinga e apresenta um diário de viagem com as suas considerações sobre a região, além de fornecer ao leitor um guia com dicas úteis para viagens de observação da natureza.

Alimentos em pratos limpos. Egidio Trambaiolli Neto. São Paulo: Atual, 2010.
Noções de alimentação, conceitos básicos de nutrição e conservação dos alimentos são alguns dos temas deste livro. Além disso, são comparados os processos caseiros e industriais de preparação e conservação dos alimentos e os riscos a eles associados.

A Mata Atlântica. Rubens Matuck. São Paulo: Biruta, 2010.
Com este livro, o autor fornece um panorama geral sobre a Mata Atlântica, local onde se encontram o mangue e sua diversidade biológica e onde habitam as onças suçuaranas, os macacos, as orquídeas e as bromélias.

100 animais ameaçados de extinção no Brasil. Savio Freire Bruno. Rio de Janeiro: Ediouro, 2008.
Este livro contém informações sobre o *habitat* e o nicho ecológico de 100 animais da fauna brasileira ameaçados de extinção.

Coleção Alimentação Saudável. Almir Correia. São Paulo: Biruta, 2005.
Os livros desta coleção contam a história de personagens que têm hábitos alimentares extremos: ou se alimentam em excesso, ou não se alimentam. De forma bem-humorada, os livros dão dicas para uma alimentação equilibrada e de como fugir de dietas "milagrosas".

Epidemias no Brasil: uma abordagem biológica e social. Rodolpho Telarolli Junior. 11. ed. São Paulo: Moderna, 2003.
O livro apresenta um histórico e uma descrição das principais doenças transmissíveis no Brasil, abordando os seus aspectos biológicos e sociais. Dessa forma, o autor convida o leitor a estudar os problemas sanitários do país sob uma perspectiva crítica.

O Cerrado. Rubens Matuck. São Paulo: Biruta, 2010.
Com esta leitura, pode-se conhecer de forma geral como é o Cerrado brasileiro, a sua paisagem natural com as árvores retorcidas e os animais típicos, como o lobo-guará, a coruja-buraqueira e o tamanduá-bandeira.

Os alimentos e o mundo. Margaret Iggulden e Julia Allen. São Paulo: DCL, 2008.
Com este livro, o leitor embarca em uma viagem pelo mundo da alimentação, desvendando os costumes culinários de diversos povos, conhecendo países onde há fome e refletindo sobre a relação entre o meio ambiente e a alimentação.

Vida e alimento. Rosicler Martins Rodrigues. São Paulo: Moderna, 1998.
Este livro mostra como os alimentos interferem na nossa saúde e têm funções socioculturais, ressaltando que a alimentação reúne pessoas e transmite valores e hábitos através de gerações.

Máquinas, calor e novas tecnologias

Capítulos 7, 8, 9 e 10

Energia nossa de cada dia. Valdir Montanari. São Paulo: Moderna, 1998.
Este livro faz uma viagem ao interior da matéria e mostra um estudo dos modelos atômicos, da Antiguidade aos dias de hoje, apresentando, de maneira clara, noções de Física Nuclear, além de informações específicas sobre os principais pesquisadores da estrutura da matéria.

Natureza e agroquímicos. Samuel Murgel Branco. 2. ed. São Paulo: Moderna, 2003.
Este livro mostra que os agrotóxicos empregados no controle de pragas e ervas daninhas, ou mesmo no aumento da produtividade dos campos, podem ser nocivos ao meio ambiente e ao próprio ser humano se não forem utilizados corretamente.

O aquecimento global. Fred Pearce. São Paulo: Publifolha, 2002. (Mais Ciência).
Este livro explica em linguagem acessível o que é o aquecimento global e suas consequências para o clima, a vida e os ecossistemas do planeta.

SUGESTÕES DE FILMES

A vida das aves. David Attenborough, BBC e PBS. Estados Unidos, 1998. 500 minutos.
Neste documentário de 10 episódios, o naturalista David Attenborough investiga a vida das aves. São apresentadas adaptações e características das diferentes espécies desse grupo de animais.

A vida dos mamíferos. David Attenborough, BBC e Discovery Channel. Estados Unidos, 2002. 50 minutos.
Neste documentário, David Attenborough analisa o comportamento e as características de diferentes mamíferos em diversas regiões do planeta.

Alerta animal: água doce. Animal Planet. 2010. 45 minutos.
O documentário retrata o ciclo hidrológico, considerando os problemas causados pelo aquecimento global.

Avisos da natureza: lições não aprendidas – o chumbo vital. Jakob Gottschau. Dinamarca. 2006. 30 minutos.
O chumbo foi adicionado à gasolina para criar um combustível mais eficiente no início da década de 1920. Naquela época o chumbo já era conhecido por ser tóxico. Mesmo assim, durante 60 anos, milhares de toneladas de chumbo foram espalhadas, causando danos à nossa saúde. O documentário discute esse fato e suas consequências.

Blue Planet – Planeta Água. BBC. Inglaterra, 2004. 676 minutos.
Neste documentário, são explorados diferentes aspectos dos oceanos: populações costeiras, mamíferos marinhos, influências da maré e do clima, etc.

Cosmos – Uma voz na sinfonia cósmica. Carl Sagan e Ann Druyan. Episódio 2. Estados Unidos, 1980. 60 minutos.
Neste episódio da série **Cosmos**, Carl Sagan analisa o DNA dos seres vivos para investigar a origem da vida. Por meio de uma série de animações, a evolução humana é apresentada a partir de um microrganismo do oceano primitivo.

Elementos da Biologia: ecossistemas. Discovery Channel. 2007. 60 minutos.
Vídeo que retrata a coexistência de diferentes seres vivos em um ecossistema. São analisadas também as constantes transformações no planeta e como elas afetam os seres vivos.

Não é mágica – A Ciência sem mistério – Vulcões – Formando nosso planeta. França, 2002. 78 minutos.
O filme conta a viagem de Fred, Jaime e Manu, que em um caminhão-laboratório exploram a geologia do planeta.

O mistério dos tubarões. Sue Houghton, Playarte Home Vídeo. Estados Unidos, 2004. National Geographic. 52 minutos.
Neste documentário, o pesquisador Bob Cranston procura compreender mudanças nos hábitos de vida e alimentação de algumas espécies de tubarões do Pacífico.

O reino dos oceanos. National Geographic. Estados Unidos, 2009. 50 minutos.
Neste documentário são apresentados os ciclos alimentares dos oceanos e a evolução de peixes e mamíferos que vivem nesses ambientes.

Osmose Jones. Peter e Robert Farrely. Estados Unidos, 2001. 95 minutos.
Frank Pepperidge é um construtor que pega um resfriado. Em nível microscópio, analisamos seu corpo, a "Cidade de Frank", onde a célula-branca policial Osmose Jones e a pílula Drixorial se unem para combater o vírus que ameaça a cidade.

Procurando Nemo. Andrew Stanton. Estados Unidos, 2003. 101 minutos.
Neste filme, Marlin é um peixe-palhaço que perde sua esposa e seus filhos logo que se muda para a Grande Barreira de Coral. Restou apenas um filhote, Nemo, que tem uma nadadeira menor do que a outra. Por esse motivo, Marlin se tornou superprotetor. Mas, na tentativa de provar ao pai que pode ser mais independente, Nemo é capturado por um pescador e levado para o aquário de um dentista. Marlin, preocupado, inicia uma aventura para trazê-lo de volta para casa.

Tainá, uma aventura na Amazônia. Tânia Lamarca e Sergio Bloch. Brasil, 2000. 90 minutos.
O filme conta a história de Tainá, uma menina de 8 anos que vive em uma tribo indígena e tenta impedir o contrabando de Catu, um macaco de uma espécie que está em extinção. Ao longo do enredo, podemos conhecer um pouco melhor a cultura indígena e sua relação com o meio ambiente.

Vida – Natureza, répteis, anfíbios e insetos. BBC. Estados Unidos, 2011. 50 minutos.
Os insetos são os animais mais numerosos do planeta. Neste documentário, são apresentadas curiosidades e imagens desses animais.

Vida de inseto. John Lasseter e Andrew Stanton. Estados Unidos, 1998. 107 minutos.
O filme conta a história de um formigueiro que todo ano cede parte de sua colheita aos gafanhotos. Um dia, ocorre um acidente e a colheita é destruída. Para evitar que o formigueiro seja destruído pelos gafanhotos, Flink, uma das formigas, procura ajuda de outros insetos.

SUGESTÕES DE
SITES DE CIÊNCIAS

Centro de Divulgação Científica e Cultural
Material de apoio, experimentoteca, exposições e Olimpíadas de Ciências.
<www.cdcc.usp.br/>

Centro de Pesquisa sobre o Genoma Humano e Células-Tronco
Contém experimentos simples de Ciências que permitem explorar noções sobre DNA.
<www.ib.usp.br/biologia/projetosemear/estanodna/>

Ciência e cultura na escola
Apresenta banco de questões, centros de história, museus de Ciências, reportagens, entrevistas sobre Ciências.
<www.ciencia-cultura.com>

Ciência Hoje
Contém notícias, curiosidades e atualidades sobre os diferentes temas de Ciências.
<http://cienciahoje.org.br/>

Ciência Viva – Agência Nacional para a Cultura Científica e Tecnológica
Artigos, matérias e entrevistas sobre meio ambiente, doenças tropicais, Ciência e Arte.
<www.cienciaviva.pt/home>

Espaço Ciência
Site que contém informações e notícias sobre diversos temas de Ciências.
<www.espacociencia.pe.gov.br>

Estação Ciência
Site contendo atividades, notícias, *links* e informações sobre o espaço e o Universo.
<http://prceu.usp.br/centro/estacao-ciencia/>

Fundação Energia e Saneamento
Apresenta informações e materiais históricos relacionados aos setores de energia e saneamento do estado de São Paulo.
<www.energiaesaneamento.org.br/acervo.aspx>

Geopark Araripe
Site com informações relacionadas a geologia, recursos minerais e pesquisa de fósseis no Brasil.
<http://geoparkararipe.org.br>

Instituto Butantan
Site com informações sobre vacinas, pesquisas e informações de divulgação científica.
<www.butantan.gov.br/>

Museu da Vida (Casa de Oswaldo Cruz – Fundação Oswaldo Cruz)
Apresenta informações e eventos relacionados à saúde.
<www.museudavida.fiocruz.br>

Museu de Ciências e Tecnologia da PUC-RS
Apresenta informações sobre o Museu de Ciências e Tecnologia, além de dados sobre a visitação.
<www.pucrs.br/mct>

Núcleo de Divulgação Científica da Universidade de São Paulo
Site com notícias, *podcast* e reportagens sobre Ciência.
<www.ciencia.usp.br/>

Planetário da Universidade Federal de Goiás
Site que apresenta informações astronômicas e dados para a observação do céu, especialmente no hemisfério sul.
<www.planetario.ufg.br>

Pontociência
Site com experiências de Física, Química e Biologia organizadas passo a passo, com apresentação dos materiais, custo, grau de dificuldade e segurança.
<www.pontociencia.org.br/>

Portal de Divulgação Científica e Tecnológica
Site com atualidades e pesquisas científicas brasileiras em Ciência, Tecnologia e Inovação.
<www.canalciencia.ibict.br>

Representação da Unesco no Brasil
Site com publicações de Ciências, Comunicação e Educação. No que se refere às Ciências Naturais, trata do desenvolvimento sustentável, dos recursos hídricos, do meio ambiente, da tecnologia e da educação.
<www.unesco.org/new/pt/brasilia>

Revista Pesquisa Fapesp
Site com informações sobre pesquisas realizadas no Brasil.
<http://revistapesquisa.fapesp.br>

Secretaria da Educação do Paraná
Apresenta objetos educacionais digitais, sugestões de atividades, material didático e *links* que contribuem para o estudo de Ciências e Biologia.
<http://ciencias.seed.pr.gov.br>

Região Centro-Oeste

Planetário da Universidade Federal de Goiás

Espaço onde é possível acompanhar o movimento de alguns astros. Nele, são ministradas aulas e realizam-se projeções dos programas elaborados pela equipe do local. Além disso, possui exposições permanentes e biblioteca.
<https://planetario.ufg.br>

Região Nordeste

Museu de Arqueologia e Etnologia da Universidade Federal da Bahia

Possui exposições que abrangem desde a Pré-História do Brasil até a atualidade. Promove atividade de pesquisa, ensino e extensão, como visitas monitoradas, ações educativas e exposições itinerantes.
<https://cartadeservicos.ufba.br/mae-museu-de-arqueologia-e-etnologia-0>

Museu do Homem Americano (Piauí)

Espaço que divulga o patrimônio cultural e biológico deixado por povos pré-históricos da América. Possui tanto exposições permanentes como temporárias. Está localizado no Parque Nacional Serra da Capivara.
<http://www.fumdham.org.br/museu-do-homem-americano>

Seara da Ciência – Universidade Federal do Ceará

Centro de exposições e cursos básicos relacionados à divulgação científica da universidade. Além disso, há materiais relacionados à Caatinga, um bioma tipicamente brasileiro.
<www.searadaciencia.ufc.br>

Região Norte

Bosque da Ciência (Amazonas)

Espaço de divulgação científica e educação ambiental do Instituto Nacional de Pesquisas da Amazônia (INPA) que apresenta informações sobra a fauna, a flora e os ecossistemas amazônicos.
<http://bosque.inpa.gov.br>

Centro de Ciências e Planetário do Pará

Apresenta informações de diversas áreas da Ciência – Biologia, Química, Física, Astronomia – e permite aos visitantes observar as diversas dimensões do mundo ao nosso redor por intermédio, por exemplo, de experimentos de Física. Há espaço destinado ao conhecimento de vegetais.
<https://paginas.uepa.br/planetario>

Região Sudeste

Centro de Ciências de Araraquara (São Paulo)

Oferece exposição permanente com temas de Química, Matemática, Biologia, Física, Geologia e Astronomia, além de estimular o uso da experimentação no ensino de Ciências.

É possível agendar visitas monitoradas por estudantes de graduação da Universidade Estadual Paulista (Unesp).
<www.cca.iq.unesp.br>

Museu Biológico do Instituto Butantan (São Paulo)

Apresenta espécies vivas de diversos grupos de animais, muitas de interesse médico, para, por exemplo, a produção de vacinas ou pesquisa de novos compostos.
<www.butantan.gov.br/atracoes/museu-biologico>

Museu da Vida – Fiocruz (Rio de Janeiro)

Centro que possui atividades destinadas a divulgação científica, ensino, pesquisa e história relacionadas à saúde pública e às ciências biomédicas no Brasil.
<www.museudavida.fiocruz.br>

Museu de Anatomia Veterinária da Faculdade de Medicina Veterinária e Zootecnia da Universidade de São Paulo

Oferece atividades de pesquisa, ensino e extensão nas áreas de morfologia e anatomia animal. Possui amplo acervo de peças estudadas ao longo dos anos.
<http://mav.fmvz.usp.br/pt-BR>

Museu de Astronomia e Ciências Afins (Rio de Janeiro)

Apresenta coleções compostas de muitos instrumentos técnicos e científicos que fizeram parte do Observatório Nacional desde 1827.
<http://mast.br/pt-br>

Museu de Ciências Morfológicas (Minas Gerais)

Espaço destinado a exposições que exploram e comparam diferentes áreas da vida e do conhecimento, especialmente do organismo humano.
<www.cienciamao.usp.br/tudo/exibir.php?midia=mcc&cod=_museudecienciasmorfologicas>

Região Sul

Museu da Terra e da Vida – Centro Paleontológico da Universidade do Contestado (Santa Catarina)

Museu de História Natural focado em Paleontologia dos períodos Carbonífero e Permiano da Bacia do Paraná. Entre os materiais de exposição estão fósseis, minerais, artefatos arqueológicos e rochas.
<www.unc.br/cenpaleo2013>

Museu Zoobotânico Augusto Ruschi (Rio Grande do Sul)

Apresenta coleções representativas de Ciências, além de informações interdisciplinares com História, Geografia e Língua Portuguesa.
<www.upf.br/muzar>

Parque da Ciência Newton Freire Maia (Paraná)

Espaço interativo de divulgação científica e de tecnologia. Apresenta exposições relacionadas a diversos temas, como Universo, energia, água e cidade.

ARAGÃO, F. J. L. *Organismos transgênicos*: explicando e discutindo a tecnologia. Barueri: Manole, 2002.

ATKINS, Peter; JONES, Loretta. *Princípios de Química*: questionando a vida moderna. 5. ed. São Paulo: Bookman, 2011.

BARNES, R. S. K.; CALOW, P.; OLIVE, P. J. W. *Os invertebrados*: uma síntese. 2. ed. São Paulo: Atheneu, 2007.

BEGON, M.; TOWNSEND, C. R.; HARPER, J. L. *Ecologia*: de indivíduos a ecossistemas. 4. ed. Porto Alegre: Artmed, 2007.

BRAGA, B. et al. *Introdução à engenharia ambiental*. 2. ed. São Paulo: Prentice Hall, 2005.

BRANCO, Samuel Murgel. *Energia e meio ambiente*. 2. ed. São Paulo: Moderna, 2004. (Polêmica).

_____; BRANCO, Fábio Cardinale. *A deriva dos continentes*. 2. ed. reform. São Paulo: Moderna, 2004. (Polêmica).

_____; MURGEL, Eduardo. *Poluição do ar*. 2. ed. São Paulo: Moderna, 2004. (Polêmica).

BRASIL. Ministério da Educação. Secretaria de Educação Básica. *Base Nacional Comum Curricular (BNCC). Educação é a base*. Brasília, 2018.

BRUSCA, G. J.; BRUSCA, R. C. *Invertebrados*. 2. ed. Rio de Janeiro: Guanabara Koogan, 2007.

CAMDESSUS, M. *Água*. São Paulo: Bertrand Brasil, 2006.

CARRON, Wilson; GUIMARÃES, Oswaldo. *As faces da Física*. 2. ed. São Paulo: Moderna, 2002. Volume único.

CHURCHILL, E. Richard; LOESCHING, Louis V.; MANDELL, Muriel. *365 Simple Science Experiments with Everyday Materials*. New York: Black Dog & Leventhal, 2013.

CIMERMAN, B.; CIMERMAN, S. *Parasitologia humana e seus fundamentos gerais*. 2. ed. São Paulo: Atheneu, 2005.

CONSTANZO, Linda S. *Fisiologia*. 5. ed. Rio de Janeiro: Elsevier, 2014.

DOCA, Ricardo Helou; BISCUOLA, Gualter; VILLAS BÔAS, Newton. *Tópicos de Física*. São Paulo: Saraiva, 2007. 3 v.

FRAGA, S. C. L. *Reciclagem de materiais plásticos*. São Paulo: Érica, 2014.

FUNKE, B. R.; CASE, C. L. *Microbiologia*. 10. ed. Porto Alegre: Artmed, 2013.

GIANCOLI, D. C. *Physics*: Principles with Applications. 6th ed. Upper Saddle River: Prentice Hall, 2004.

GROTZINGER, John et al. *Understanding Earth*. 7th ed. New York: W. H. Freeman, 2014.

HALL, John E.; GUYTON, Arthur C. *Tratado de Fisiologia médica*. 13. ed. Rio de Janeiro: Elsevier, 2017.

HECHT, Eugene. *Physics*: Algebra/Trig. 3rd ed. Pacific Grove: Brooks/Cole, 2002.

HEWITT, Paul G. *Conceptual Physics*. 12. ed. Pearson, 2014.

HILDEBRAND, M.; GOSLOW JR., G. E. *Análise da estrutura dos vertebrados*. 2. ed. São Paulo: Atheneu, 2006.

HILL, M. K. *Understanding Environmental Pollution*. 3rd ed. Cambridge: Cambridge University Press, 2010.

KROGH, D. *Biology*: a Guide to the Natural World. 4th ed. Menlo Park: Benjamin Cummings, 2008.

LIBÂNIO, M. *Fundamentos de qualidade e tratamento de água*. Campinas: Átomo, 2015.

MALAJOVICH, M. A. *Biotecnologia*. Rio de Janeiro: Axcel Books, 2004.

MILLER, G. T.; SPOOLMAN, S. E. *Ciência ambiental*. 2. ed. São Paulo: Cengage, 2016.

_____. *Ecologia e sustentabilidade*. São Paulo: Cengage, 2012.

NAMOWITZ, Samuel N.; SPAULDING, Nancy E. *Earth Science*. Chicago: HMH, 2005.

NEVES, D. P. et al. *Parasitologia humana*. 12. ed. São Paulo: Atheneu, 2011.

NIEMEYER, M. *Água*. São Paulo: Publifolha, 2012.

PELCZAR, Michael Joseph; CHAN, E. C. S.; REID, Roger Delbert. *Microbiologia*: conceitos e aplicações. 2. ed. São Paulo: Makron, 1996. v.1.

_____. *Microbiologia*: conceitos e aplicações. 2. ed. São Paulo: Makron, 1997. v. 2.

PHILIPI JR., A.; GALVÃO JR., A. de C. (Ed.). *Gestão do saneamento básico*: abastecimento de água e esgotamento sanitário. Barueri: Manole, 2011.

POUGH, F. H.; JANIS, C. M.; HEISER, J. B. *A vida dos vertebrados*. 4. ed. São Paulo: Atheneu, 2008.

RAVEN, Peter H. et al. *Biologia Vegetal*. 8. ed. Rio de Janeiro: Guanabara Koogan, 2014.

REECE, J. B. et al. *Biologia de Campbell*. 10. ed. Porto Alegre: Artmed, 2015.

REY, L. *Parasitologia*: parasitas e doenças parasitárias do homem nos trópicos ocidentais. 4. ed. Rio de Janeiro: Guanabara Koogan, 2008.

ROCHA, Julio Cesar; ROSA, Andre Henrique; CARDOSO, Arnaldo Alves. *Introdução à Química ambiental*. São Paulo: Bookman, 2009.

ROITT, I. M.; MALE, D.; BROSTOFF, J. *Imunologia*. 6. ed. Barueri: Manole, 2002.

RUPPERT, Edward E.; FOX, Richard S. E.; BARNES, Robert D. *Zoologia dos invertebrados*. 7. ed. São Paulo: Roca, 2005.

SADAVA, David et al. *Vida*: a ciência da Biologia. Célula e hereditariedade. 8. ed. Porto Alegre: Artmed, 2011. v. 1.

_____. *Vida*: a ciência da Biologia. Evolução, diversidade e Ecologia. 8. ed. Porto Alegre: Artmed, 2009. v. 2.

_____. *Vida*: a ciência da Biologia. Plantas e animais. 8. ed. Porto Alegre: Artmed, 2009. v. 3.

SAGAN, Carl. *Cosmos*. Rio de Janeiro: Companhia das Letras, 2017.

SOCIEDADE BRASILEIRA DE ANATOMIA. *Terminologia anatômica*: terminologia internacional. Barueri (SP): Manole, 2001.

TEIXEIRA, Wilson et al. *Decifrando a Terra*. 2. ed. 5. reimpressão. São Paulo: Companhia Editora Nacional, 2015.

TORTORA, Gerard J.; DERRICKSON, Bryan. *Corpo humano*: fundamentos de Anatomia e Fisiologia. 10. ed. Porto Alegre: Artmed, 2017.

TRIGUEIRO, A. *Cidades e soluções*: como construir uma sociedade sustentável. São Paulo: Leya, 2017.